HAIR SCIENCE

조성일·권미윤

청구문화사

머리말

인간의 아름다움에 대한 욕망이 끝이 없듯이 학문의 시작과 끝 또한 정해져 있지 않은 길이지만 기본과 근본은 정해져 있는 같습니다.

인간의 아름다움을 결정하는데 70%이상을 차지하는 헤어스타일은 아주 짧은 시간 내에 상대방의 이미지를 결정하는 인간 심리학적 측면에서 미의 기준에 매우 중요한 요소입니다.

특히, 헤어스타일 결정의 소재가 되는 모발은 미적 측면에서 볼 때 기본이 되는 소재인 동시에 무한한 응용이 가능한 끝이 없는 소재입니다. Hair Science 또한 미용학문으로써 기초가 되는 학문이며 응용을 위해 반드시 알아야만 되는 학문입니다.

본 서적은 모발을 활용한 다양한 분야에서 기본이 되는 모발의 생리와 특성 그리고 두피. 탈모의 생리와 문제 발생 메커니즘, 모발에 행하여지는 퍼머넌트 웨이브, 염색의 원리 등에 대하여 기본이며 기초가 되는 지식을 알리고자 노력하였습니다.

제 1장 모발에서는 모발의 발생에서부터 탈모까지 모주기를 통해 모발의 기능과 구조 그리고 모발 성장에 영향을 주는 호르몬 및 물질을 다루어 건강한 모발 생성의 메커니즘을 이해하는데 초점을 두었습니다.

제2장 두피는 모발의 근본 뿌리가 되는 두피조직의 구조와 기능을 기초로 하여 두피에 발생되는 다양한 현증을 타입별로 분류하고 각각의 특징에 따른 효과적인 관리가 이루어질 수 있도록 두피 기초에서 응용부분 까지 전체를 수록하였습니다.

제3장 탈모는 전문가의 입장에서 바라본 탈모의 개념과 발생 메커니즘을 수록하여 올바르게 탈모증을 이해하고 다양한 종류별 탈모증 원인을 파악하여 효과적인 관리법을 찾을수 있도록 서술하였습니다.

제4장 모발세정 화장품에서는 모발관리의 기초가 되는 샴푸와 린스의 기본성분과 성분별 역할을 서술하여 세정화장품의 모발 내 작용원리를 이해하고 올바른 사용법을 습득할 수 있도록 하였습니다.

제5장 퍼머넌트 웨이브에서는 퍼머넌트 웨이브의 역사와 펌제의 종류 그리고 모발 내에서 펌제의 약리작용을 서술하여 모발의 화학반응에 대한 작용원리와 펌제의 발전사를 통한 미용산업을 이해할 수 있도록 하였습니다.

제 6장에서는 색의 분류와 특성을 기본 바탕으로 염모제의 원리와 작용기전를 이해하고 올바른 헤어시술이 진행될 수 있도록 염색 시 주의사항 등을 서술하였습니다.

끝으로 다양한 모발 기초 이론을 폭 넓고 깊이 있게 구성하고자 노력하였으나 부족한 점이 남는 듯합니다.

본 서적이 출판되기까지 아낌없는 도움을 주신 청구문화사 대표님 이하 직원분들께 감사드리며, 소중한 자료가 미용인들의 갈증을 해소하는데 도움이 되도록 지원해주신 미용산업 관계자 여러분께 다시 한 번 감사드립니다.

2020. 08

저자 일동

Content

제1장 모발(毛髮)

제1장 모발(毛髮)

1. 모발 정의

탈모인의 대다수는 하루가 다르게 변해가는 본인의 헤어스타일 때문에 스트레스를 받거나 해결책을 찾고자 많은 노력과 시간을 투자한다.

반대로 미용상 지나치게 많이 존재하고 있는 털로 인하여 고민을 하고 있는 사람도 적지 않다.

이렇듯 털은 누구에게나 한번쯤은 생각하게 만드는 것으로, 우리의 일상생활과 밀접한 관계를 지니고 있다.

인체를 덮고 있는 100만개 정도의 털은 인체의 발생과 함께 생성되며, 인체(人體)의 중요 부위를 외부의 공격으로부터 보호하고 있다.

기능학적 의미에서 털은 외부의 추위, 더위, 직사광선으로부터 인체의 중요기관을 보호하는 한편 체내 노폐물의 배출과 중금속(수은, 비소, 아연, 납 등) 배출에 관여하고 있어 인체에 없어서는 안 될 중요한 부분이다.

또한 인체의 털은 피부와 피부사이의 마찰을 감소시키는 기능을 하여, 피부 손상을 감소시키는 한편 외부 자극으로부터 반응하는 감각기관(感覺器官)으로써의 역할도 가지고 있다.

자라는 부위(코털, 눈썹, 속눈썹 등)에 따라서는 벌레, 땀, 먼지 등의 이물질이 인체로 침입하는 것을 막아주는 보호(保護) 기능도 함께 지니고 있다.

반대로 미용학적 관점에서의 털은 남, 녀의 Hair Style에 따라 외모를 결정짓는 중요한 요소로 오늘날에는 털의 기능적인 면보다는 미용학적 면이 크게 부각되고 있다.

이 같은 현상은 최근 늘고 있는 헤어샵, 두피관리 전문센터, 헤어 전문 의료기관과 같은 관련 산업의 발달과 다양한 헤어 관련 제품의 출시에서도 알 수 있다.

뿐만 아니라 두발(頭髮)은 한시대의 시대상을 반영할 수 있는 역사학적으로도 중요한 자료로 활용된다.

2. 모발의 종류

1) 모발 굵기에 따른 분류

인체에 존재하는 털은 굵기와 형태, 영양상태, 호르몬, 자라는 위치, 모낭의 형태 등에 따라 다양하게 나누어진다.

굵기 및 발생 시기에 따라서 경모, 연모, 취모(Lanugo Hair) 등으로 구분되어지고, 모낭의 형태에 따라서는 파상모(Curly hair), 직모(Straight hair), 축모(Kinky hair)로 나누어진다.

(1) 연모(0.05㎜이하, Vellus hair)

인체의 모발(털)은 태생 9~12 주경이 되면 모근의 생성과 함께 자라나기 시작한다.

태아시기 처음 생성된 모발을 '취모'라고 한다.

취모는 연모에 비해 가늘고, 모발의 색이 연한 것이 특징으로 임신 8개월경 모낭에서 탈락되고, 새로운 모발이 자라 나오는데 이것이 '연모'이다.

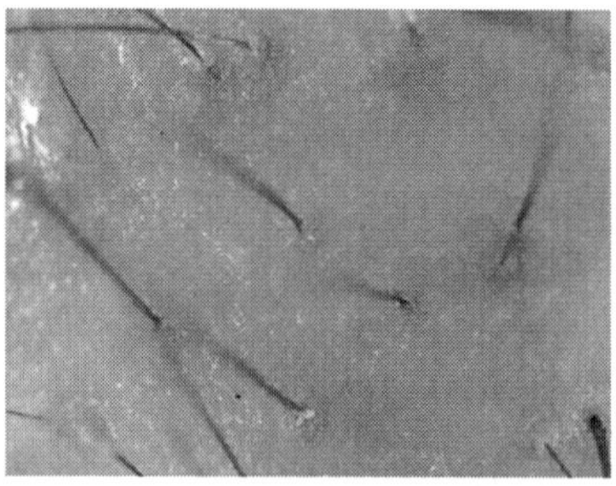

그림 1-1. 연모

소아기 털은 대부분이 연모에 속하며, 사춘기가 지나면서 호르몬의 영향 등으로 인하여 굵은 경모로 변화하게 된다.

경모에 비해 가늘고 멜라닌색소의 부족으로 모발(털) 색이 갈색을 띠며, 모발의 중심부인 모수질(Medulla)이 존재하지 않는다.

연모는 생후 5~6 개월 정도 지나면 서서히 경모화가 시작되지만, 모발의 수적 변화에는 이상이 없어 더 이상의 새로운 모발은 생성되지 않고, 기존의 모낭에서 반복적으로 일정한 주기를 두고 새로운 모발이 자라 나온다.

즉, 모발의 수적부분을 결정하는 모낭의 수는 이미 모체의 뱃속에서 결정되어지기 때문에, 출생 후 더 이상의 모발 수는 증가하지는 않는다.

성인시기 모발의 수가 많아 보이는 이유는 연모에서 경모로 변환되고 모발의 색이 검은 칼라를 띄는 이유에서이다.

성인이 되어서도 평생 동안 경모로 있는 것은 아니며, 약 24~30세를 전후해서 모발의 굵기가 점차적으로 가늘어져 연모로 돌아간다.

이 같은 현상은 남성이 여성에 비해 비교적 빨리 찾아오는 것이 특징이다.

물론 모발의 연모화 진행속도는 인종(人種), 건강 상태, 모발관리 상태 등 개인에 따라 달라질 수 있다.

(2) 경모(평균 0.15㎜이상)

두발(頭髮)이나 수염(barba), 음모(pubes) 등의 털처럼 굵기가 일반적으로 0.15~0.20mm정도의 굵은 털을 '경모'라고 한다.

경모와 같은 털은 강한 단백질 결합을 하고 있어 변형이 어렵고, 호르몬의 영향을 받는다.

연모의 경우에는 모수질이 없는 반면 경모는 모수질이 존재하며, 모발의 칼라도 연모에 비해 좀 더 검은색을 띠고 있다.

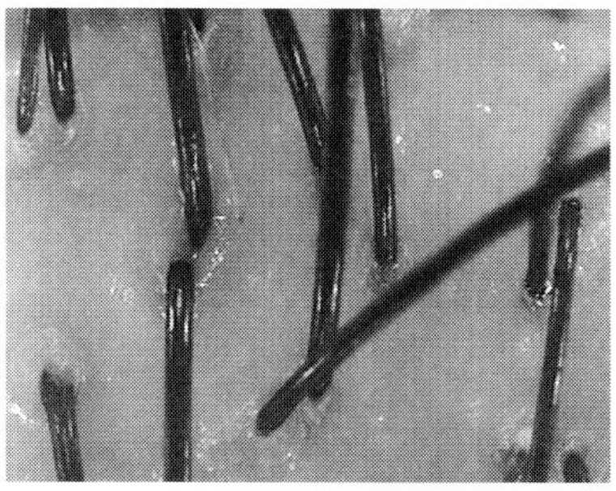

그림 1-2. 경모

일부에서는 '종모'라 부르기도 하지만 엄밀히 말하면 종모의 경우는 연모(가는 털로 수질이 없는 털)에서 경모(굵은 털)화 되어 죽을 때까지 가지고 가는 털을 말한다.

경모는 단순히 포괄적인 의미로 굵기가 굵은 털을 말하므로 종모와는 차이가 있다.

(3) 취모(Lanugo hair)

'취모'란 태아 9~12주경 배아세포의 분화에서 시작하여 22~24주경 완성되는 모낭의 형성과 함께 만들어진 첫 번째 털로 굵기가 약 22㎛ 정도의 아주 가는 상태를 띠고 있으며, 이는 수개월내 연모화 된다.

취모의 연모화 현상은 태아시기에 나타나는 것으로 임신 8개월 정도 지나면 모낭에서 탈락된다.

이후 약 2개월의 시간동안 빠르게 연모화되며, 경모에서 쉽게 보이는 큐티클층이 관찰되지 않는 특징을 지니고 있다.

2) 모낭 형태에 따른 분류

모발의 형태별 구분은 모모세포와 모낭세포의 케라틴 단백질 합성 속도에 차이가 나타나면서 발생되는 현상으로 유전자(DNA)에 의해 좌우된다.

즉, 하나의 모낭 안에 존재하는 모모세포와 모낭세포의 세포분열 속도에 차이가 모발 및 모낭의 웨이브 상태 결정에 영향을 준다.

유전적 작용으로 생성되기 때문에 외부의 어떠한 시술로도 근본적인 모발의 웨이브 상태를 변화시키지는 못 한다.

(1) 직모(Straight hair)

모발 단면이 원형에 가까운 형태를 띠고 있다.

모발의 웨이브 정도를 수치화 시킨 모경지수는 100에 가까운 수치를 나타낸다.

직모의 단면이 원형화 되는 현상은 모모세포 및 모낭세포가 케라틴 단백질 생성과정에서, 세포분열의 속도가 동일한 속도로 진행되어 나타나기 때문이다.

(2) 파상모(Curly hair)

유전적 요인에 의해 발생되는 것으로 알려져 있다.

모발 단면이 타원형을 띠며, 연모화 상태에서는 파상모의 형태가 잘 나타나지 않아 직모로 혼동하는 경우가 있다.

유전적 요인에 의한 모세포와 모낭세포의 세포분열 속도 차이가 만들어낸 모발형태로 모발에 행하는 어떠한 시술로도 근본적이고 영구적인 변형은 힘들다.

즉, 스트레이트 펌을 시술한다고 하여도 일시적인 관리 밖에 안 된다.

직모와 축모의 중간형태로 모낭이 직모에 비해 비스듬하게 생성되어 있다.

(3) 축모(Kinky hair)

흔히 '곱슬모'라 부르는 모발의 형태로 단면이 '파생모'에 비해 웨이브가 심하며, 흑인종에게서 많이 나타난다.

모발단면의 형태를 나타내는 모경지수가 0에 가까운 상태로 납작한 형태이다.

파생모와 마찬가지로 영구적인 변형이 힘들며, 심각한 경우 모간부 끝부분이 두피쪽으로 자라 두피를 자극하기도 한다.

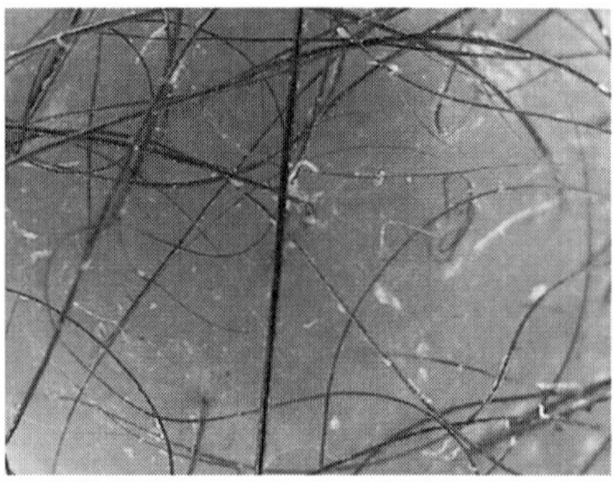

그림 1-3. 축모

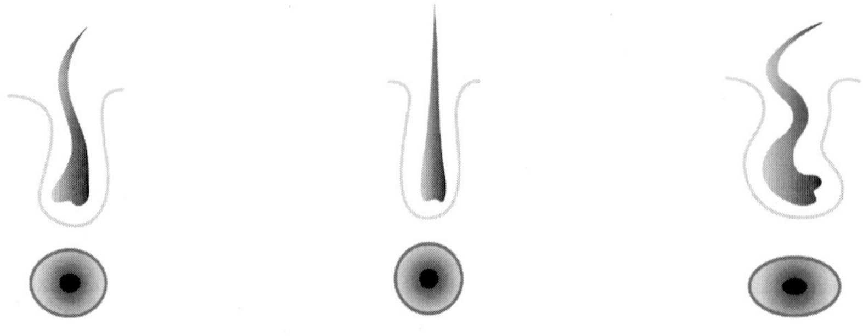

그림 1-4. 모낭 형태

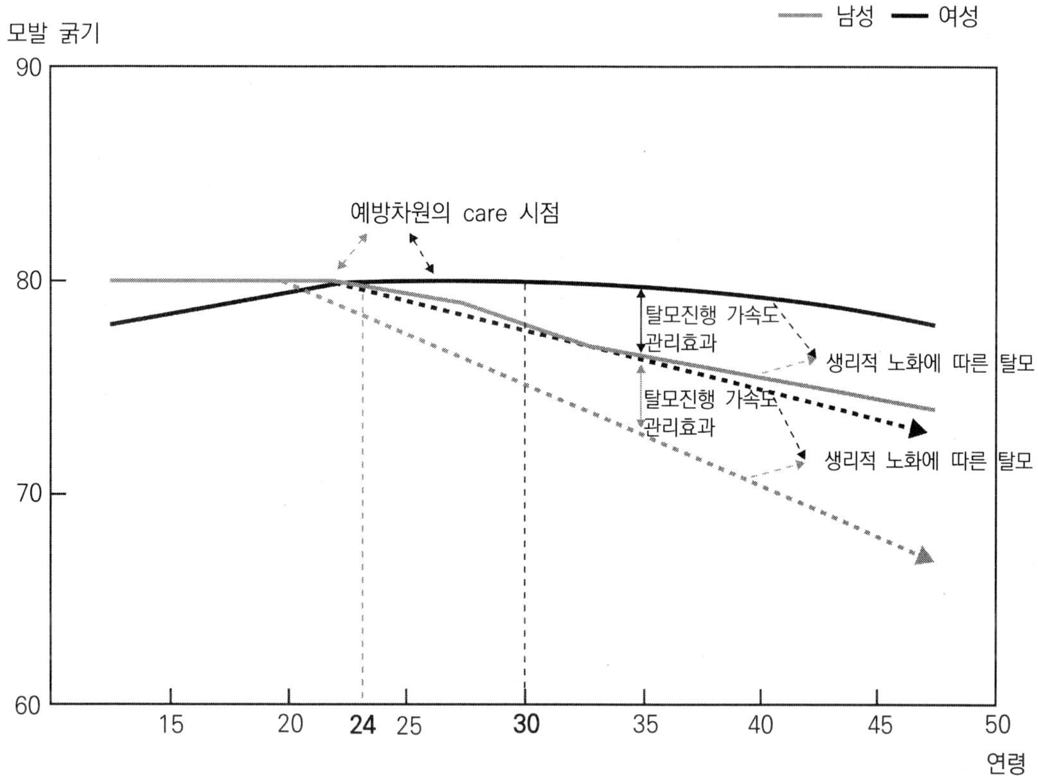

그림 1-5. 연령에 따른 모발의 굵기 변화

3. 모발의 기능

모발(毛髮)은 기능학적인 면에서 볼 때 크게 보호, 배출, 장식, 감각전달의 기능으로 나누어진다.

1) 보호의 기능

전신에 존재하는 털은 외부충격, 직사광선, 더위, 추위 등으로부터 인체를 보호하며, 털의 생성 부위에 따라서는 벌레(코털)나 이 물질(코털, 속눈썹, 귀털 등), 땀의 유입(눈썹 등) 등을 막아주기도 한다.

두부(頭部)에 존재하는 두발(頭髮)의 경우에는 외부충격으로부터 뇌를 보호하는 중요한 기능을 지니고 있으며, 겨드랑이 털은 피부사이의 마찰로부터 피부손상을 막아준다.

2) 배출의 기능

털은 몸 안에 쌓여있는 수은, 비소, 납 등의 중금속을 간(肝) 다음으로 가장 많이 체외로 배출한다.

털의 중금속 배출기능은 모발생성 과정의 특수성 때문에 발생되는 현상이다.

털의 생리적 기능을 이용하여 오늘날에는 마약범 검거 및 사인(死因) 등을 규명하는 과정 그리고 두발에 존재하는 미네랄의 함유량 및 중금속 수치 등을 파악하여 건강상태 체크에 자료로 활용된다.

3) 장식의 기능

현대사회에서 털의 기능 중 가장 부각되는 기능으로, 털은 사람의 이미지를 나타내는 요소들(얼굴, 의상, 키, 화장 등)중에서 많은 비중을 차지하고 있는 요소 중 하나이다.

장식소재로써 모발의 기능은 탈모관리나 두피관리 전문 샵 및 Hair Shop들의 성행 등을 통해서도 기능의 중요성을 쉽게 알 수 있다.

시대상을 나타내는 중요한 자료가 되기도 하는 털은 시대에 따라서는 남, 녀의 특징을 잘 표현하는 소재가 되기도 하였으나, 현대에 와서는 이러한 부분은 많이 없어진 상태이다.

4) 감각전달의 기능

두피 밖에 존재하는 모발은 스스로의 세포분열 능력이 없는 죽은 세포로 모간부만을 볼 때는 감각이 없는 실과 같지만, 모낭주위에 존재하고 있는 지각신경은 외부로부터의 자극에 민감하게 반응한다.

☞ 미네랄 테스트(Hair Tissue Mineral Test)란 모발의 노폐물 배출기능을 활용한 검사법으로 모발에 남아있는 Ca, Mg 등의 미네랄 성분과 납, 수은 등의 중금속 수치를 Nano까지 검사하여 인체 영양 상태, 중금속 오염도 등을 체크하는 방법이다.

미네랄 테스트는 소재를 쉽게 채취하여 검사할 수 있으며, 소변이나 혈액검사에 비해 미네랄 정보를 보다 정확하게 분석할 수 있다는 장점을 지니고 있다.

소변이나 혈액검사의 경우 모발검사에 비해 단기간의 건강상태만을 알 수 있는데 반해 모발검사는 3~4개월 동안의 축적된 미네랄 정보 및 중금속 오염도 등을 파악할 수 있다.

하지만, 펌, 염색과 같은 화학적 시술을 행한 모발의 경우에는 정확한 데이터를 얻기 힘든 단점이 있다.

H+3 Mineral Test Report

Hair Analysis+1 → Health+2 → Happy+3

성 명 : 　　생년월일 : 　　염색여부 : N
고객번호 : 　　나 이 :
접수번호 : 　　성 별 :

유 독 성 원 소

유독성원소	결과치 (ppm)	표준범위 (ppm)	표 준 범 위	초 과
Be (베릴륨)	0.001	<0.01		
Al (알루미늄)	14.6	<10		
As (비소)	0.12	<1		
Cd (카드뮴)	0.062	<1.5		
Sb (안티몬)	0.082	<0.6		
Ba (바륨)	0.211	<1.5		
Hg (수은)	0.335	<1		
Pb (납)	3.53	<2		
Bi (비스무스)	0.019	<1		
U (우라늄)	0.071	<1		

필 수 미 네 랄

영양미네랄	결과치 (ppm)	균형범위 (ppm)	불균형	균 형 범 위	불균형
Na (나트륨)	4.08	18~85			
Mg (마그네슘)	9.32	15~70			
P (인)	133	145~250			
K (칼륨)	11	5~40			
Ca (칼슘)	122	190~738			
Cr (크롬)	0.323	0.23~0.86			
Mn (망간)	0.116	0.2~0.8			
Fe (철)	16.2	11~24			
Cu (구리)	12.3	3.9~23.3			
Zn (아연)	30	180~220			
Se (셀레늄)	0.541	0.5~2			

중 요 비 율

중요비율	결과치	균형범위	불균형	균 형 범 위	불균형
Ca / Mg	13.1	2.71~49.2			
Fe / Cu	1.31	0.47~6.15			
Na / K	0.371	0.45~17			
Zn / Cu	2.44	7.72~56.4			
Zn / Mn	259	225~1100			

분석번호 　　시료채취일 　　접수일
분석완료일 　　Sample Type hair 　　Sample Size

분 석 : 메디넥스

Medinex

그림 1-6. 미네랄테스트 샘플

4. 모발(毛髮)의 구조

인체에 존재하는 털 중 약 10%정도를 차지하고 있는 두발(頭髮)은, 두발 특유의 강한 단백질 결합과 복잡한 구조의 결합형태를 지니고 있어 쉽게 변형되지 않는 특성을 지니고 있다. 하지만 이러한 두발도 구조 및 생성원리를 살펴보면 피부와 같은 세포에서 파생된 것으로 피부의 구조, 원리, 특성 등을 먼저 이해한다는 것은 두발(頭髮)을 이해하는데 많은 도움을 준다.

1) 피부(皮膚)의 특성 및 구조

(1) 피부의 특성

인체(人體) 표면을 감싸고 있는 피부조직은 크게 3개의 층(표피, 진피, 피하지방)으로 이루어져 있으며, 내부 기관 및 장기를 외부세균, 환경 등으로부터 보호하고 있다.

또한 내부에 쌓이는 노폐물을 외부로 배출하는 기능(한선)과 감각전달, 체온유지(한선 및 입모근), Vit D 합성(피지+자외선), 흡수(각질층, 한선, 모공), 호흡(인체호흡의 약1~3% 정도) 등 생존에 있어 없어서는 안 될 중요한 기능을 하고 있다.

이 같은 기능은 얼굴 피부(皮膚) 뿐만 아니라 두피에도 동일 시 나타난다.

구조적 측면에서 볼 때 두피조직은 얼굴피부의 연장선으로 여타 피부조직과 유사하면서도 얇은 두께와 긴 털을 지니고 있는 것이 차이점이다.

피부는 외부방어나 노폐물 분비기능 외에도 외향적으로 그 사람의 살아온 환경이나 노화정도를 알 수 있을 정도로 우리의 미적부분에 많은 영향을 준다.

어찌 보면 많은 사람들이 피부 건강에 신경을 쓰는 이유 또한 피부의 생리적 기능보다 미적부분에 대한 영향력이 크기 때문일 것이다.

평상시 관리방법과 자극정도에 따라 피부건강에 차이를 보이는 피부조직은 면적이나 두께에 있어서도 남녀노소에 따라 차이점이 발견된다.

성인 남성의 경우에는 약 1.6m^2 정도(약 반평)인데 반해 성인 여성의 경우에는 약 1.4m^2 정도로 유아의 피부면적에 비해 약 7배정도 넓다.

피부조직의 두께 또한 평상시 관리에 따라 차이를 두고 있지만, 평균적으로는 약 0.2cm 정도이며, 인체 중 가장 얇은 곳은 눈꺼풀 부위이다.

반대로 가장 두꺼운 부위는 투명층이 많이 자리 잡고 있는 손바닥과 발바닥이다.

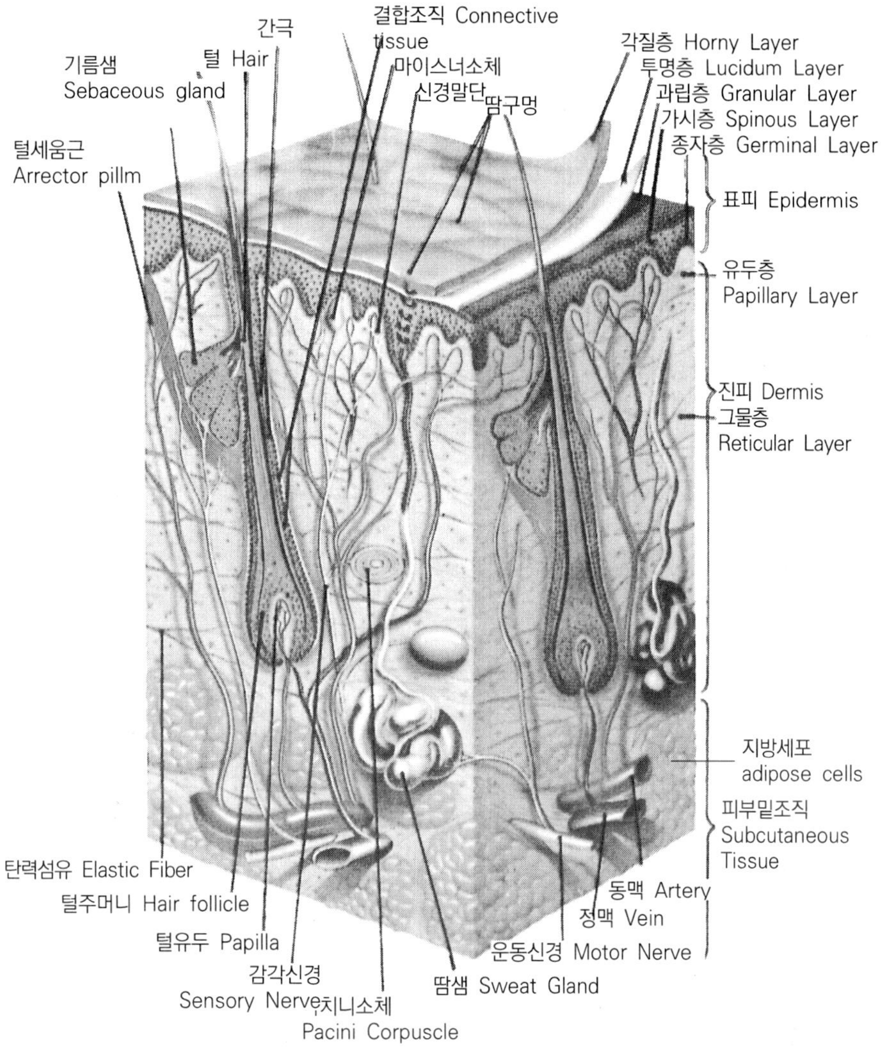

그림 1-7. 피부조직도

(2) 피부의 구조

피부는 외부에서부터 표피(表皮), 진피(眞皮), 피하지방으로 이루어져 있다.

표피층은 세포의 형태와 각화정도에 따라 각질층, 투명층, 과립층, 유극층(유자층), 기저층, 기저막으로 구성되어 인체를 보호한다.

표피층의 두께는 0.07~0.12mm정도이며, 손바닥과 발바닥은 다른 부위에 비해 두께가 두껍다.

인체를 보호하고 있는 표피층은 미용상에 있어서도 중요한 역할을 하는 부분으로, 화장품의 침투와 밀접한 관계를 가지고 있다.

표피조직의 경피흡수 기능은 두피, 탈모 관리를 이해하는데 있어서 매우 중요한 작용을 한다.

표피를 구성하고 있는 층은 케라티노사이트(Keratinocyte)라는 세포에 의한 각화(角化)과정(기저층→유극층→과립층→투명층→각질층)을 거쳐 새로운 부분(표피층)을 만들며, 노화각질은 때나 비듬화되어 각질층에서 탈락된다.

표피층 아래에 위치하고 있는 진피층은 피부의 약 90%를 차지하고 있으며, 유두층(papillary layer)과 그물모양의 망상층(reticular layer)으로 이루어져 있다.

진피층 부위에는 피부 탄력 및 유연성에 관여하고 있는 엘라스틴과 콜라겐섬유가 존재하고 있어 피부의 노화정도를 알 수 있다.

또한 모발에 있어 중요한 부분인 모근부(모유두, 모모세포, 모구부 등)가 표피층에서 진피층에 이르기까지 존재하고 있어 모발을 연구하는데 있어서는 반드시 필요한 부분이다.

피부 가장 아래에 위치한 피하지방층은 모발의 영양분을 전달하는 모세혈관과 피하지방이 다량 존재하고 있다.

피하지방은 여성과 어린이에게서 잘 발달 되어있으며, 체형을 유지하는데 중요한 역할을 한다.

☞ **각화(角化)과정**

표피층 가장 아래부위에 존재하는 기저층에서 만들어진 피부세포가 탈수현상과 함께 기저층, 유극층(유자층), 과립층, 투명층, 각질층의 순으로 피부 위쪽으로 올라와 피부 밖으로 떨어져 나가는 현상을 '각화 과정' 이라 한다.

각화 과정은 정상인을 기준으로 약 28일을 주기로 하여 반복적으로 이루어지며, 이를 피부의 '각화주기'라 한다.

각화주기는 연령, 피부관리법, 건강상태, 인체부위 등에 따라 길어지거나 짧아지는 현상을 나타낸다.

두피관리에 있어 각화주기를 분석하는 것은 관리기간 및 결과를 예측하는데 핵심요소로 작용한다.

① 표피층(epidermis)

Ⓐ 각질층(horny layer)

표피층의 최상부에 자리 잡고 있으며, 평균적으로 약 20겹 정도의 편평무핵(扁平無核) 세포가 라멜라 구조를 형성하면서 50~70nm 정도의 세포간 거리를 두고 겹겹이 쌓여 있다.

건강한 피부조직일수록 각질 세포사이가 견고하여 외부로부터 화학약품 및 세균 침입을 막아주는 역할을 한다.

각질층에 존재하는 천연보습인자(Natural Moisturizing Factor)는 아미노산을 40%정도 함유하고 있으며, 피부 습도(수분)를 조절하는 작용을 한다.

평균적으로 정상 피부의 수분함량은 15~20% 정도를 유지하며, 부족 시에는 피부(두피)가 유연성을 잃고 거칠어진다.

피부상식

피부 pH농도는 피지막의 pH농도에 의하여 좌우되기 때문에 피부pH(4.5~6.0)는 엄밀히 말하면, 피부 자체의 pH라기 보다는 피지막의 pH라 할 수 있다.

이처럼 피부는 피지막의 작용으로 pH변화를 조절(알카리성→약산성)할 수 있는 기능을 지니고 있다. 그러나 장기간에 걸쳐 지나치게 알칼리성 제품에 노출될 경우 피부의 알칼리화를 유발하여 피부자극 및 건성화를 초래한다.

Ⓑ 투명층 (clear layer)

각질층 아래부위에 존재하는 얇고 투명한 층으로, 손바닥 및 발바닥부위와 같이 두꺼운 피부조직에만 존재하고 있으며, Acidphilic의 성질을 띤다.

투명층에는 엘레이딘(eleidin)이라는 노란색의 반유동성 물질이 세포질내에 함유되어 있으며, 각질층과 같이 편평무핵의 세포로 이루어져 있다. 그러나, 투명층의 일부에서는 과립층에서와 같이 핵의 잔사가 발견되기도 한다.

Ⓒ 과립층 (granular layer)

투명층 아래부위에 자리 잡고 있으며, 3~5층의 납작한 과립세포가 존재한다.

피부세포의 실질적 각화과정이 진행되는 부분으로, 외부로부터 이물질 및 물의 침투 등을 저지하는 barrier zone이 자리 잡고 있다.

barrier zone의 존재는 두피관리나 피부 관리 시 약품의 경피흡수를 막아 피부조직을 보호하는 작용을 한다.

또한 내부조직의 수분증발을 막아주어 피부 건조화 현상을 방지하고, 두피에 발생하는 다양한 피부염의 유발을 막는 피부 미용상 매우 중요한 물질이다. 내적요인에서 발생되는 대부분의 두피문제점은 과립층 이하에서 유발된다.

Ⓓ 유극층 (유자층 spinous layer)

핵이 존재하는 가시모양의 돌기를 지닌 세포로 구성된 유극층(유자층)은 과립층 아래부위에 자리 잡고 있다.

유극세포, 랑게르한스세포, 림프액으로 구성되며, 표피층 중 가장 두꺼운 층이다.

유극세포와 세포사이에 존재하는 림프(lymph)액은 피부조직에 쌓여있는 노폐물, 독소 등을 운반하며, 다른 한편으로는 혈관이 존재하지 않는 표피층의 각 세포에 영양분을 공급하는 중요한 역할을 한다.

반면, 자외선에 영향을 많이 받는 랑게르한스세포는 T림프구에 항원을 전달하는 기능을 지닌 대표적인 피부면역세포이다.

랑게르한스세포의 기능저하는 항원에 대한 정보전달의 문제를 유발하며, 피부조직에 접촉성피부염, 아토피 등과 같은 다양한 트러블의 유발에도 영향을 주는 것으로 알려져 있다.

참고로 랑게르한스세포의 세포주기는 약 16일 정도로 피부각질세포의 주기보다 짧으며, 광노화가 진행될 경우 세포 운동과 세포 수가 감소하는 현상을 보인다.

과립층과 더불어 피부 미용상 중요한 역할을 하는 유극층은 세포의 돌기모양이 가시모양이라 하여 '가시층', '유자층'이라고 부르기도 하며, 다각형의 세포들로 구성되어 있다.

Ⓔ 기저층(basal layer)

표피층 중 가장 아래부위에 위치한다.

기저막을 사이에 두고 진피층과 맞닿아 있으며, 각질층을 통하여 떨어져나간 각질을 대신하기 위하여 끊임없이 세포분열을 하는 층으로 원형에 가까운 세포의 형태를 띠고 있다.

기저층을 구성하는 기저세포는 핵을 지니고 있는 원형형태의 세포로 세포 사이에는 인체의 색을 결정짓는 멜라닌색소 세포인 멜라노사이트(melanocyte)가 존재하고 있어, 피부특유의 색을 결정짓는다.

케라티노사이트 10개 중 약 1개정도의 비율로 자리 잡고 있는 멜라노사이트는 1개의 세포에서 36개의 각질세포에 색소를 공급하는 것으로 알려져 있다.

인종에 따라 혹은 피부 부위에 따라 피부색이 차이를 두는 것은 기저층에 위치한 멜라닌색소의 크기와 양에 따라 달리 나타나는 현상이다.

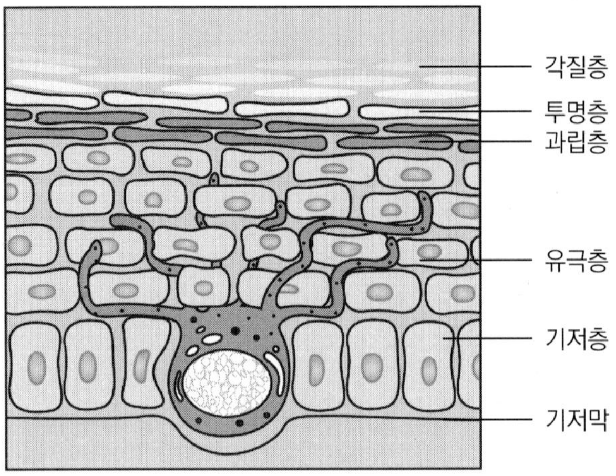

그림 1-8. 표피층 구조

② 진피층(dermis)

피부층 중 가장 두꺼운 층으로 2~3mm 정도의 두께를 지니고 있는 결합조직층이다.

표피층을 지탱하고 있으며, 모발생성에 중요한 부위인 모근과 한선, 피지선, 미세혈관 등이 분포하고 있다.

Ⓐ 유두층(papillary layer)

진피층의 상부에 위치한 유두(乳頭)층은 표피층의 기저(基底)막과 맞닿아 있다.

세포배열이 불규칙적인 섬유 결합조직으로 경계가 불분명하며, 형태가 유두(乳頭)모양을 하고 있는 것이 특징이다.

손바닥과 발바닥의 유두 배열은 일정한 형태로 배열되어 피부에 융기된 상태로 지문을 형성하고 있다.

유두층 내에는 신경과 혈관(血管)이 존재하고 있으며, 신경이 있는 유두(乳頭)를 '신경유두'(nervous papilla), 혈관이 존재한 유두를 '혈관유두'(vascular papilla)라 한다.

피부 탄력과 유연성에 관여하는 탄력섬유(elastic fiber), 교원섬유(collagen fiber), 기질(gound substance) 그리고 모근 등이 존재하고 있는 유두층과 망상층은 피부 노화, 탄력도, 모발 생성 등을 알 수 있어 피부 미용에 매우 중요한 부분 중 하나이다.

Ⓑ 망상층(reticular layer)

그물모양을 형성하고 있는 망상층은 진피층의 심부(深部)에 위치하고 있으며, 교원섬유(collagenous fiber)가 매우 복잡하게 엉키어 있다.

망상층을 구성하고 있는 섬유들은 피부표면과 평행을 띄고 있다.

피부 부위별 각기 다른 주름을 형성하고 있는 것 또한 이와 같은 이유에서이다.

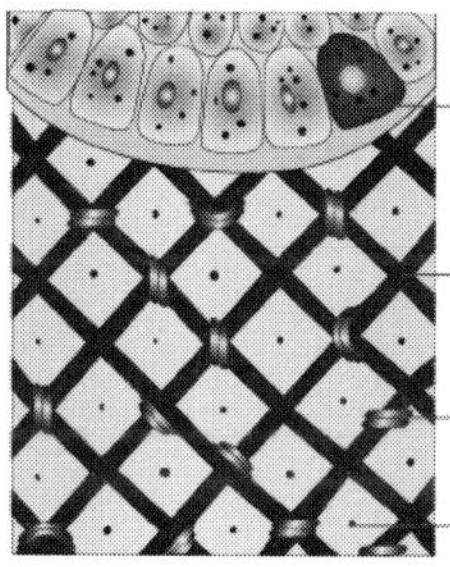

그림 1-9. 진피층 조직

③ 피하지방층(hypodermis)

진피층 아랫부분 조직을 말한다.

진피층에서 하강된 섬유조직 사이로 인체가 소비하고 남은 여분의 지방이 다량 함유되어 있다.

피하지방층은 혈관과 신경계통을 받쳐주는 쿠션 역할을 하며, 외상과 추위로부터 보호작용을 한다.

미용적 측면에서 피하지방층은 인체 체형(몸매)을 형성하는데 중요한 역할을 하며, 여성호르몬(estrogen)과 관계가 깊다.

두피는 피하지방층이 평균적으로 일반 피부조직의 피하지방층 보다 얇게 존재하는 것이 특징이다.

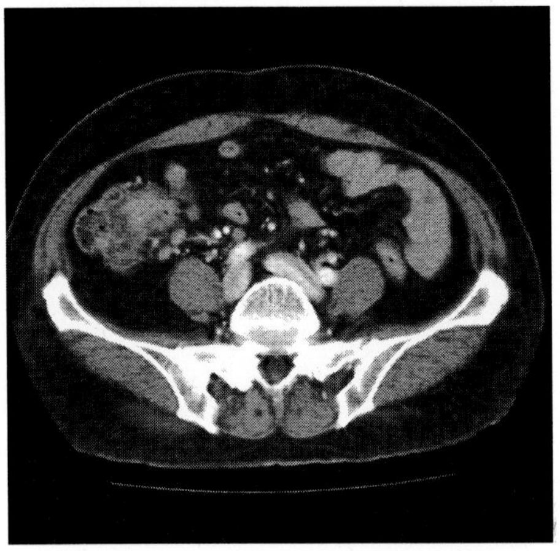

그림 1-10. 복부피하지방층 CT사진

2) 모근(毛根)의 특성 및 구조

인체를 덮고 있으면서 포유류 특유의 피부 부속기관인 모발은 크게 우리의 눈에 보이는 부분인 모간(毛幹, hair shaft)부와 피부(두피)조직 안에 위치하면서 모발의 성장에 관여하는 모근(毛根, hair root)부로 나누어진다.

하지만 같은 조직 안에서 파생된 모발이라 하더라도 모근부와 모간부의 세포는 크게 차이를 나타내는 것이 모발의 특징으로 모간부의 세포는 더 이상의 세포분열을 하지 않는 죽은 세포로 구성되어 있으며, 모근부는 그와 반대로 왕성한 세포분열을 하는 모모세포가 존재하고 있다. 즉 모근부의 아래부위에서 모세포의 분열에 의해 생성된 모발세포는 시간이 지나면서 위쪽으로 밀려올라가 각화과정을 거치면서 완성된 모발이 된다.

(1) 모근부와 모간부

모근(毛根)부: 두피 안쪽에 있는 부분.
모간(毛幹)부: 두피 밖에 노출되어 있는 모발 부분.

① 모근(毛根)의 특성

모발 성장의 근본이라 할 수 있는 모근은 나무의 뿌리와 같은 기능으로 모발성장에 필요한 영양분을 혈관으로부터 공급받아 세포분열이라는 과정을 통하여 모발을 생성한다.

태아 9~12주경에 피부 배아세포의 세포분열에서부터 시작되어 두피 안쪽에 자리잡는 모근부는 크게 모누두부(infundibulum), 협부(isthmus), 모낭하부(inferior)로 구분되어 진다.

또한 각각의 부위안에는 피지선(sebaceous gland), 입모근(arrector pili muscle), 모구부(모모세포, 모유두), 모낭(hair follicle), 줄기세포(stem cell) 등이 존재한다.

이러한 부분들은 특히 모발의 생성 및 탈모, 문제성 두피의 발생에 깊은 관여를 하는 곳으로 모근의 손상이나 모낭의 위축, 모유두 손상 등은 모발의 생성을 저해하는 요인으로 작용한다.

하지만 모발성장에 중요한 역할을 하는 모근도 그 조직은 두피의 일부이므로 두피의 손상 및 이상은 모근의 이상을 가져올 수 있으며 이는 모근의 특징인 동시에 두피의 특징이라 할 수 있다.

② 모근 부위별 특징.

Ⓐ 모누두부(infundibulum)

각질층에서부터 피지선 위쪽부분까지로 피부조직의 표피층 부분이 모누두부에 해당된다.

Ⓑ 협부(isthmus)

피지선 아래부위에서 입모근 윗선까지를 말한다.

모모세포에서 세포분열을 통하여 만들어진 keratin 단백질이 탈수과정을 거치면서 서서히 각화(keratinization)되어 가는 과정의 부분이다.

Ⓒ 모낭하부(inferior)

입모근 아래에서부터 모구부 끝까지를 말한다.

생화학적 합성이 진행되는 부분으로, 미세혈관으로부터 영양을 공급받아 세포분열을 통한 모발생성이 진행된다.

모주기에 따른 모낭의 행동반경이기도 하다.

즉, 성장기에는 모낭이 진피층과 피하조직이 만나는 위치까지 존재하지만, 퇴화기와 휴지기 단계를 거치면서 모낭의 수축현상이 나타나 모낭하부는 헤어벌지 부위까지 수축한다.

③ 모근(毛根)의 구조.

피부조직 속에 자리 잡고 있는 모근은 표피층에서부터 깊게는 피하지방층까지 걸쳐 자리 잡고 있으며, 탈모의 진행정도 및 모주기에 따른 모낭의 활동반경에 따라 그 위치가 차이를 두고 있다.

즉, 성장기의 모낭은 모구부 부분이 팽창된 상태로 진피층 하부나 피하지방층 윗부분까지 위치한다.

그러나 세포분열이 정지되는 퇴화기를 거쳐 점차적으로 휴지기 단계로 접어들면서 모낭하부는 수축하여 모낭의 위치가 헤어벌지 부위까지 올라온다.

모발 성장에 따라 부분적으로 유동성을 지니고 있는 모근은 크게 털을 감싸고 있는 모낭, 피부(두피)를 외부세균 및 이물질 등으로부터 보호하는 피지선, 외부 환경(추위, 공포 등)으로

부터 반응하는 입모근(기모근), 털의 생성에 관여하는 모구부와 영양공급에 관여하는 모세혈관 및 자율신경 등으로 구성되어 있다.

모낭을 중심으로 하여 분포하고 있는 모근 구성물들은 인체의 신진대사기능 및 호르몬 등의 작용으로부터 영향을 받는다.

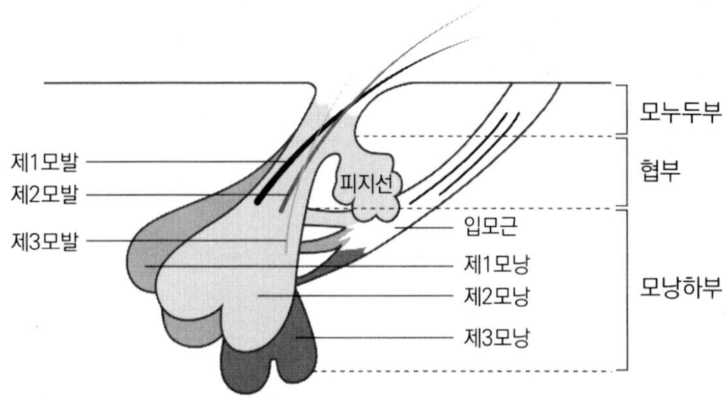

그림 1-11. 모근조직

Ⓐ 피지선(sebaceous gland. oil gland.)

모근부의 상부 1/3 지점에 위치하고 있는 피지선은 모근의 형성과정 중 가장 먼저 생성되는 부분이다.

모낭을 중심으로 3~5개정도의 피지선 주머니가 그룹형태로 연결되어 존재하고 있으면서 모공을 통해 외부로 피지를 분비한다.

피지선에서의 피지분비 변화는 문제성 두피 발생, 안드로겐성 탈모증, 지루성 탈모증 등과 같이 두피와 모발 트러블 유발에 깊이 관여하는 요소로, 두피건강에 근본적인 문제를 유발한다.

특히, 남성호르몬(androgen), 황체호르몬, 식생활, 스트레스, 온도, 계절, 인종, 질병, 약물 등 다양한 내, 외적요인의 영향을 받기 때문에 단순히 특정 요소의 관리와 제품을 활용한 케어를 통하여 피지분비를 조절하기란 사실상 어렵다. 피지선은 신경의 지배를 받지 않는다.

피지선(皮脂腺)의 형태는 꽈리모양(or 포도송이 모양)으로, 약 1㎠ 당 400~900개정도가 존재하며 얼굴과 두피에 많이 분포하고 있다.

1일 피지분비량은 약 1~2g(두께, 약 0.0005mm) 정도로 한선에서 분비된 땀과 결합하여 피지막을 형성한다. 앞서 이야기 한 피지분비에 영향을 미치는 내, 외적 요소에 따라 분비량에는 차이를 나타낼 수 있다.

두피에 형성되어있는 피지막은 정상두피를 기준으로 pH 4.5~5.5정도의 약산성을 띄는 것이 특징이며, 형성된 피지막의 기능은 다음과 같다.

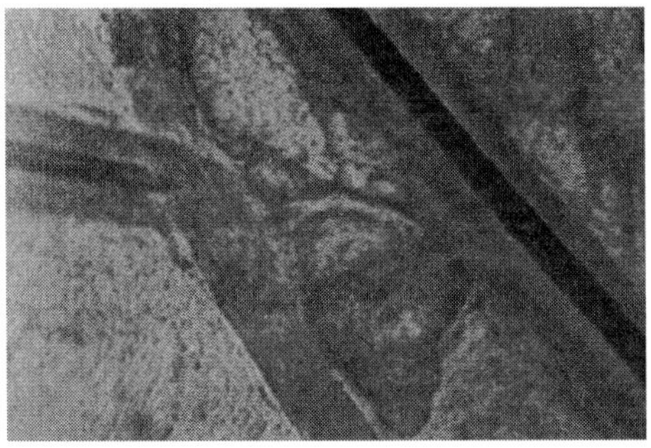 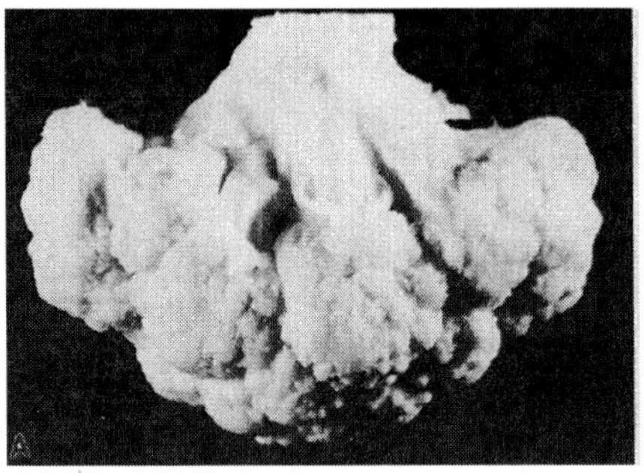

그림 1-12. 피지선

※ 피지막의 기능

① 살균, 소독의 기능

분비된 피지막은 외부의 세균 및 두피 상재균(비듬균, 아크네균, 황색 포도상구균, 그람양성 세균, 그람음성세균 등)으로부터 항균, 항진균작용을 통하여 두피조직을 1차적으로 보호한다.

② 보습의 기능

외부환경으로부터 두피 및 모발의 수분증발을 억제시키며, 과다한 수분 및 유해 화학약품으로 부터의 경피흡수를 차단한다.

③ 중화의 기능

외부 알칼리성 제품(펌제, 염모제 등의 화학물질)에 의한 모발 및 두피의 pH발란스를 조절하여 준다.

④ 윤기 및 광택부여의 기능

모발의 윤기를 부여한다.

⑤ 비타민 D_3 생성의 기능

피지에 존재하는 비타민 D_3 전구물질(7-dehydrocholesterol)과 자외선 B(280~315nm) 화학반응을 통하여 동물성 비타민인 비타민 D_3를 생성한다.

⑥ 유화기능

⑦ 배설기능

⑧ 흡수 조절 기능

하지만 인체에 있어 중요한 작용을 하는 피지막도 분비가 과다하거나, 원활하지 않을 경우에는 두피 및 모발에 필요악(必要惡)으로 작용한다.

모공을 통하여 분비된 피지성분은 땀과 결합한 이후 약산성의 상태를 띠지만, 외부공기에 노출되면서 서서히 자연산화 되어 pH 6.2~6.8 의 중성에 가까운 상태로 변화된다.

pH 6.2~6.8은 두피 상재균의 증식이 활발히 일어날 수 있는 pH조건으로 세균의 이상증식을 통한 2차 세균성 두피 트러블을 유발한다.

심각한 경우 모낭염에 의한 반흔성탈모증의 원인이 되기도 한다.

원활한 피지분비는 단순히 두피 청결을 떠나 두피조직의 보호와 두피에 발생되는 다양한 트러블을 예방하는 역할을 한다.

Ⓐ 입모근(arrector pili muscle)

피지선 아래와 헤어벌지부위 중간에 위치하고 있는 입모근(立毛筋, 기모근)은 공포감, 추위 등과 같은 내, 외적 변화에 대하여 반응하는 불수의근이다.

인간의 의지와는 무관하게 움직이는 근육으로 평활근(平滑筋)의 섬유다발로 이루어져 있으며 수축과 이완을 통하여 모발과 모공의 변화를 가져온다.

입모근의 잦은 수축과 이완은 모유두 및 모모세포를 자극하여 노화를 촉진시킬 수 있다고 일부에서 이야기 하고 있다.

하지만 이 같은 설은 정설로 판단하기에는 어려움이 존재하면서도 모발의 성장에 영향을 주는 것은 어느 정도 분명하다.

또한, 입모근의 수축 현상은 대부분 외부로부터 인체가 공격을 받을 때나 위협을 느낄 때 나타나는 현상으로 피지선이 자극받아 피지분비가 촉진된다.

속눈썹, 눈썹, 코털에는 입모근이 존재하지 않는다.

Ⓑ 모구부(hair bulb)

모근 아래부위에 위치한 모구부는 그 형태가 전구모양으로 둥근형태를 띠고 있으면서 아래부위가 볼록하게 올라와 있다.

모구부는 모발생성에 필요한 영양분을 혈관으로부터 공급받는 모유두(hair papilla)세포와 영양분을 원료로 세포분열을 통하여 모발을 생성하는 모모세포(hair matrix)로 구성되어 진다.

볼록하게 올라온 부위(모유두) 아래 주변으로는 모세혈관과 자율신경이 분포하고 있어 영양분의 공급과 흡수가 용이하도록 이루어져 있다.

모유두 주변으로는 모모세포와 모낭세포가 존재하고 있어 모발을 만들어낸다.

모발의 성장에 관여하는 모구부는 모주기에 따라 그 형태가 달라지는 것이 특징으로 성장기의 경우에는 전구모양으로 팽팽한 형태를 나타내지만, 휴지기로 접어들면서 모낭하부 부위가 위축하게 된다.

또한 모구부는 피지선과 더불어 남성호르몬, 스트레스, 식생활, 환경 등의 영향을 받는 부위로 남성호르몬의 과다분비로 인한 모구부의 영양공급 장애가 나타나기도 한다.

Ⓒ 모유두(hair papilla)

모근부의 가장 아래쪽에 위치하고 있는 부분으로 볼록하게 융기되어 모모세포와 맞닿고 있다.

모유두 주변에는 무수히 많은 모세혈관과 자율신경 계통이 존재한다.

모세혈관으로부터 '공급받은 영양분을 모모세포에 전달'하는 기능과 '모발 생성의 신호(모발의 성장을 유도하는 성장인자)를 모모세포에 전달'하는 기능으로 모유두의 손상 및 기능저하는 모발의 올바른 성장에 저해요인으로 작용한다.

즉, 모구부의 아래부위에 위치한 모유두는 '모발의 원료를 저장하는 창고'와 같은 역할을 하는 부분으로 모발 생성에 있어 꼭 필요한 부분이다.

때문에 모유두의 파괴나 외부의 손상, 잦은 자극은 모발 생성을 방해하고 심각한 경우에는 영구탈모(永久脫毛)로 이어질 수 있다.

모유두의 크기나 형태는 모발의 상태 및 굵기를 결정짓는 데에도 중요한 작용을 하는 것으로 마우스 실험을 통하여 추측되어 지고 있다.

쥐의 실험에서 모유두만을 배양하여 표피에 주입한 결과 모발의 성장을 조절할 뿐만 아니라 모발의 성질(굵기)을 결정하는 부분으로 작용하였다.

두피에 존재하는 굵은 모발의 모유두 또한 가는 연모의 모유두에 비해 그 형태가 크게 자리 잡고 있는 것으로 알려져 있다.

뿐만 아니라 모유두의 기원이 외배엽의 신경능과 중배엽으로 구분되어 지면서 기원에 따라 남성호르몬(DHT)의 영향을 받는 것에도 차이를 나타내고 있다.

대머리의 후두부 모발이 탈락되지 않는 반면 정수리 모발과 전두부가 탈모현상을 보이는 원인이기도 하다.

모유두 세포 주변에는 더말 쉬드세포가 존재하고 있어 모유두 세포의 기능이 떨어지면 보충해주는 역할을 한다.

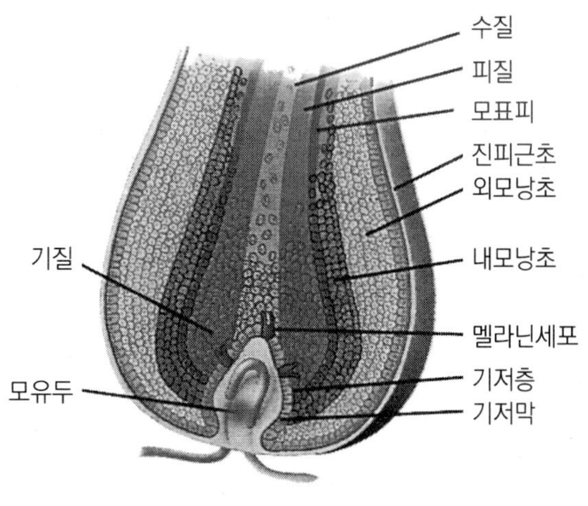

그림 1-13. 모유두

Ⓓ 모모세포(hair matrix)

모유두로부터 영양을 공급받아 왕성한 세포분열을 하며, 모발의 모표피(cuticle), 모피질(cortex), 모수질(medulla), 모낭(hair follicle)이 결정되어지는 곳이다.

모유두 주변에 자리 잡고 있으며 케라틴 단백질 합성세포인 '케라티노사이트'(keratinocyte)와 모발의 색을 결정짓는 '멜라노사이트'(melanocyte)로 이루어져 있다.

이러한 세포들은 성장기 기간에 활발히 세포 분열하여 모발을 생성해내며, 만들어진 모발세포는 점차적으로 위쪽으로 밀려 올라가 각화과정을 통하여 서서히 두피 밖으로 나온다.

모발생성 단계에 있어 최종 단계라 볼 수 있는 모모세포는 인체에 있어 골수 세포 다음으로 가장 왕성한 세포분열을 하는 부분으로 항암 치료 시 탈모현상이 먼저 나타나는 것도 이러한 이유와 무관하지 않다.

모모세포의 세포분열은 하루 중 저녁 시간대인 pm10 ~ am02시 사이에 가장 왕성한 세포분열을 하기 때문에 수면 부족현상은 모발생성에 장애요인으로 작용할 수 있으며, 저녁 시간대에 두피 세정(샴푸)을 하는 것이 효과적인 것도 이 같은 이유 중의 일부분이다.

특히 수면 부족현상 및 낮과 밤을 바꾸어 생활하는 사람들의 두피 및 탈모관리가 대부분 효과를 보지 못 하는 이유도 이 같은 현상과 연관되어 있다.

이처럼 모발 생성 시 중요한 역할을 하는 모모세포의 손상은 영구탈모로 이어질 수 있기 때문에, 탈모관리에 있어서도 관리의 근본은 모모세포가 손상 받지 않았다는 전재 하에 이루어져야 한다.

Ⓔ 모낭(hair follicle)

'털 주머니' 라고도 부르는 모낭(毛囊)은 모발이 모모세포의 세포분열에서 시작하여 두피 밖으로 나오는 동안 모발을 보호하는 기능을 지니고 있다.

보호기능을 다한 모낭은 모발생성과 함께 두피 가까이로 올라와 각질층과 유두층에서 피부화 되어 떨어져 나간다.

모낭에는 MHC Class 1 [Major Histocompatibility Complex Class 1]이라는 '대조직 적합성 복합체'가 존재하고 있다.

이는 외부로부터의 바이러스나 단백질 형성에 이상이 나타날 경우 인체의 T림프구에 작용하여 모발 및 모근을 보호하는 작용을 한다.

모낭은 반복적인 탈락이 이루어지는 상피성 모낭과 이를 감싸고 있는 결합조직성 모낭으로 나누어 진다.

두 모낭 사이에는 얇은 막 형태의 초자막이 존재하고 있으며, 상피성 모낭은 다시 내모근초 표피, 헉슬리층, 헨렌층의 3층으로 구성 된 내모근초와 외모근초로 나누어진다.

내모근초는 모낭 중 모발과 가장 근접하고 있으면서 모발을 보호하는 부분으로, 각질층에서 탈락된다.

성장기 모발을 강한 힘으로 뽑을 경우 모발과 함께 끌려나오는 젤리형태의 반투명한 물질을 말한다.

반면 외모근초는 내모근초 외부에서 모발을 보호하는 층으로 성장기 단계에서 활발한 세포분열을 통하여 생성된 후 각화과정을 거쳐 유두층에서 피부세포와 함께 탈락된다.

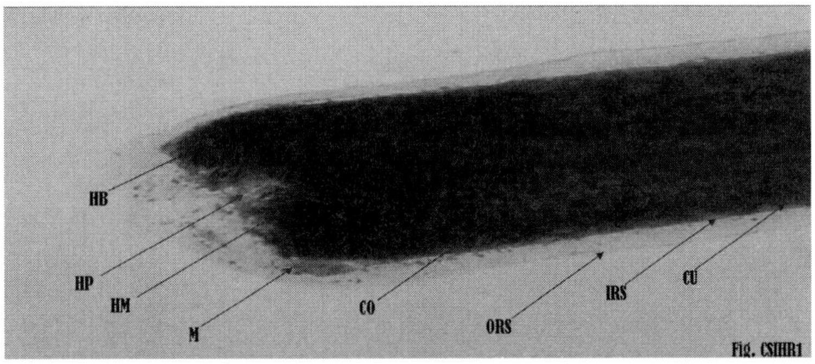

그림 1-14. 내모근초와 외모근초

Ⓕ 자율신경

모세혈관과 함께 모유두 주변에 존재하고 있는 자율신경은 모발성장에 있어 모유두로부터 공급받은 영양분을 모모세포가 세포분열을 통하여 모발을 만들 수 있도록 신호를 전달하는 역할을 하고 있다.

따라서 자율신경 계통의 이상은 아무리 질 좋은 영양분이 모유두를 통하여 모모세포에 전달된다고 하여도 모발 생성에 어려움이 존재한다.

뿐만 아니라 모유두 주변 자율신경의 문제로 인해 발생된 탈모 현상은 외부적 관리를 통한 효과 또한 기대하기 어렵다.

Ⓖ 모세혈관

인체에는 무수히 긴 혈관이 존재하고 있으며, 이 중에는 노폐물을 운반하는 정맥과 새로운 혈액을 공급하는 동맥 그리고 혈관의 말단이라 할 수 있는 모세혈관이 존재하고 있다.

모발에 있어 모세혈관은 소화기관을 통하여 들어온 영양분과 산소를 모발생성 기관인 모유두에 전달하는 역할과 함께 인체에 쌓여있는 노폐물을 운반하는 역할을 지니고 있다.

탈모 및 문제성 두피의 발생 원인에서 나타나는 혈관의 이상현상으로는 혈관에 침전물이 쌓여 발병되는 동맥경화, 고혈압, 당뇨병 등과 같은 혈관 질환들이 있으며, 대부분 동맥관련 질환들이다.

참고로 내적요인 및 질환으로 발생되는 탈모현상은 질병의 치료와 함께 탈모관리가 동시에 이루어져야 효과적인 관리가 가능하다.

Ⓗ 멜라노사이트.(melanocyte)

모발의 색을 결정짓는 멜라닌 색소를 만드는 세포로 모발 생성 시 케라티노사이트(keratinocyte)와 함께 세포분열을 통하여 모발을 생성한다.

멜라닌 색소의 크기와 양에 따라 모발의 색이 결정되어지며, 백모(白毛)현상은 멜라노사이트의 세포분열에 이상이 발생되거나 산화효소 티로시나아제의 활동에 문제가 생길 경우 나타나는 현상이다.

백모현상의 원인으로는 유전, 질병(갑상선질환, 당뇨병, 기타 유전성 질환 등), 스트레스, 약물 등 다양한 요소가 복합적으로 작용하는 것으로 알려져 있으나 현재까지 정확하게 밝혀진 바는 없다.

ⓐ 멜라닌색소의 종류

모유두의 끝자락에 위치한 멜라닌 세포의 분열에 의해 형성되는 멜라닌색소의 합성과정은 효소 티로시나아제가 티로신이라는 아미노산을 산화 중합하면서 부터 시작된다.

아미노산의 일종인 티로신을 산화 중합하여 만들어진 도파와 도파퀴논이 멜라닌과립을 만들며, 멜라노사이트의 돌기끝부분을 통해 방출된다.

멜라닌색소는 과립의 크기와 색상에 따라 유 멜라닌(EU-Melanine, 입자형)과 페오 멜라닌(PHEO-Melanine: 분사형)으로 나누어 진다.

ⓑ 유-멜라닌(EU-Melanine, 입자형)

검정색 또는 적갈색을 나타내는 색소로 쌀알형태의 입자형을 띠고 있다.

주로 동양인, 흑인의 모발과 피부색을 결정짓는 색소로 작용하며, 전자현미경 상 관찰 시 길이 0.8~1.2㎛정도를 띠고 있다.

ⓒ 페오-멜라닌(PHEO-Melanine: 분사형)

노란색, 적색을 나타내는 색소로 주로 금발의 서양인에서 피부와 모발의 색을 결정짓는 작용을 한다.

유멜라닌에 비해 입자가 작은 분사형으로 구형의 형태를 띠고 있으며, 탈색 시 쉽게 탈색이 되지 않는 것이 특징이다.

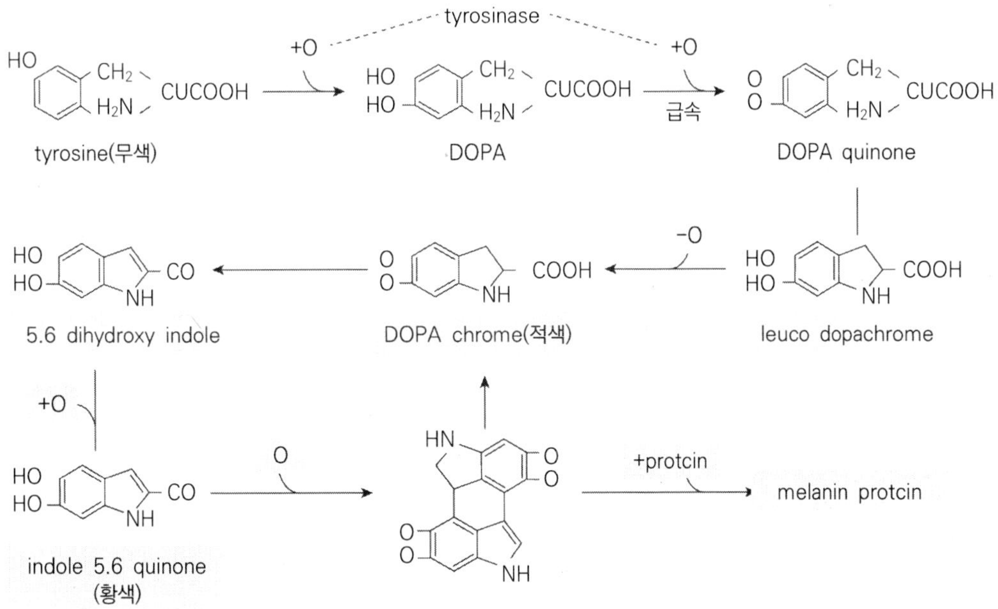

그림 1-15. 멜라닌색소 합성 과정

① 한선(Sweat gland)

모공 또는 땀구멍을 통하여 인체 분비물(땀, 노폐물 등)을 체외로 배출하는 피부부속기관이다.

체내에서 유발되는 땀 냄새는 한선 내에서 발생되는 냄새가 아닌 분비 후 세균에 의해 산화되는 과정에서 발생되는 냄새로 대한선에서의 냄새가 대표적이다.

대한선은 겨드랑이, 생식기 주변에서 발달되어 있다.

반면 소한선은 크기가 대한선에 비해 작으며, 피부표면과 직접적으로 연결되어 있는 별도의 관을 통해 체외 배출이 이루어진다.

소한선에서 분비되는 땀은 대부분 수분으로 냄새는 없으나, 빠른 건조로 인해 모공이 막히는 경우가 발생하기도 한다.

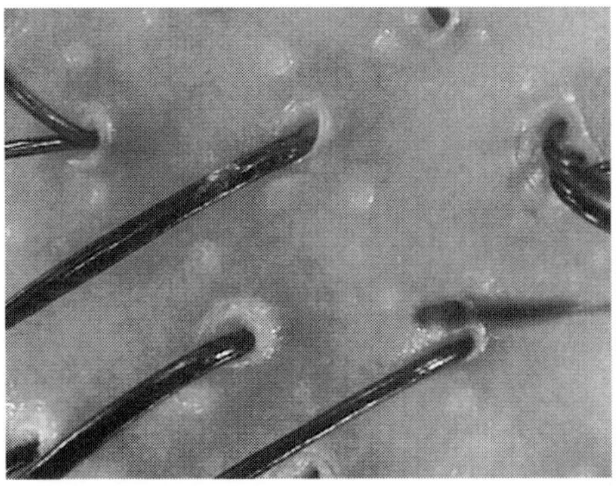

그림 1-16. 두피 내 소한선의 분포 상태

3) 모간부(Hair Shaft)의 구조

두피 밖에 존재하는 모발을 털의 줄기라는 뜻으로 '모간부'라 한다.

일상에서 많이 하는 펌, 칼라링 등과 같은 헤어시술이 실질적으로 진행되는 부분이다.

모발 세포가 각화과정을 마친 상태로 스스로의 세포분열 능력이 없는 Keratin 단백질로 구성되어 있다.

때문에 모간부에 행하여지는 헤어트리트먼트의 경우 제품의 흡수가 충분히 이루어지지 않으며, 대부분은 모간부(Cuticle층에만)의 벽에 밀착되는 정도이다.

모간부의 구성을 단면에서 살펴보면 외측에서부터 모표피(Cuticle), 모피질(Cortex), 모수질(Medulla)로 이루어져 있다.

취모나 가는 모발(연모)의 경우에는 모수질이 존재하지 않는 경우도 있다.

참고로 두부에 존재하는 모발의 수는 10만개 정도이며, 같은 수의 모발이라 하더라도 모발의 굵기나 형태 등에 따라 모발의 밀도가 달라 보인다.

대머리의 경우에는 모발의 수는 대머리 이전과 별 차이가 없지만, 모발이 가늘고 성장기 기간이 짧아 모발의 밀도가 상대적으로 적어 보인다.

(1) 모표피(Cuticle).

모발의 최외측에 존재하는 층으로 모발 전체의 10~15%정도를 차지한다.

모표피의 모양은 형태학적 측면에서 볼 때 마치 생선의 비늘모양과 유사하게 층층이 쌓여 있는 것이 특징이다.

모발의 손상정도와 굵기 등에 따라 모표피층은 5~15층이 겹겹이 쌓여 있다.

모표피(Cuticle)층이 차지하는 비율이 높고, 큐티클의 조직이 조밀하게 겹겹이 쌓여 있을수록 모발은 단단하고, 윤기 있는 건강한 모발을 유지 할 수 있다.

화학약품(펌제, 염모제 등) 및 물리적 자극(드라이, 셋팅 등)으로부터 모발내부를 보호하는 기능을 하고 있으며, 특히 화학약품에 대하여 강한 저항력을 지니고 있다.

생선비늘 모양의 형태를 지니고 있는 모발의 '문리'는 모발표면의 손상정도에 따라 배열정도 및 큐티클층의 두께가 서로 다르게 나타난다.

피부의 표피층과 비슷한 역할을 하는 모표피는 에피큐티클(epicuticle), 에소큐티클(exo-cuticle), 엔도큐티클(endocuticle) 층으로 나누어져 있다.

각각의 층은 외부 화학제품 및 물리적 자극으로부터 모피질 부위를 보호하는 역할을 한다.

① 에피큐티클(epicuticle).

모표피(毛表皮)층 중 가장 바깥쪽에 존재하는 층이다.

화학적 시술(펌, 염색 등) 및 외부 물리적 자극(브러싱, 드라이 등)에 대하여 1차적으로 손상을 받는 부위이다.

물리적인 자극에 대해서는 약하나, 화학약품의 공격에는 매우 강하게 저항을 하는 것이 특징이다.

피지선에서 분비된 피지(Sebum)와 가장 먼저 맞닿는 부위이기도 한 에피큐티클은 친유성의 성질을 나타내며, 수중기는 통과하지만 물에 대해서는 저항성을 지니고 있다.

② 에소큐티클(exocuticle).

모표피층 중 가운데부위에 존재하는 층으로 알칼리성 약품에 대하여 중간적인 성질을 지니고 있다. 총 아미노산의 20% 정도를 차지할 정도로 높은 시스틴을 함유하고 있으며, 시스테인 결합을 끊는 약품에 대하여 약한 것이 특징이다. 또한, 매우 불안정한 층으로 펌제나 염모제 등의 화학약품에 대하여 작용을 받기 쉽다.

③ 엔도큐티클(endocuticle).

큐티클층 중 모피질부와 가장 가까운 안쪽에 위치한 층이다.

친수성의 성질을 띠며, Cystine 함량이 적어 단백질 침식성 약품에 대해 저항성이 약한 부분이다.

세포막 복합체인 CMC(Cell Membrane Complex)가 존재하고 있어 인접한 모표피를 밀착시키는 역할을 한다.

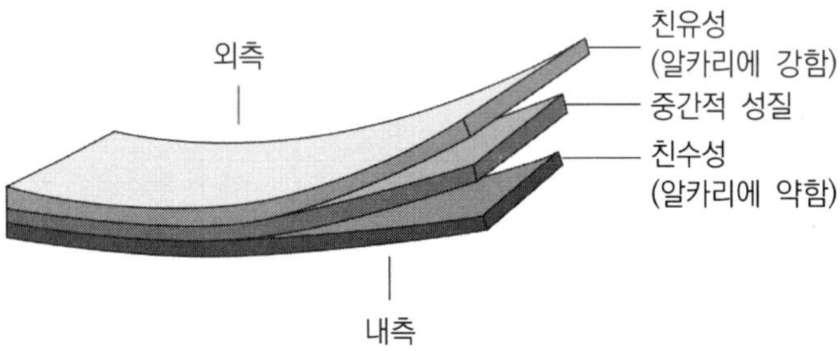

그림 1-17. 모표피층의 구조

(2) 모피질(Cortex)

모발 단면의 가운데 부위에 위치한 모피질은 모발전체의 80~90%를 차지하고 있다.

모발 탄력, 강도, 색상, 모질 등 모발의 전반적인 부분을 결정짓는 중요한 역할을 한다.

모피질은 Keratin 단백질을 주성분으로 결정 영역(피질세포)과 비결정 영역(세포간 결합물질, 간충물질)으로 이루어져 있다.

유-멜라닌과 페오-멜라닌으로 구분되어지는 멜라닌색소가 함유되어 있으며 색소의 종류에 따라 모발의 색이 결정되어진다.

결정 영역과 비결정 영역간의 상호상태에 따라 모질 및 화학적, 물리적인 작용에 대한 손상도, 모발의 탄력도에 변화가 생기므로 헤어관리(Hair Care)에 있어서는 매우 중요한 부분이다.

결정영역인 피질세포는 긴 Polypeptide가 규칙적으로 배열된 섬유다발이 안정적으로 결합되어 화학반응에 대하여 강한 저항력을 지니고 있다.

반대로, 비결정 영역인 간충물질은 결정 영역에 비해 짧은 Polypeptide연결이 코일(Coil) 형태로 불규칙적 결합을 하고 있다.

간충물질의 경우 외부자극 및 화학반응으로 인해 손상 받거나 외부로 유출될 경우 모질이 나빠지는 주원인이 된다.

때문에 간충물질의 손실을 막기 위해 외부로부터 인위적으로 유사 성분을 침투시키기도 하지만 제품의 침투가 100%로 되지 않는 점을 감안할 때 이상적인 모발관리는 사전에 충분한 영양공급 그리고 잦은 화학적 시술을 피하는 것이 가장 효과적인 모발 케어방법이다.

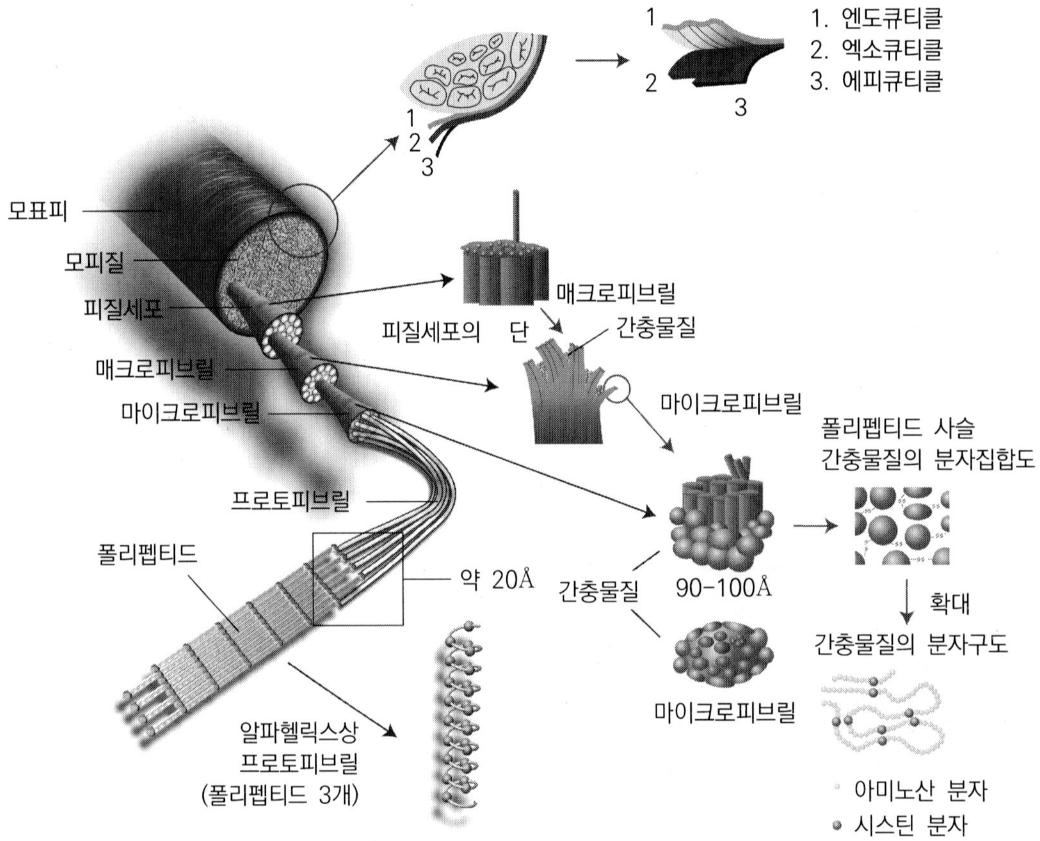

그림 1-18. 모피질층의 구조

(3) 모수질(Medulla).

모발 단면부의 중심에 위치하고 있다.

모발에 따라 연모(軟毛)의 경우에는 대부분 존재하지 않으며, 경모는 털의 존재부위에 따라 수질의 차지 비율에 차이가 있는 것이 특징이다.

이처럼 모수질은 모발의 굵기에 따라 차지하는 비율이 높거나 혹은 존재하지 않는 경우도 있으며, 부분적으로 빈 구멍에는 공기를 함유하고 있다.

아직까지 모수질이 모발에 미치는 영향에 대하여 정확하게 발표된 바는 없다.

단지, 모수질의 비율이 높을수록 펌이나 염색시술에 다량의 시술제와 시간 등이 소유되는 것으로 보아 모수질에까지 화학제가 침투하는 것으로 판단되어진다.

또한, 동물의 경우에는 추운지방에 사는 동물일수록 모수질이 차지하는 비율이 높은 것으로 미루어볼 때 온도와 밀접한 관계가 있는 것으로 추측된다.

5. 모발(毛髮) 발생.

인체를 덮고 있는 무수히 많은 털 중 두발(頭髮)은 태아시기 그 모체가 되는 모근이 태생 9~12 주경에 피부 배아세포의 세포분열에 의해 생성되기 시작하면서 만들어진다.

태아 22~24주 이후 완성된 모낭에서는 모기질 세포의 활발한 세포분열이 진행되어 출생 시 이미 수 cm의 모발이 자란 것을 볼 수 있다.

하지만, 모든 사람이 이 같은 모발의 생성과정을 거치는 것은 아니며, 극소수에서는 출생 후에 모발 생성이 이루어지는 선천성 탈모의 경우도 존재한다.

모발의 발생은 태아시기 모낭의 수가 이미 결정되어지며, 출생 후에 새로운 모낭이 생성되어 모발의 수가 증가하는 경우는 없다.

1) 모근(毛根)의 발생.

모발생성의 원천이 되는 모근부는 피부 표피의 배아세포와 진피유두세포에 의해 시작된다. 이들 세포는 마치 곡식을 수확하기 위해 토양에 뿌리는 씨앗과 같은 역할을 두피에서 한다.

배아세포의 세포분열은 태아의 성장과 더불어 활발하게 이루어져, 얇은 막에 불과하던 세포가 전모아기와 모아기, 모항기, 모구성모항기를 통하여 완성된 모낭으로 생성된다.

완성된 모낭은 모모세포의 세포분열에 의하여 신생모를 만들어 내며 성장기, 퇴행기, 휴지기, 발생기를 거쳐 탈모로 이어진다.

이러한 과정을 사람은 일생동안 약 15회 정도 반복적으로 되풀이 한다.

한 번 완성된 모근은 다시 만들어지는 경우가 없기 때문에, 화상이나 외상 등으로 손상된 모근은 더 이상의 모발을 생성하지 못하고 영구탈모 되는 결과를 초래한다.

① 전 모아기

태생초기 주피층, 중간층, 배아층의 3개 층으로 이루어진 표피층에서 배아층의 배아세포가 진피유두세포의 신호를 받아 특정부위로 모이게 되는 단계를 '전모아기'라 하며, 모낭형성의 시작점이라 할 수 있다.

② 모아기

배아층의 중간층 세포가 진피유두세포와 상호신호를 주고받으며, 진피층으로 함몰되어가는 과정을 '모아기'라 한다.

③ 모항기

모아기를 지난 모아가 진피층으로 깊이 형성되어가는 단계이며, 마치 하나의 기둥과 같은 형태를 띠고 있다.

④ 모구성모항기

모항기 이후 모낭의 벽면을 중심으로 피지선, 입모근이 자리 잡기 시작하며, 모낭의 끝부분에 간엽세포들이 모이기 시작하는 단계를 말한다.

⑤ 완성된 모낭

모근을 구성하는 피지선, 입모근, 모구부, 모낭 등이 완성되어 하나의 완전한 조직으로 자리 잡은 단계를 말하며, 태아 22~24주 이후 신생모의 성장을 기대할 수 있다.

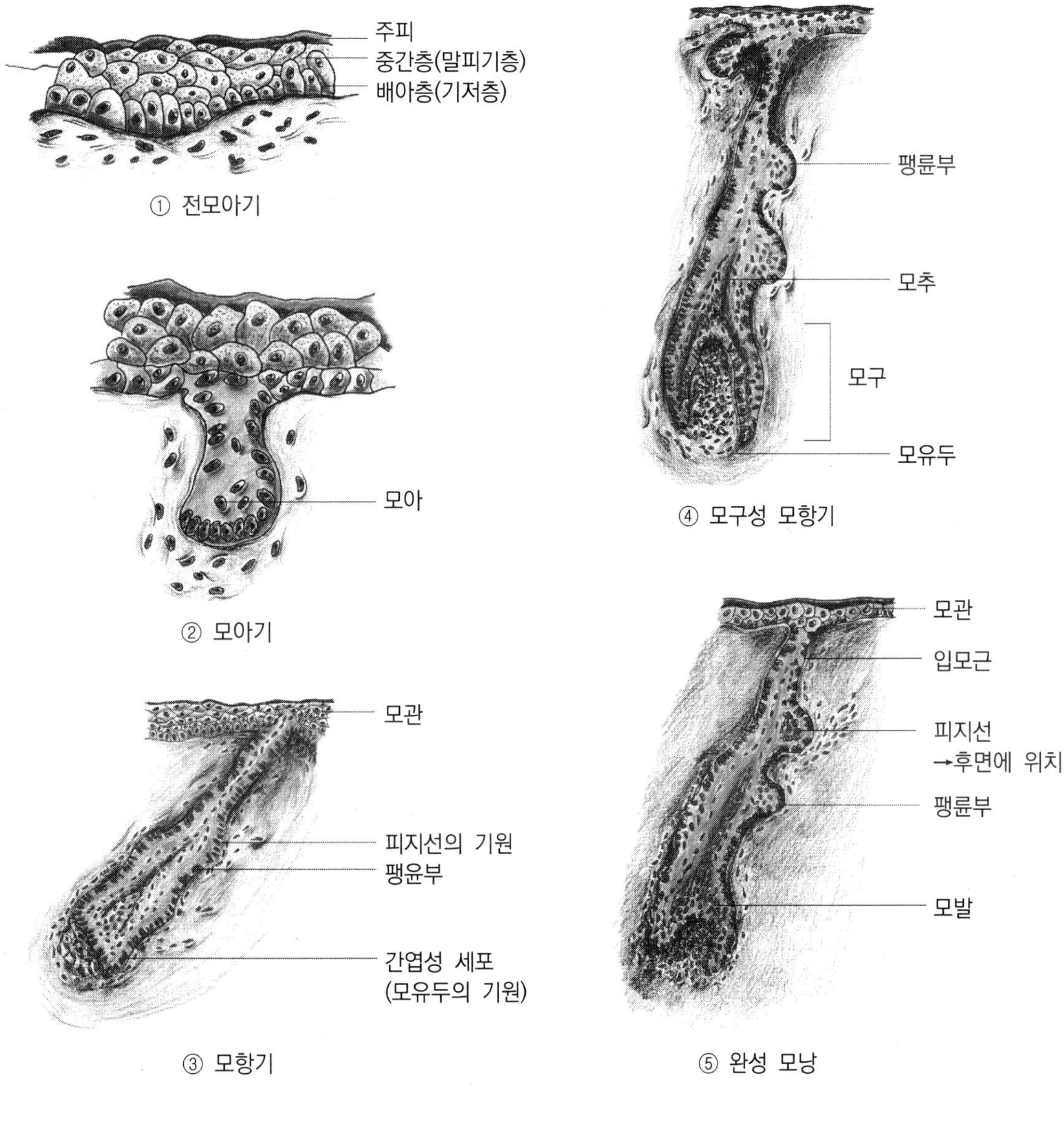

그림 1-19. 모근생성단계

2) 모발(毛髮)의 발생.

모발생성은 모발세포의 형태 및 각화정도에 따라 '세포분열 과정 및 조직화가 일어나는 단계'와 '모발이 점차적으로 탄력을 얻고 단단한 Keratin단백질로 변화하는 각화이행 단계' 그리고 '완전한 모발의 형태를 띠고 있는 영구모(永久毛) 단계'로 나누어진다.

모발생성의 초기단계인 '세포분열 과정 및 조직화가 일어나는 단계'에서는 모세혈관을 통하여 전달된 영양분이 모발 재료의 창고라 할 수 있는 모유두에 저장되고, 모유두의 영양분은 다시 모모세포에 전달된다.

전달된 영양분은 자율신경의 작용과 각종 성장인자, 모발 생성 신호를 받아 모세포 분열을 통한 모발 생성을 진행한다.

이 과정에서 생성된 모발은 둥근 원형에 가까운 형태를 띠게 되며, 모모세포의 세포분열 부위에 따라 모표피, 모피질, 모수질, 모낭 등이 결정된다.

생성된 모발은 모공 가까이로 서서히 밀려 올라가며, 모구부와 피지선 아래부위에 존재하는 각화 이행부를 거치는 과정에서 점차적으로 탈수과정을 통해 타원형의 형태로 변화되고, Cystin 가교가 형성되어 모발이 안정화된다.

이러한 과정을 통하여 두피 밖으로 밀려나온 각화모발은 죽은 세포와 간충물질로 구성되어 있으며, 단단한 Keratin 단백질로 이루어져 화학약품 및 외부자극에 대하여 쉽게 변형되지 않는 특성을 지니게 된다.

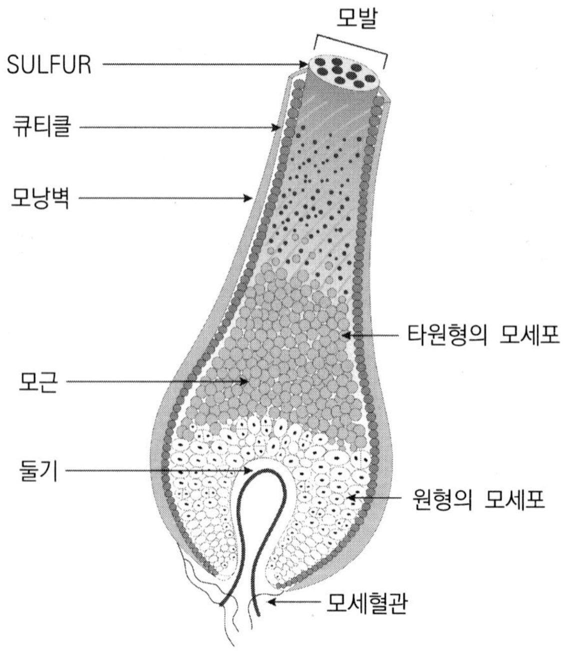

그림1-20. 모근부에서의 모발생성과정

6. 모발(毛髮)의 모주기.

모발의 기원은 피부 배아 세포와 진피유두세포에서 시작되며, 모근의 형태가 완성된 후 우리가 육안으로 보는 것과 같은 형태로 성장한다.

모세포의 분열에 의해 생성된 모발세포는 위쪽으로 밀려 올라가면서 마치 성장하는 것처럼 보이지만 계속하여 자라는 것이 아니다.

모세포의 분열이 일정한 기간을 두고 분열과 휴식기를 지니기 때문에 모발 또한 일정시기가 지나면 두피에서 자연 탈락하고 새로운 모발이 다시 자라는 cycle을 반복하게 된다.

이 같은 현상을 '모발의 모주기(Hair Cycle)'라 한다.

모주기는 성장기(Anagen), 퇴화기(Catagen), 휴지기(Telogen), 발생기(Return to Anagen)의 4단계로 나누어진다.

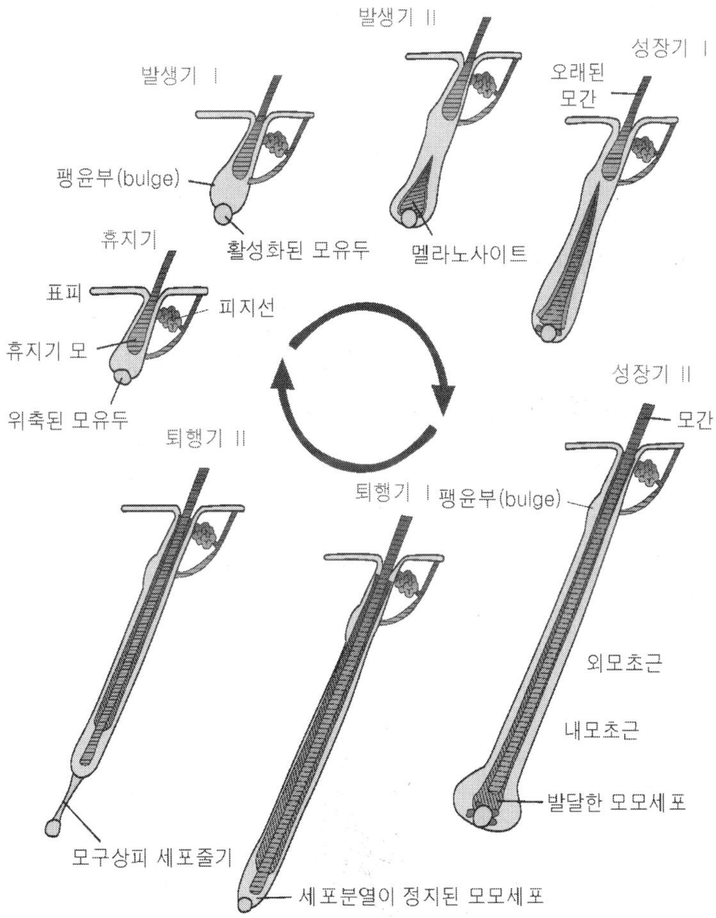

그림 1-21. 모주기표

모발의 모주기는 일생동안 약 15회 정도를 반복적으로 하지만 토끼나 개들의 털갈이 형태와는 차이를 두고 있다.

포유류 동물 중에는 사람과 같이 인접한 모근과 모근이 모주기에 불일치성을 지니고 있는 즉, 독립적인 모주기(Hair cycle)를 가지고 있는 동물(Mosaic type의 모주기)이 있는가 하면, 토끼나 개들처럼 인접한 모근끼리 모주기에 일치성이 출생 후에도 지속되어 동시에 털이 빠지고 다시 동시에 자라나는 것(Synchronistic type의 모주기)들도 있다.

이 같은 이유에서 인간의 모발은 80개~100개 정도가 하루에 자연 탈모된다고 하여도 특정부위에 빈 공간이 생기지 않고, 항상 일정한 모발의 밀도를 유지할 수 있는 것이다.

1) 성장기(Anagen)

모구부의 형태가 완전히 팽창한 상태로 진피층의 하부나 피하지방층 상부에까지 모근조직이 자리 잡고 있는 시기이다.

모낭하부가 모유두와 서로 접하고 있는 상태로, 모세혈관으로부터 영양을 공급받은 모유두가 모모세포에게 영양분을 전하여 새로운 신생모가 발생하는 단계이다.

성장기 단계에서는 각종 성장인자와 신호전달 물질의 이동이 활발히 이루어지며 혈액 흐름 또한 원활한 상태를 띠게 된다.

남녀노소, 건강 상태, 호르몬 등 다양한 내, 외적요소에 영향을 받을 경우 기간에 변화가 나타나기도 하지만 평균적으로 남성의 경우에는 3~5년, 여성의 경우 4~6년 정도가 성장기 기간이다.

여성이 남성에 비해 길게 모발을 유지할 수 있는 이유도 이처럼 모발의 성장기 기간이 남성에 비해 약 1년 정도 더 길기 때문이다.

성장기 모발의 전체 모발 내 비율은 약 80~85% 정도를 차지하고 있다.

정상적인 성장기 모발은 약80g 정도의 물체를 드는 힘(80gmf)을 순간적으로 가할 때 탈락이 가능하다.

때문에 일반적으로 샴푸세정 시 탈락되는 모발은 정상적인 성장기 모발로 보기는 힘들다.

물론 탈모현상이 나타날 경우에는 약한 자극에도 쉽게 탈락되고 모낭의 위축현상과 더불어 성장기 비율 및 기간이 짧아지는 현상을 나타낸다.

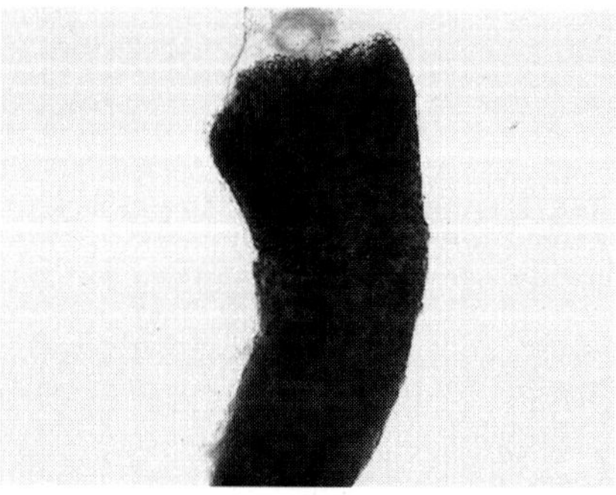

그림 1-22. 성장기 모근

2) 퇴화기(Catagen)

모낭하부가 서서히 위축하여 진피유두세포와 분리를 시작하는 단계이다.

전체 모발수의 약 1%정도를 차지하며, 성장기와 휴지기의 중간 단계로 약 3~4주 정도의 기간을 지닌다.

모낭하부와 진피유두세포의 분리가 시작되는 시기이기 때문에 모세포의 분열은 완전히 정지된 상태로 모낭하부에서 잔류섬유의 흔적을 서서히 확인 할 수 있다.

단, 산후탈모증의 경우에는 급격한 호르몬 변화로 인하여 퇴화기 단계는 사라지고, 성장기에서 바로 휴지기로 넘어가는 비특이적인 현상을 나타낸다.

그림 1-23. 퇴화기 모근

3) 휴지기(Telogen)

모낭이 진피유두세포로부터 완전히 분리된 상태로 더 이상의 세포분열이 일어나지 않는 단계이다.

모낭의 위축은 줄기세포가 자리 잡고 있는 헤어벌지부근까지 위축되지만, 탈모증에 따라서는 잔류섬유의 길이가 정상적인 휴지기 모낭의 잔류섬유보다 긴 경우도 있어 탈모증 분석의 자료가 되기도 한다.

휴지기 단계는 모세포가 세포분열을 정지하고 휴식을 취하는 단계로 모낭 안에 그대로 존재하고 있다.

때문에 약한 자극(20g 정도의 무게를 당기는 정도) 및 힘에도 손쉽게 탈락되는 현상을 나타낸다.

평소 브러싱 단계나 샴푸세정 시 탈락되는 모발 중 대부분은 휴지기 모발이라 보아도 무방하다.

전체 모발 수의 약 10~15% 정도를 차지하고 있으며, 약 3~4 개월 정도의 기간 동안 세포분열이 일어나지 않는다.

여성의 경우 출산 후 휴지기 모발의 비율은 일시적으로 30% 수준까지 증가하는 경우가 있으나 이는 임신과 동시에 나타나는 호르몬의 변화 때문이다.

이상탈모 현상이 진행되는 경우에도 휴지기의 모발 비율은 증가한다.

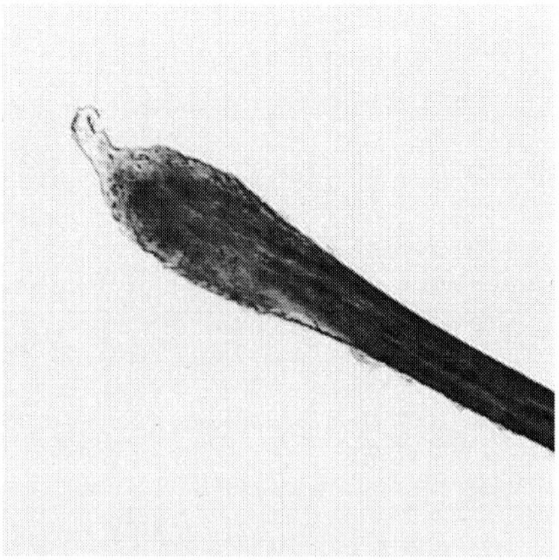

그림 1-24. 휴지기 모근

4) 발생기(Return to Anagen)

휴지기 단계가 끝날 무렵 헤어벌지부근에 자리 잡고 있는 줄기세포와 Wnt 신호 그리고 진피유두세포간의 상호 신호를 통하여 모낭이 점차적으로 팽창되면서 진피유두와 접하게 된다.

이후 진피유두세포와 모기질세포간의 모발 생성물질, 성장인자 그리고 영양분의 공급이 이루어지면서 새로운 신생모를 생성한다.

발생기의 모낭은 하나의 모낭에 서로 다른 주기(발생기모와 휴지기모)의 모발이 공존하고 있는 것이 특징으로 새로이 만들어진 모발은 휴지기의 모발을 모공 가까이로 밀어 올리어 자연탈락을 유도한다.

휴지기에서 성장기의 중간 단계라고 할 수 있는 부분으로 발생기 단계의 기간은 약 2주정도로 매우 짧다.

7. 모발(毛髮)과 영양.

인체에 존재하고 있는 모든 털은 혈관을 통하여 생성에 필요한 영양분, 성인인자, 호르몬 등을 공급받으며, 혈관의 영양분들은 음식물을 통하여 얻어진다.

결과적으로 음식물의 섭취가 인체의 건강뿐만 아니라 모발의 성장에도 깊이 있게 관여하는 것이다. 균형 잡히지 못한 편식위주의 식단이나 인스턴트식품의 섭취는 인체의 건강뿐만 아니라 모발 건강에 있어서도 저질의 모발생성, 두피 문제점, 탈모라는 현상으로 다가올 수 있다.

혈액의 불안정한 흐름 또한 이러한 측면에서 볼 때 두피 및 탈모에 영향을 줄 수 있다.

하지만, 단지 혈액순환이 안 된다고 모두 탈모로 이어지는 것은 아니며, 탈모 현상을 가속화시키거나 앞당길 수 있는 부분으로 자리 잡는 것이다.

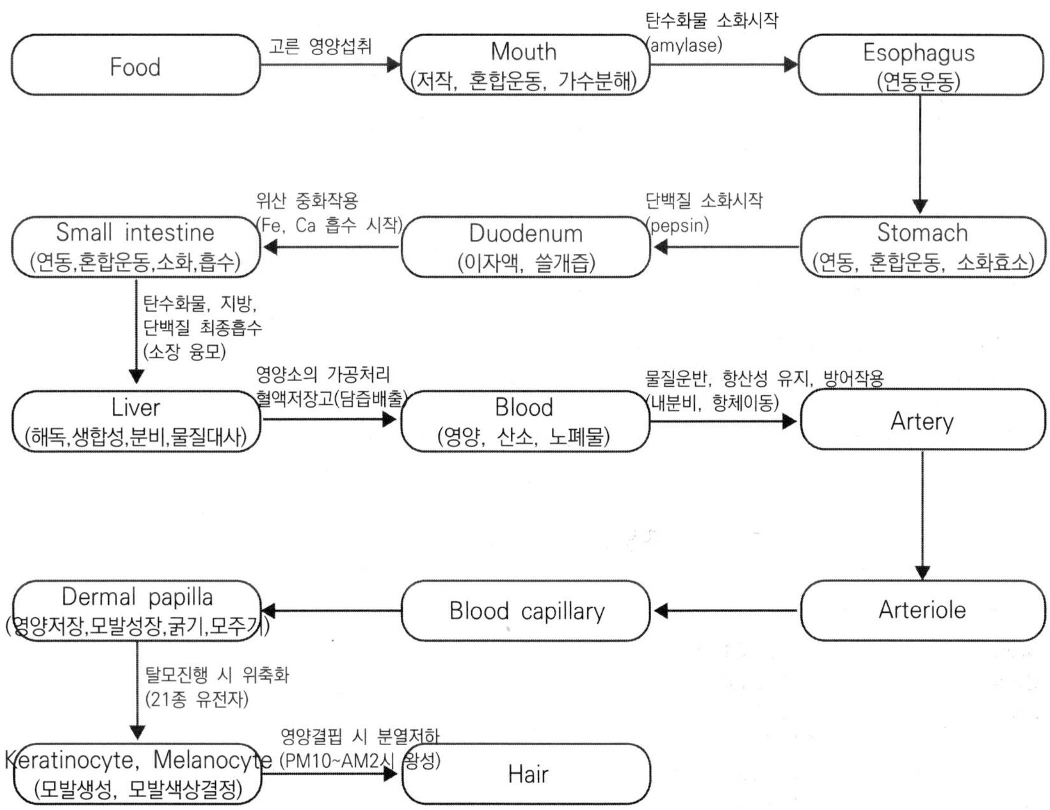

그림 1-25. 영양분의 흡수 경로

1) 모발의 원료.

모발을 구성하고 있는 기본성분은 80~90%가량의 Keratin 단백질과 기타 10~15% 정도의 수분 및 미네랄(0.6~1%), 중금속, 멜라닌 색소(3% 이하) 등으로 이 중 Keratin 단백질은 18종의 아미노산에 의하여 만들어진다.

18종의 아미노산 중 가장 많은 부분을 차지하는 것이 시스틴(Cystin)이다.

시스틴의 함유량 및 모발구성 성분 중 알칼리성에 해당하는 알기닌, 리진, 히스티딘의 함유 비율은 여타의 단백질에서는 보기 힘든 비율로 모발만의 특성을 나타내는 성분들로 작용한다.

모발을 구성하는 18종의 아미노산은 각각의 고유한 pH(power of hydrogen ions)값을 지니고 있다.

모발 구성 아미노산의 pH값의 조합이라 할 수 있는 '모발 등전점'은 이들 '18종의 아미노산에 의해 구성된 단백질 용액이 용매의 양 전하값과 음 전하 값의 합이 0이 되었을 때의 pH농도를 나타낸 것'이다.

그 값은 pH 3.67이지만, 일반적인 환경에서의 모발 pH값은 pH 4.5~5.5 정도로 약산성의 성질을 띠고 있다.

하지만, 잦은 알칼리성 제품(알칼리성 샴푸제, 펌제, 염모제 등)에 대한 노출은 모발 pH값을 깨뜨려 모발을 알칼리성화 시킨다.

(단, 1~2개월 정도의 단기간 동안 알칼리성 샴푸제를 사용한다고 하여 모발의 pH값에 변화가 생기는 것은 아니다.

인체는 피지막이라는 얇은 보호막을 끊임없이 생성한다. 생성된 0.0005mm의 얇은 피지막은 보호의 작용, 살균. 소독의 기능과 더불어 어느 정도의 pH변화에 대해서는 정상회복을 시킬 수 있는 중화능력을 지니고 있다.)

이러한 이유에서 샴푸 시 사용하는 샴푸제는 두피 및 모발에 영향을 덜 주는 약산성 또는 식물성 샴푸가 효과적이다.

물론, 알칼리성 샴푸제를 이용하더라도 적당한 컨디셔너나 산성린스 등의 제품을 이용하면 모발의 pH값을 정상화시킬 수 있다.

〈모발 구성 Amino acid의 함량과 pI〉

Amino acid	an atomic weight	content	pI	pK_1 (α-COOH)	pK_2 (α-NH_2)
Alanine	89.09404	2.8	6.01	2.35	9.87
Cysteine	121.15404	16.6~18.0	5.05	1.92	10.70
Aspartic acid	133.10684	3.9~7.7	2.85	1.99	9.90
Glutamic acid	147.13074	13.6~14.2	3.15	2.10	9.47
Phenylalanine	165.19184	2.4~3.6	5.49	2.20	9.31
Glycine	75.06714	4.1~4.2	6.06	2.35	9.78
Histidine	155.15634	0.6~1.2	7.60	1.80	9.33
Isoleucine	131.17464	4.8	6.05	2.32	9.76
Lysine	146.18934	1.9~3.1	9.60	2.16	9.06
Leucine	131.17464	6.4~8.3	6.01	2.33	9.74
Methionine	149.20784	0.7~1.0	5.74	2.13	9.28
Proline	115.1314	5.7	6.30	1.95	10.64
Arginine	174.20274	8.9~10.76	10.76	1.82	8.99
Serine	105.09344	4.3~9.6	5.68	2.19	9.21
Threonine	119.12034	7.4~10.6	5.60	2.09	9.10
Valine	117.14784	5.5~5.9	6.00	2.39	9.74
Tryptophane	204.22844	0.4~1.3	5.89	2.46	9.41
Tyrosine	181.19124	2.2~3.0	5.64	2.20	9.21

2) 모발과 식생활.

인체는 외부로부터 음식물을 섭취하여 소화기관을 거치는 동안 각 기관 및 조직에서 필요로 하는 영양소로 변환되어 혈액을 통해 이동한다.

모발 또한 혈액의 이러한 과정을 통해 생성되어진다.

한의학에서는 이를 가르켜 발자혈지여(髮者血之餘)라 하여 모발의 근본을 혈(血)이라고 칭하고 있다.

하지만 이러한 과정을 통하여 운반되는 영양분이 모두 모발생성에 도움을 주는 것은 아니다.

즉, 음식물에 따라서는 영양분이 혈관을 통하여 이동하는데 있어 장애요인으로 작용하는 것도 있다.

① 모발 성장에 도움이 되는 음식.

모발성장에 도움을 주는 대표적인 음식으로는 식물성 단백질이 다량 함유된 콩, 두부 등을 포함하여 녹황색 채소 및 미역, 다시마 등의 해조류가 있다.

이러한 음식들은 대부분이 자연으로부터 얻을 수 있다는 공통점을 지닌다.

즉, 모발성장에 도움을 주는 음식들은 대부분이 가공하지 않은 자연상태의 식품들이다. 자연의 산물을 가공하지 않고, 가정에서 직접 요리하여 섭취하는 것이 체내 건강과 모발건강에는 가장 효과적인 것으로 알려져 있다.

물론, 모발에 도움을 주는 음식을 효과적으로 섭취하기 위해서는 섭취방법 및 소화기관의 건강상태, 균형 잡힌 식습관 등이 우선시 되어야한다.

Ⓐ 모발성장에 좋은 음식

☞ 종류: 검은콩(서목태), 깨, 우유, 찹쌀, 두부, 간 등.

☞ 특징: 단백질.

콩, 두부 등은 식물성 단백질 식품군이며, 단백질은 신체조직의 구성성분으로 반드시 필요한 중요한 화합물이다.

체내 신진대사에 관여하며, 피의 생성 및 면역기능에도 영향을 미치는 영양소로 알려져 있다.

모발 성장에 있어 단백질은 모발 생성의 근본인 혈액 및 호르몬의 기능 정상화와 피부염 등을 예방하고, 모발 구성 성분인 아미노산의 주요 공급원으로 사용된다.

때문에 단백질의 원활한 공급은 모발건강의 근본인 동시에 모발생성에 반드시 필요한 부분이다.

단백질은 스트레스와도 깊은 관련이 있는 물질로 면역력 및 세포조직의 약화 등을 막아주는 작용을 하기 때문에 스트레스로 인한 피부염 및 각종 인체의 문제점에 대하여 영향을 준다.

* 주의사항 : 단백질 섭취가 과다할 경우 단백질 분해 산물인 요소의 생성과 배출량이 증가하여 신장에 문제를 유발할 수 있다. 특히, 신장질환이 있는 경우 섭취에 주의하여야 한다.

☞ **종류: 해산물(미역, 다시마, 김, 조개류) 어류, 장어 등.**

☞ **특징: 무기질.**

미네랄, 요오드, 비타민 등의 영양소가 풍부하게 함유된 해조류는 모발의 성장뿐만 아니라 혈관 질환인 동맥경화, 고혈압 등의 예방에도 효과적이다.

모발 신진대사 및 면역기능과 관련이 있는 갑상선 호르몬의 생성을 도와주는 주된 영양소인 요오드(iodine) 성분 또한 모발의 건조화 현상을 막고 윤기를 부여하는데 도움을 준다.

뿐만 아니라 해조류의 체내 작용은 부족하기 쉬운 칼슘(calcium)을 보충하여 균형잡힌 영양분의 섭취가 이루어지도록 한다.

☞ **종류: 신선한 과일 및 녹황색 야채류.**

(사과, 복숭아, 호두, 배, 토마토, 파, 시금치, 쑥갓, 버섯, 생강, 마늘, 구기자, 꿀 등.)

☞ **특징: 비타민류.**

녹황색 채소 및 과일에 다량 함유된 비타민류는 에너지를 직접 생성해 내지는 않지만, 인체 신진대사 기능을 하는데 필수적인 물질이다.

비타민 부족은 체내 에너지의 합성에 장애요인으로 작용하기 때문에 모발 및 두피에 대해서도 다양한 문제점(두피 과 각화, 피지분비 이상 등)을 나타낼 수 있다.

☞ **종류: 물 (1일 1~1.5리터 정도 섭취)**

☞ **특징: 순환**

적당한 물의 섭취는 인체 노폐물의 체외 배설과 함께 혈액과 조직액의 순환을 도와 신진대사 기능을 촉진시키어 준다.

☞ **기타: 녹차, 섬유질 식품, 동물성 단백질 등**

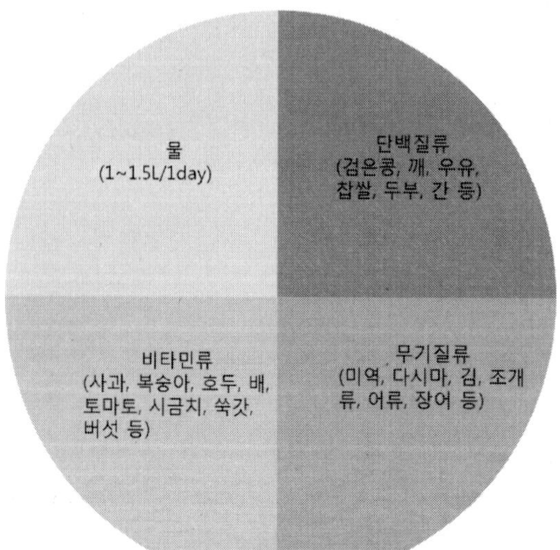

그림 1-26. 모발성장에 도움이 되는 음식

② 모발성장을 저해하는 음식.

탈모 및 대머리인 사람들의 식생활을 살펴보면 대체적으로 공통적인 식생활을 볼 수 있다. 탈모인들의 공통된 혹은 유사한 식생활은 음식문화가 모발에 미치는 영향을 단적으로 보여주는 좋은 예이다.

이같은 현상은 고려시대나 조선시대처럼 채식문화가 발달된 시기와 인스턴트식품이 넘쳐나는 오늘날 우리의 식생활 비교에서도 매우 잘 나타난다.

즉, 같은 환경 속에서도 채식위주의 식생활을 한 사람과 인스턴트식품이나 가공한 음식을 섭취한 사람의 모발 및 두피를 살펴보면 분명한 차이점을 나타내고 있다.

물론 예외의 경우도 있을 수 있으나 분명한 것은 가공한 음식(인스턴트 식품)이나 기름진 식품의 섭취보다는 자연에서 얻을 수 있는 자연식이 더 인체에 좋고 효과적이라는 것이다.

모발에 좋은 음식 역시 자연식의 균형 잡힌 음식이며, 인스턴트식품이나 기름진 음식 등은 두피와 모발의 성장에 저해요인으로 작용한다.

두피와 탈모현상은 진행 후 개선책을 찾는 것 보다 평소 잘못된 습관을 문제 발생 이전에 개선하는 것이 더욱 효과적인 관리법이라는 측면에서 볼 때 모발건강에 도움이 되는 음식보다 모발건강을 해치는 음식에 대하여 정확한 정보의 숙지가 필요하다.

Ⓐ 모발성장에 나쁜 음식

☞ **종류: 라면, 빵, 햄버그, 돈까스 등의 인스턴트 식품, 초콜렛 등.**

☞ **특징: 불균형적인 영양분.**

인스턴트 식품의 섭취는 대부분이 영양분의 균형을 잃은 어느 한쪽으로 치우친 편식 스타일의 영양분 섭취가 많다.

즉, 영양 불균형으로 인하여 신진대사 기능에 이상이 나타날 수 있으며, 이 같은 현상은 모발에도 동일 시 적용되어 나타난다.

식품에 다량 함유되는 각종 색소, 첨가제, 불포화 지방산 또한 다양한 성인병 유발 및 질병을 가져올 수 있는 원인으로 작용할 수 있어 주의하여야 한다.

☞ **종류: 커피, 담배, 탄산음료, 버터, 술**

☞ **특징:**

인체에 백해무익(百害無益)한 담배는 혈관내부 내피세포를 자극하여 세포기능을 저하시키며 혈류량 증가에 따른 혈관확장이 이루어지지 않아 피부 말초부위를 중심으로 한 순환 장애가 나타날 수 있다.

피부혈관의 장애는 단순 영양 공급의 장애뿐만 아니라 노폐물의 배출과 같은 기본적인 피부조직의 기능을 저해하는 원인으로 작용한다.

또한 모발 및 신체에 있어 중요 물질인 비타민의 부족화 현상을 가져와 신진대사 기능의 둔화 및 이상을 초래할 수 있다.

두피관리에 있어 흡연여부는 관리기간 및 관리종류, 예후 등을 결정하고 예측하는데 중요한 요소로 작용하기 때문에 관리 전 반드시 체크하여야 하는 항목이다.

☞ **종류: 동물성 지방이 많은 기름진 음식의 섭취.**

☞ **특징:**

동물성지방의 과다섭취는 혈관 내 콜레스테롤의 수치 증가로 인한 혈관이상을 가져 올 수 있어 섭취에 주의하여야 한다.

혈액의 흐름 둔화와 함께 피지선의 비대 및 피지분비량 증가에 원인이 되기도 하는 동물성지방의 섭취는 두피 불청결과 지루성 두피, 모낭의 위축 등을 가져온다.

심각한 경우에는 피지 역류현상에 의한 지루성 탈모 및 지루성 피부염을 유발한다.

☞ **종류: 설탕, 케이크, 등의 단음식.**

☞ **특징:**

단 음식의 과다섭취는 복부 팽만감을 가져와 식욕부진 및 영양 불균형을 가져올 수 있다. 특히, 케이크와 같은 유제품에 포함된 과다한 지방은 체내 신진대사 이상 및 당뇨병, 비만 등과 같은 성인병을 유발하는 원인이 되기 한다.

두피건강과 관련하여서도 단 음식의 섭취는 인슐린 호르몬 분비를 높여 남성호르몬의 수치 증가를 가져오며 그에 따른 피지분비량 증가와 혈중 포도당의 축척으로 세포내 영양공급을 저해하는 요인이 된다.

☞ **종류: 짜고 매운 자극적인 음식.**

☞ **특징:**

두피 및 소화기 계통의 자극으로 인해 신진대사 기능에 문제가 유발될 수 있다.

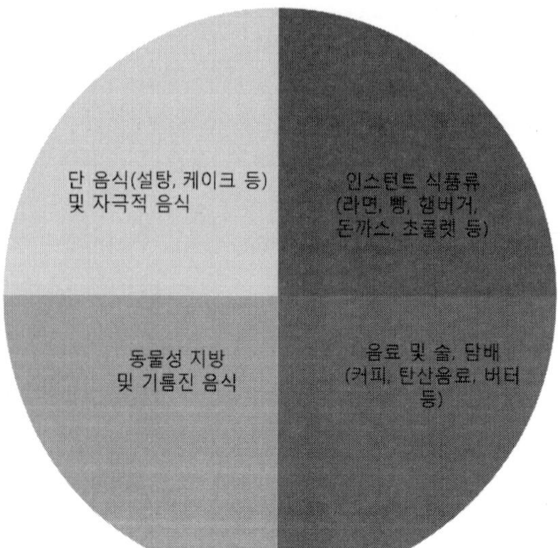

그림 1-27. 모발성장을 저해하는 음식

③ 모발과 Vitamin류.

비타민은 탄수화물, 지방 등과 같은 필수 에너지원은 아니지만 호르몬과 같이 소량으로도 인체에 영향을 주는 없어서는 안 되는 중요한 물질이다.

호르몬은 체내에서 스스로 생성되는데 비해 비타민류는 외부로부터 섭취하여 만들어지는 것으로 부족하거나 혹은 과다할 경우에는 인체의 이상현상을 나타낸다.

이러한 현상은 모발 및 두피에도 동일시 나타나기 때문에 두피, 모발관리에 있어 반듯이 알아야하는 부분이며, 또한 시술 전 고객의 건강상태 체크 시에 필요한 부분이다.

Ⓐ Vitamin A.

지용성 비타민으로 두피 각질화와 관련이 있는 대표적인 비타민이다. 상피세포 성장인자로 상피세포의 재생과 관련성이 높으며, 부족 시 피부세포를 포함한 상피세포의 각화과정에 문제가 발생된다. 뿐만 아니라, 피지분비 및 땀샘의 기능저하로 각질층이 두꺼워지며, 피부의 윤기 감소와 두피 건성화가 나타난다.

심각한 경우에는 모공주변이 각화되는 모공각화증이 발생되며, 과다섭취 시 탈모현상을 유발하기도 한다.

Ⓑ Vitamin B.

수용성 비타민으로 피부 건강과 관련하여 중요한 작용을 하는 미용 비타민이다.

Vitamin B군은 피지분비, 지루성피부염 등 피부 미용에 있어 중요한 유분의 컨트롤과 관련이 깊다.

특히, 비타민 B_6는 부족 시 과다한 피지 분비로 인한 두피 지루화, 지루성 탈모증, 지루성 피부염 등을 유발한다.

유분과 관련성이 높은 이유에서 Vitamin B_6는 육모제, 지성 두피용 제품의 주요성분으로 Tonic성분에 혼합되어 사용되기도 한다.

또한, 아미노산 대사에 절대적으로 필요한 비타민이기 때문에 모발 건강에 매우 중요한 비타민류이다.

Ⓒ Vitamin C

수용성 비타민으로 인체 전반에 대하여 나타나는 여러 질환의 예방 및 치료에 작용하는 광범위성 비타민이다.

미용과 관련하여서는 피부미백, 노화, 항산화 작용과 관련이 깊은 비타민으로, 부족 시 괴혈병 및 모발 성장에 영향을 주며, 살균. 염증억제, 면역력 강화 등의 작용을 한다.

Ⓓ Vitamin D

지용성 비타민으로 인체 내 존재하는 비타민 D 전구물질(7-dehydrocholesterol)과 자외선(UV-B, 280~320nm)의 광화학반응으로 생성되는 비타민이다.

칼슘(Ca)과 인의 농도조절을 통한 장내흡수를 도와주는 작용을 하며, 부족 시 골다공증의 유발 확률을 높일 정도로 뼈 건강에 중요한 물질이다.

뿐만 아니라 비타민 D는 섭취한 영양분의 체내 흡수에도 영향을 주는 물질로 생명유지에 매우 중요한 부분을 차지한다.

모발에 있어서는 모발 재생과 관련이 깊은 비타민으로, 체내 합성되는 비타민은 Vitamin D 중 동물성 비타민인 D_3이다.

Ⓔ Vitamin E.

지용성 비타민으로 말초혈관의 확장과 관련이 있어 육모제 성분으로 많이 사용되는 비타민 중 하나이다.

토코페롤이라고도 칭하는 비타민 E의 육모제 성분으로써의 기능은 두피 건강의 기본인 혈액순환에 초점이 맞추어졌다고 볼 수 있다.

또한 타 물질에 비해 항산화 작용이 뛰어나 산화 억제작용을 통한 두피 건강에 도움을 준다.

Ⓕ Vitamin F.

부족하면 두피가 건조하고, 모발 손상이 쉽게 되는 비타민으로 필수지방산을 다른 말로 비타민 F라 칭한다. 생체막의 구성성분이며, 과다 섭취시 비타민 E의 결핍을 일으키는 비타민으로 알려져 있다.

돼지 간, 장어, 현미, 녹황색 채소, 감자, 참깨 등으로부터 쉽게 섭취할 수 있는 비타민이다.

<비타민류의 두피·모발 내 작용>

비타민 종류	분류	관련성 및 관련 물질
Vitamin A	지용성	각질 각화
Vitamin B	수용성	피지 분비
Vitamin C		노화, 면역
Vitamin D	지용성	모발 재생
Vitamin E		혈액 순환
Vitamin F		두피 건조

8. 모발(毛髮)과 호르몬

인체에 흐르고 있는 다양한 종류의 호르몬은 크게 펩티드계호르몬, 아민계호르몬, 스테로이드계호르몬으로 구분된다.

체내에서 서로 상호 보완적으로 작용하는 호르몬은 신진대사 과정에 중요한 역할을 하며, 모발의 성장과 탈락에 영향을 주는 중요한 물질 중 하나이다.

모발과 관련하여 작용하는 호르몬에는 뇌하수체 전엽, 갑상선 호르몬, 남성 호르몬, 여성 호르몬, 부신피질 호르몬 등이 대표적이다.

특정 호르몬의 과다 분비 및 분비이상은 두피 트러블, 모발성장 이상, 탈모 등의 현상으로 나타난다.

때문에 탈모치료 및 두피관리(Scalp Care) 과정 중 기본적으로 파악 할 진단 항목 중 하나로 호르몬검사가 포함된다.

1) 뇌하수체 호르몬(Pituitary hormone).

인체에 흐르는 호르몬의 분비를 조율(調律)하는 호르몬으로 뇌하수체 전엽과 중엽, 후엽으로 나누어진다.

특히 전엽은 생식선 자극 호르몬(FSH), 갑상선 자극 호르몬(TSH), 부신피질 자극 호르몬(ACTH), 난포자극호르몬(FSH), 황체형성호르몬(LH), 유선자극호르몬(PRL)이 작용하여 종족보존(種族保存)이라는 생물의 기본적 기능과 직접 결부되어 있다.

후엽호르몬은 원래 간뇌호르몬으로 간뇌에서 생성되어 뇌하수체에 저장되었다가 필요에 따라 분비되는 것으로 보이며, 혈관, 장관(腸管), 자궁 등에 작용하는 한편 이뇨작용에도 관여한다.

따라서 모발에 작용하는 뇌하수체호르몬의 경우 후엽의 작용보다는 전엽에 의한 2차적인 분비호르몬(갑상선, 부신피질 등)의 분비량을 억제 혹은 촉진시키어 모발에 작용하는 간접 작용의 호르몬이다.

즉, 모발 발육상태 저하 및 탈모현상이 나타날 경우 뇌하수체 전엽에 의한 작용보다는 갑상선 호르몬, 부신피질, 성선 자극 호르몬 등의 이상분비라고 보는 것이 더 바람직하다.

물론, 뇌하수체 호르몬의 이상은 비단 모발에만 국한되어 나타나는 것이 아니라 인체 전반의 이상현상으로 나타날 만큼 매우 위험한 일이다.

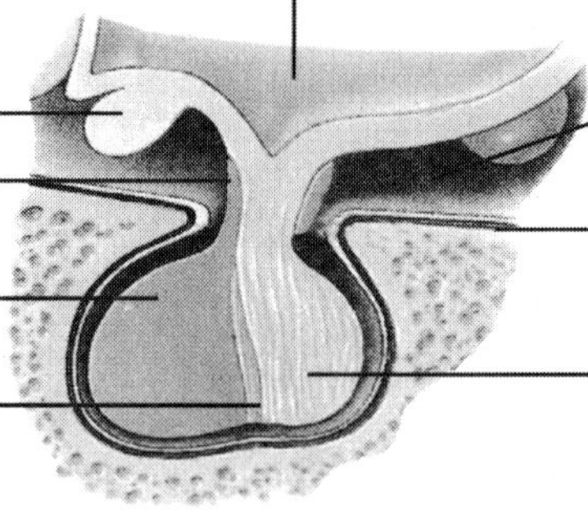

그림 1-28. 뇌하수체호르몬

2) 갑상선 호르몬(Thyroid hormone).

혈관을 통하여 갑상선까지 도달한 요오드 성분에 의하여 만들어지는 호르몬으로 갑상선호르몬의 생성과 조절은 뇌하수체 전엽에서 분비되는 갑상선 자극 호르몬(TSH)의 작용으로 이루어진다.

즉, 갑상선 자극 호르몬의 기능항진으로 바세도우씨 병과 같은 현상이 나타날 수도 있으며, 소아기 때의 경우 일부에서 갑상선의 기능이 저하되어 탈모 및 피부 건조증 현상이 나타나기도 한다.

탈모라는 관점에서 볼 때 갑상선호르몬의 이상분비는 모발의 비정상적인 발육과 동시에 관리 예후가 좋지 않은 타입으로 주로 눈썹산의 바깥쪽인 두상의 측두부에서 많이 나타난다.

모발 및 두피의 문제가 쉽게 발생하지 않는 부위인 두상의 양측두부에서 발생하므로 관리와 치료에 있어서 상당한 노력과 시간 그리고 근본적인 치료법이 뒤따라야만 한다.

또한 갑상선 이상에 의해 모발의 건조현상이 나타날 수 있으므로 모발 진단 시 단순히 화학약품 및 외적 요인에 의해 나타난 현상인지? 아님 내분비 계통에 의해 발생하였는지?를 파악하여 관리 선택을 결정지어야 한다.

만약 갑상선 질환에 의한 현상일 경우에는 전문의의 치료가 우선시 되어야 한다.

특히 여성의 경우 남성에 비해 갑상선 관련 질병의 발병률이 높기 때문에 더욱 신중을 기해야 한다.

Ⓐ 갑상선 호르몬의 기능

ⓐ 탄수화물, 단백질, 지방 등 물질대사 항진

ⓑ 성장 및 발육[뼈, 뇌 등]

ⓒ 지능발달 촉진

ⓓ 콜레스테롤 분해

ⓔ 체온 조절·기능

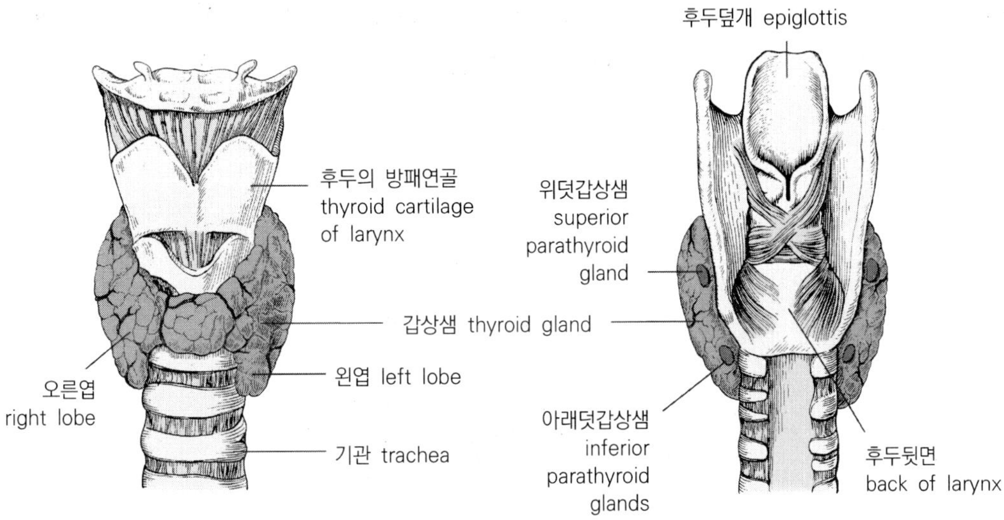

그림 1-29. 갑상선호르몬

3) 남성 호르몬(Androgen)

남성호르몬을 일반적으로 칭할 때 안드로겐(androgen)이라 총칭한다.

인체에서 분비되는 호르몬 중 남,녀 성별의 특징과 관련이 있는 호르몬이다.

남성호르르몬은 크게 부신피질에서 분비되는 부신성 안드로겐과 고환 및 난소에서 분비되는 테스토스테론(testosterone)으로 나누어진다.

때문에 여성의 경우에도 남성과 동일하게 남성호르몬에 의한 남성적인 성향 등의 신체 변화가 나타날 수 있으며, 모발 또한 남성과 동일하게 여성의 남성형 탈모가 나타날 수 있다.

남성호르몬은 인체에 있어 눈썹선 위쪽에 존재하는 털의 성장을 억제하면서, 눈썹선 아래에 존재하는 체모에 대하여서는 성장을 촉진시키는 특징을 지니고 있다.

남성호르몬은 피지분비, 탈모. 스트레스 등과 연관이 깊은 호르몬으로, 특히 정수리부분에서의 남성호르몬은 5α-리닥타제(reductase)라는 활성 효소와 피지선의 작용에 영향을 준다.

하지만 남성형 탈모증과 관련되어서는 호르몬 테스토스테론의 분비량보다는 활성 효소와의 결합과정에서 생성된 남성호르몬(DHT)의 모근 내 작용이 크다.

인체에서 분비되는 남성호르몬 테스토스테론의 분비양은 거의 모든 사람에게서 비슷한 것으로 남성호르몬(testosterone)의 분비량이 많은 사람에게서 반드시 남성형 탈모증의 발병률이 높은 것은 아니다.

단지, 남성형 탈모증에 남성호르몬 테스토스테론의 작용은 두상 전체 중 정수리 부위에서 5α-리닥타제(피지선 및 두피 부위에 존재)와의 결합 확률에 의한 것이라 볼 수 있다.

즉, 남성호르몬 테스토스테론(testosterone)과 5α-리닥타제(reductase)가 결합하여 또 다른 남성호르몬의 일종인 DHT(Di hydro testosterone)로 변환되면서 나타나는 현상이다.

변환된 DHT가 모발성장에 있어 중요한 역할을 하는 모유두와 모모세포에 작용하여 모발 생성을 방해함으로써, 결과적으로 모낭이 위축되고 성장기가 짧아져, 가는 모발이 증가하는 현상이 남성형 탈모증이다.

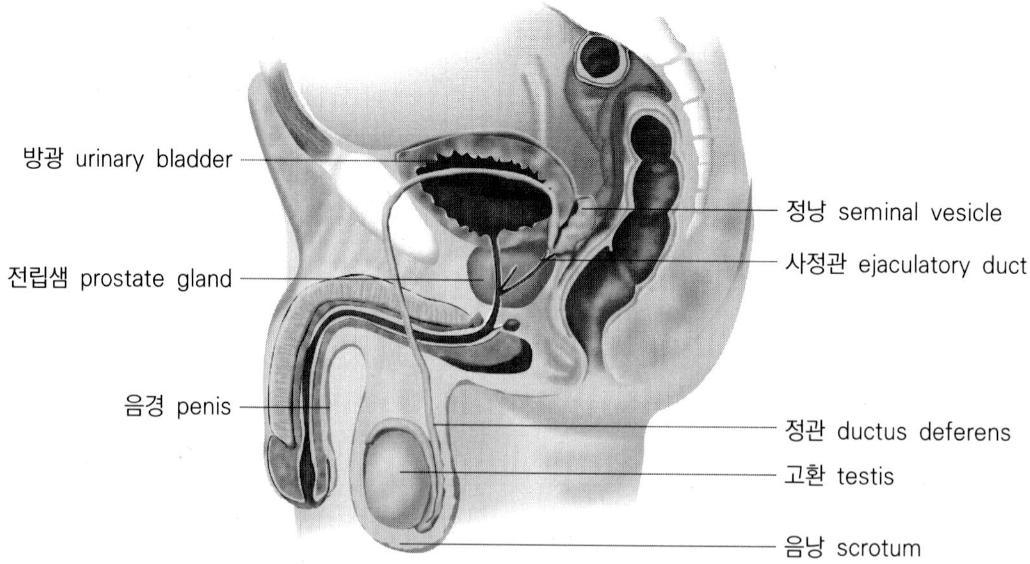

그림 1-30. 남성호르몬

4) 여성 호르몬(Ovarian hormone)

여성호르몬은 크게 난포호르몬(estrogen)과 황체호르몬(progesterone)으로 나누어진다.

난포호르몬은 사춘기 이후 분비가 증가하여 여성의 생식기 발육(유방, 유선, 자궁근육 등)을 촉진시키며, 폐경기이후에는 그 분비량이 급격히 감소하거나 정지한다.

황체호르몬은 여성의 임신과 관련이 있는 호르몬으로 수정란의 착상을 돕고, 임신을 유지시키며 체온을 상승시키는 작용을 한다.

여성 호르몬의 분비량 변화는 여성 생식기에서의 변화 외에도 모발, 피지선의 피지분비, 여성의 복부 비만 등과 같이 인체 여러 곳에서 다양하게 나타난다.

특히, 모발의 경우에는 폐경기 이후 탈모량 증가에 영향을 준다.

폐경기이후에 발생하는 여성의 탈모증은 피지분비 이상, 정신적 불안정, 남성호르몬의 변화 등이 같이 나타나 두피, 탈모 관리에 있어서도 관리 예후가 좋지 않다.

이 같은 현상은 모발에 대한 남성호르몬 및 여성호르몬의 작용이 밀접한 관계를 가지고 있음을 단적으로 보여 주는 것이다.

특히, 폐경이후 여성형 탈모는 여성 호르몬의 급속한 감소에 의한 상대적인 남성 호르몬의 작용이 커져 발생되는 유형이다.

여성호르몬은 남성호르몬과 달리 털의 성장에 대해서 반대로 작용하는 특징을 지니고 있다.

눈썹선 위쪽의 털에 대해서는 성장을 촉진하는 반면 눈썹선 아래부위 체모에 대해서는 성장을 억제한다.

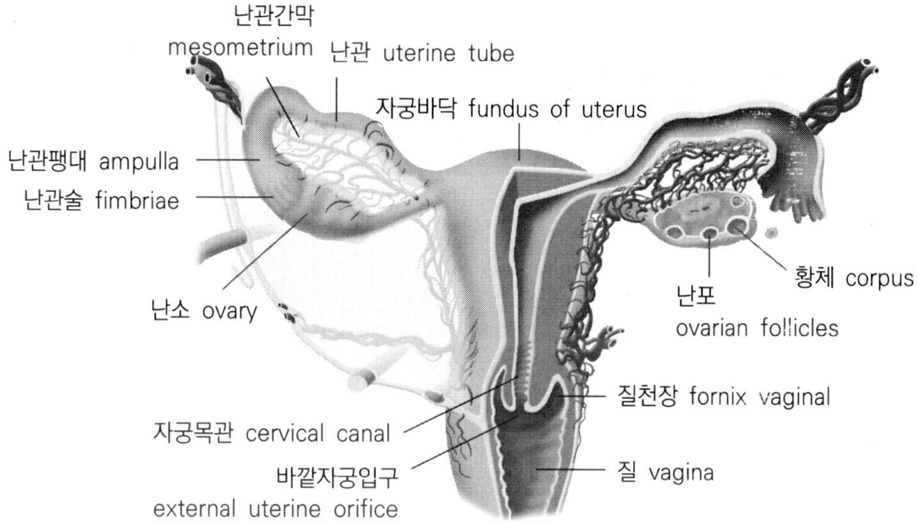

그림 1-31. 여성호르몬

5) 부신 피질 호르몬(Adrenocortical hormone)

신장의 윗부분에 존재하고 있는 부신부위에서 분비되는 호르몬으로 당질코르티코이드(glucocorticoids), 염류코르티코이드(mineralocoricoids), 부신성안드로겐(adrenal androgen) 등 3종류의 호르몬이 분비되고 있으며, 수분의 균형유지 및 당분 대사, 면역에 관여한다.

탈모와 관련하여 부신 피질 호르몬이 미치는 영향은 남성형 탈모증의 경우에는 직접적인 요인이 없지만, 2차적인 영향에 의해 여타의 탈모현상 및 두피문제점 등은 나타날 수는 있다.

부신성 안드로겐 호르몬의 경우 분비량이 극히 소량이라 남성형 탈모증에 미치는 영향이 크지 않고 발생 메커니즘과도 무관하다.

하지만 기타 부신피질호르몬의 분비가 인체 면역기능 및 당분대사, 혈액량 등과 같은 인체 신진대사에 중요하게 작용하므로 부신피질의 이상현상에서도 직접적이지는 않지만, 2차적으로 탈모현상은 나타난다.

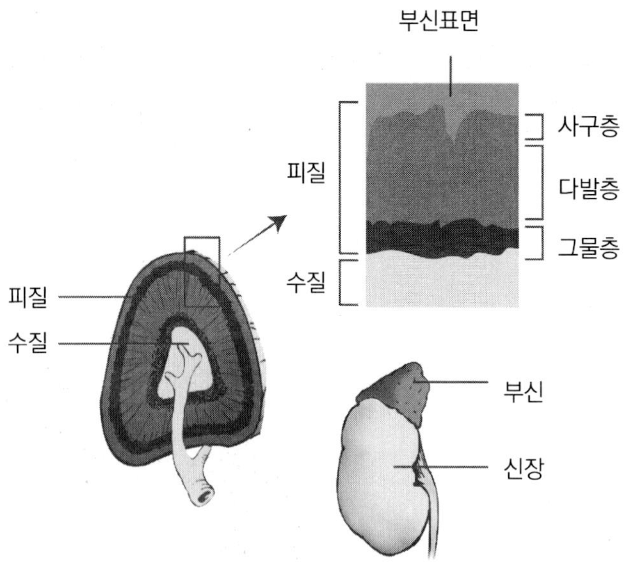

그림 1-32. 부신피질호르몬

9. 모발(毛髮)과 환경

아름다워지고자 하는 욕구는 고대 이집트시대나 현대사회나 변함이 없다.

단지 그 방법에 있어 변화만 있을 뿐이다.

과학의 발달과 함께 고대시대에 비해 더 발전된 다양한 기법으로 치장한 오늘날 모발은 발달된 기술만큼이나 다양한 부작용도 가져오고 있다.

자연에서부터 모발변형을 가져와 헤어스타일을 표현했던 고대시대에 비해 오늘날의 경우에는 화학약품을 통한 인위적인 변형으로 모발뿐만 아니라 두피 및 인체에도 해를 주고 있다.

특히, 펌이나 염색 등으로 인한 모발의 손상은 두피에도 영향을 주며, 이상탈모의 직, 간접적인 원인으로 나타나고 있다.

1) 화학적요인(Perm & Coloring)

모발에 화학약품을 이용하여 형태학적 변형을 가져오는 Perm은 일시적으로 강한 알칼리 성분(치오클리콜산, 시스테인)을 이용하여 모발의 케라틴 단백질결합(시스틴 결합)을 끊어다가 재결합시키는 방법으로, 알칼리 성분에 의한 단백질의 용해, 두피 과각질, 단모, 두피염증(표재성 모낭염) 등을 유발한다.

펌 시술 시 사용되는 펌1제는 pH9 이상의 강 알칼리 성분으로 모발의 Cuticle층을 열어 Cortex층의 모발결합 구조를 느슨하게 하며, 모발의 시스틴 결합을 일시에 끊어버리는 작용을 한다.

반면 펌1제 도포 후 사용되는 펌2제는 끊어진 시스틴 결합을 재결합시키지만, 이 과정에서 2제의 도포시간이 길어지거나 혹은 짧아질 경우 모발의 시스틴 결합은 불안정한 상태가 되어 버려 윤기를 잃고 건조해지거나 다공성 모발로 변화한다.

이 같은 현상은 펌 시술 후 Cuticle층의 불안정한 상태가 장기적으로 지속되면서 더욱 심각하게 나타나며, Cuticle층이 떨어져 나가면서 빈 공간을 통한 수분 및 간충물질의 손실로 나타난다.

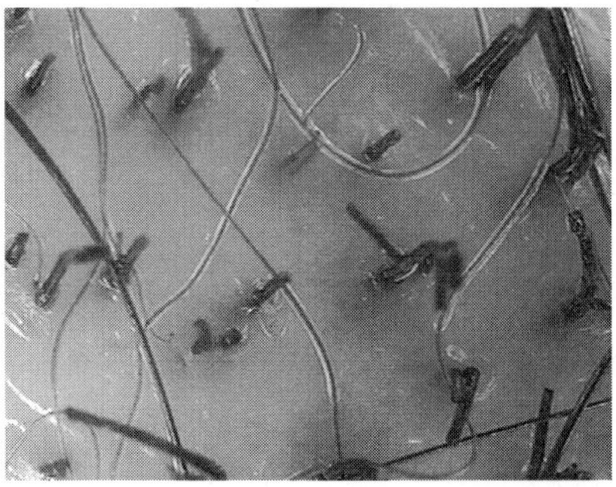

그림 1-33. 잘못된 펌 시술로 인한 단모현상

모간부의 칼라에 변화를 주는 염색 또한 비슷한 경로를 통해 모발 손상을 준다.

강한 염모제에 의해 열려진 Cuticle층이 과산화수소의 작용으로 멜라닌색소가 파괴되고, 인공색소가 착색되는 과정에서 화학반응에 의한 두피 화상 및 Cuticle층과 Cortex층의 수분과 영양분 증발로 모발의 건조, 두피 예민화, 착색현상 등이 나타난다.

Cuticle층의 탈락으로 손상된 모발은 수분 부족현상이 장기적으로 나타나면서 모발 퇴색과 단모(斷毛)현상을 가져온다.

이처럼 모발에 행하여지는 화학적인 시술에 대한 반응은 모발의 최외측인 모표피 (Cuticle)의 탈락과 모피질 (Cortex)부분의 수분과 영양분 증발 등으로 인해 모발 건조화와 끊어짐 현상 등 모발손상을 가져온다.

또한, 화학약품의 도포 및 시술과정에서 두피에 묻은 약품은 두피손상(화상 및 예민화, 과각질화, 표재성 모낭염, 심재성 모낭염 등)과 탈모에 직, 간접적으로 영향을 준다.

참고로 화학약품에 의한 모발, 두피손상의 대부분은 화학약품 자체의 문제보다는 시술과정 중 시술자의 실수, 미숙한 시술방법, 시술 후 잘못된 사후관리 등으로 부터 발생되는 경우가 더 많은 비중을 차지한다.

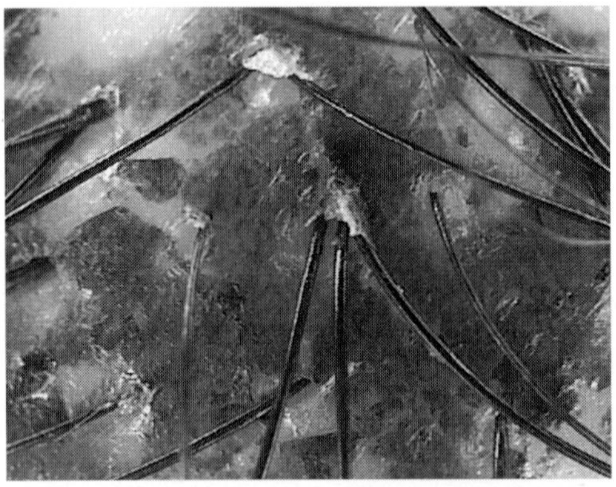

그림 1-34. 염색 시술 후 두피에 잔류한 염모제

2) 환경적 요인

외부환경과 직접적으로 맞닿는 모발은 자외선, 적외선, 마찰, 환경오염(SO_2, SO_3, NO, NO_2 등) 등의 외적변화에 많은 작용을 받으나, 모발의 손상도가 서서히 나타나 손상정도를 파악하기가 어렵다.

이 같은 현상으로 인해 초기 모발손상 단계에서 관리가 어려운 상태이며, 손상된 모발의 회복 또한 단백질구조의 파괴로 100% 회복이 불가능하다.

특별한 결합구조로 한번 손상되면 회복이 불가능한 모발은 사전에 충분한 관리와 예방만이 건강한 모발을 지키는 지름길이다.

모간부는 케라틴 단백질로 이루어진 죽은 세포가 겹겹이 쌓여 일정량의 수분을 함유(15% 정도)하고 있으며, 모발 손상 시 수분 함량(5~10% 내외)이 줄어들어 건조하고 푸석한 모발로 변하게 된다.

건조하고 푸석한 모발을 관리하기 위해 사용되는 헤어트리트먼트 제품의 주성분은 때문에 글리세린 또는 디-글리세린 등과 같은 보습성분이 대부분이다.

즉, 모발 손상 시 가장 먼저 나타나는 현상이 탈수와 단백질 구조 변화이며, 이것을 보충시키는 것이 지금까지의 헤어관리 라고 할 수 있다.

하지만, 이 같은 관리로는 모발에 근본적인 영양분 공급이 이루어질 수 없고, 샴푸제의 반복적 사용 또한 모발 영양분의 제거를 가져와 일시적인 트리트먼트 효과만을 기대할 수 있다.

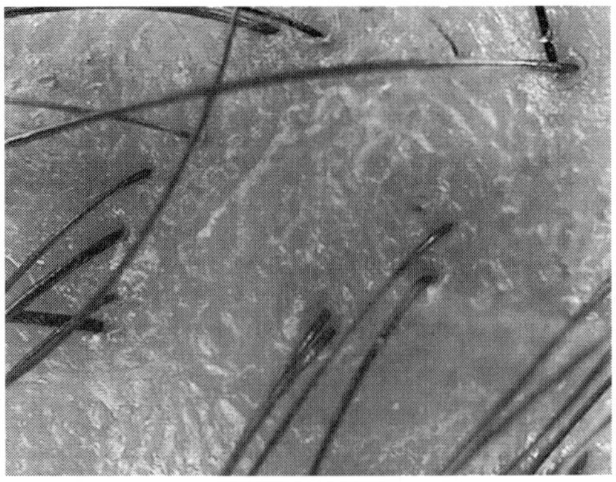

그림 1-35. 곰팡이균에 의한 두피손상

그림 1-36. 두피에 흡착된 미세먼지

10. 모발(毛髮)의 특징

18종의 아미노산이 모세포 분열 과정을 통하여 생성된 모발은 모발(케라틴 단백질) 특유의 성질을 지니고 있어 건강상태 체크 및 범죄 수사 등 다양한 분야에서 활용되고 있다.

또한 이러한 특징들은 두피, 탈모관리와 모발 트리트먼트에 유용한 자료로 활용될 뿐 아니라 올바른 관리를 유도하는데 필수적인 요소로 작용한다.

1) 모발의 밀도.

약 700㎠정도 면적에 해당하는 두상 공간 안에 존재하는 모발의 수 및 질량, 부피 정도를 나타내는 모발 밀도(密度)는 모근의 손상정도(탈모정도), 연령, 모공 간의 거리 등에 따라 밀도에 차이를 나타낸다.

일반적으로 1㎠당 모발 밀도는 저밀도의 경우 120본/㎠, 중밀도 140~160본/㎠, 고밀도 200~220본/㎠ 정도를 유지한다.

단위 면적당 밀도수치는 지역에 따라 차이를 두고 있어 동양인의 경우 약 8~10만본 정도(150본/1㎠), 서양인은 약 12만본 정도(200본/1㎠)를 유지한다.

동양인과 서양인의 모발 밀도에 차이를 두고 있는 것은 모공 당 성장하는 모발의 수에 차이를 두고 있기 때문이다.

모발 밀도는 정상두피 및 정상모발, 탈모 진행도를 진단하는데 중요한 기초 자료로 활용되고 있으며, 관리 효과에 대하여 판단할 수 있는 임상자료가 되기도 하다.

모발은 하루에 약 40~100본 정도가 탈락을 하고, 동시에 탈락 수 만큼의 모발이 성장을 하고 있어 일정한 모발의 밀도를 항상 유지하게 된다.

모발 밀도의 유지는 개인적인 차이는 있으나, 일반적으로 20대 중반을 기준으로 점차적으로 낮아져 60대 이후에는 모발의 밀도가 적어지는 현상을 나타내고 있다.

이러한 현상을 탈모증의 일종으로 분류하고 있으며, 연령에 따른 노화현상, 기후, 환경, 등에 의해 크게 좌우된다.

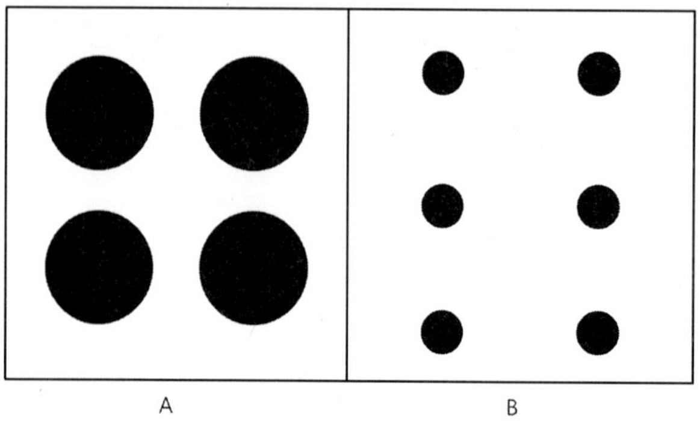

그림 1-37. 모발 수와 굵기에 따른 모 밀도 비교

2) 모발의 고착력.

모발의 고착력은 '1가닥의 머리카락을 두피(모근)로부터 뽑아내는데 필요한 힘'을 말하는 것으로 모발과 모낭(내모근초)간의 결속력을 뜻하기도 한다.

두피로부터의 탈락강도는 모발의 성장주기, 두피 상태, 신체 건강상태 등에 따라 차이를 두고 있다.

성장기 모발(정상모 기준)의 경우에는 '80g의 물체를 드는 힘(80gmf)'으로 모발을 당겨야만 두피로부터 모발이 탈락되는데 비해, 휴지기모의 경우에는 '20g정도의 물체를 드는 힘(20gmf)'만으로도 충분히 탈락이 된다.

이는 성장기 모발의 1/4정도에 해당하는 힘만으로도 휴지기 모발이 충분히 탈락될 수 있음을 뜻하는 것으로, 샴푸 시 탈락되는 모발이 성장기와 퇴화기를 거친 휴지기모라는 것을 뒷받침 하는 자료이기도 하다.

하지만, 동일한 성장기 모발이라고 하더라도 두피 건강상태 및 모발 상태에 따라 탈락강도(고착력)는 차이를 두고 있다.

지루성 탈모증이 있는 모근에서 성장한 모발의 경우에는 모발과 모낭의 결속력이 약하여 정상적인 성장기 모라 하더라도 정상 모근의 휴지기 모에 해당하는 탈락강도와 비슷하여 손쉽게 탈락되는 현상을 보인다.

이는 모발과 모낭 사이에 역류한 피지가 작용하여 나타나는 현상으로 일반적인 지루성 탈모증의 특징이기도 하다.

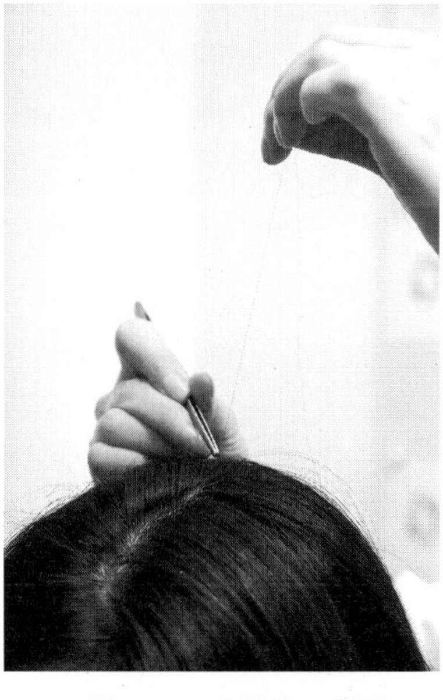

그림 1-38. 모발의 고착력

3) 모발의 강도.

모발 강도란 '모발을 당겼을 때 끊어지는 정도'를 말한다.

모발 굵기(직경), 손상정도, 모피질의 영양상태, 수분정도 등에 따라 차이가 나타나므로 여러 부위의 모발을 채취하여 실험한 결과의 평균치를 이용하는 것이 효과적이다.

일반적인 모발의 평균 강도는 150g정도이며, 모발의 상태에 따라 약100g정도의 차이를 두고 있다.

때문에 모발 강도는 모발 손상정도(건강상태)를 나타내는 지표로 활용하기에 충분하여, 모발관리 여부를 판단하는데 있어서도 중요한 자료가 된다.

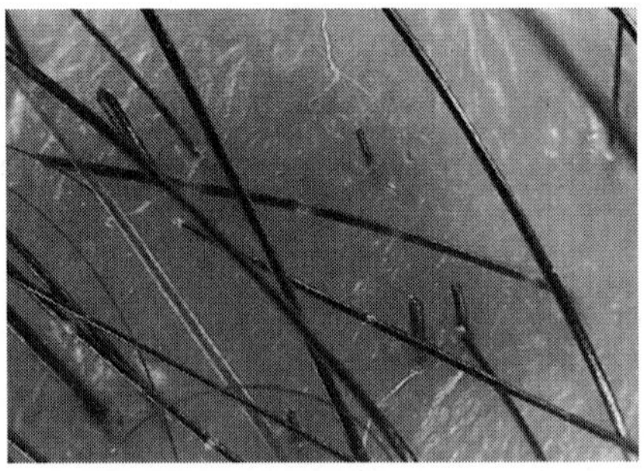

그림 1-39. 외부자극에 의한 모발의 단모 현상

4) 모발의 굵기.

모발의 종류를 결정짓는 요소 중 하나인 모발 굵기는 연령, 환경, 건강상태, 탈모정도, 성별 등에 따라 차이를 두어 탈모 진행정도를 체크하는데 중요한 자료로 활용된다.

모발 굵기는 모피질과 모표피의 두께에 영향을 받는 부분으로, 동·서양인 간에도 차이를 나타낸다.

동양인은 모피질 부위가 적은 반면 모표피 층이 두꺼우며, 서양인의 경우에는 반대로 모피질 부위가 두껍고, 모표피 층이 얇은 형태를 띠고 있어 모발 감촉이 동양인에 비해 부드럽고 모발의 굵기는 가늘다.

모발 두께는 출생 후 점차적으로 굵어지며, 약 24세를 기점으로 다시 가늘어지는 특징을 보인다.

모발 굵기별 분류기준을 참고하여 보면 가는 연모는 0.05mm정도 이하, 굵은 경모의 경우에는 0.20mm정도를 유지한다.

평균적인 건강한 모발의 굵기는 0.15mm정도 내외이다.

모발 굵기는 모간부의 위치에 따라서도 약간의 차이를 둔다.

두피부위(모발의 뿌리)에 비해 모발의 끝 부위가 좀 더 가늘며, 손상정도에 따라서도 차이를 나타낸다.

5) 모발의 탄성도.

탄성도란 '물체 외부에 대하여 일정한 힘을 가하였을 때 물체 내부에서 물체 본래의 모습으로 돌아가려는 성질을 말하는 것'으로 크게 '형상탄성'과 '체적탄성'으로 구분되어진다.

'형상탄성'은 모발과 같은 고체에 대하여 힘을 가하였을 때 나타나는 것이며, 기체나 액체에 대한 변화는 '체적탄성'이라 부른다.

'모발 탄성도'란 '모발에 끊어지지 않을 정도의 힘을 가하여 잡아당겼다가 놓았을 때 원래의 형태로 돌아가려고 하는 정도'를 말한다.

모발의 탄성은 모발의 외적, 내적 변화에 대하여 크게 반응하는 것이 특징으로. 모발의 수분 함유량 및 손상정도 등에 따라 차이를 두고 있다.

특히, 수분 함유량에 의해 크게 차이를 나타내는데 모발이 수분을 다량 함유한 상태에서는 모발 길이에 최대 1.5 ~ 2배 정도까지 늘어난다.

또한, 모발 강도와도 관련이 있어 탄성도가 높으며 반대로 모발의 강도는 낮아진다.

6) 모발의 질감.

'모발표면의 감촉을 말하는 것'으로 모 표피층의 손상정도 및 모발 굵기(모발의 종류)에 따라 질감에 차이가 나타난다.

모발 질감은 모발손상도가 높고, 경모에 가까울수록 질감이 강하게 나타나는 반면, 가는 모발이나 건강모일수록 질감이 부드러운 것이 특징으로 모발 손상도 테스트 시 자료로 활용된다.

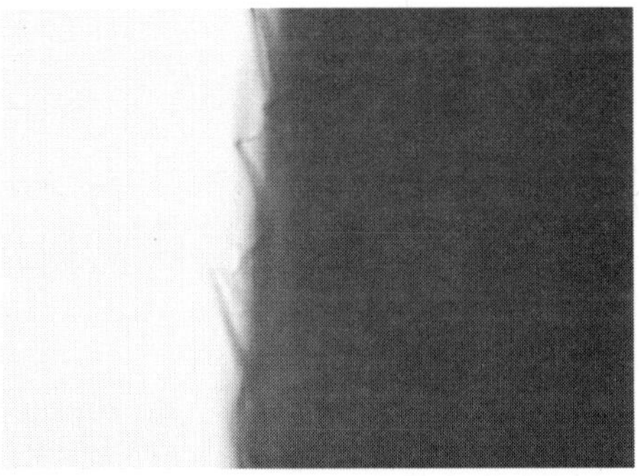

그림 1-40. 펌 시술 후 손상된 모표피층의 질감

7) 모발의 다공성.

다공성이란 '모발 내부에 존재하는 공기층이 수분을 흡수하는 성질'을 말한다.

손상모나 화학적 시술에 의해 모표피가 열린 모발의 경우에는 다공성이 증가하는 반면에 모표피가 촘촘히 닫혀있는 건강모나 수분에 대한 강한 반발력이 있는 발수성모의 경우에는 그 성질이 낮다.

제2장 두피

제2장 두피

1. 두피의 정의

두피(Scalp)란 약 700㎠의 면적을 지니고 있으며, 두개골(Skull)을 감싸고 있는 얇은 피부 조직을 뜻하는 것으로 여타 피부조직에 비해 얇고, 예민한 조직이다.

다양한 생리적 기능 수행을 통하여 외부 물리적 또는 화학적 자극으로부터 신체 기관을 보호, 조절해주는 역할을 하는 두피조직은 약 8만개의 모낭(Hair Follicle)이 존재하고 있다. 특히, 1.5mm정도의 얇은 두께와 외부 환경에 노출되기 쉬운 두피조직의 특성은 외적, 내적 변화에 영향을 쉽게 받으며, 두꺼운 피부조직에 비해 환경 변화에 빠른 반응을 나타내는 특성을 지니고 있다.

결국 다양한 환경 변화에 영향을 쉽게 받는 두피조직은 구성물질의 변화 및 반응도 즉, 유분, 수분, 각질, 예민도 등에 따라 정상 두피(Plain Scalp), 지성 두피(Oily Scalp), 건성 두피(Dry Scalp), 비듬성 두피(Dandruff Scalp), 예민성 두피(Sensitive Scalp)로 구분되어진다.

그림 2-1는 두피조직의 구조를 나타내고 있다.

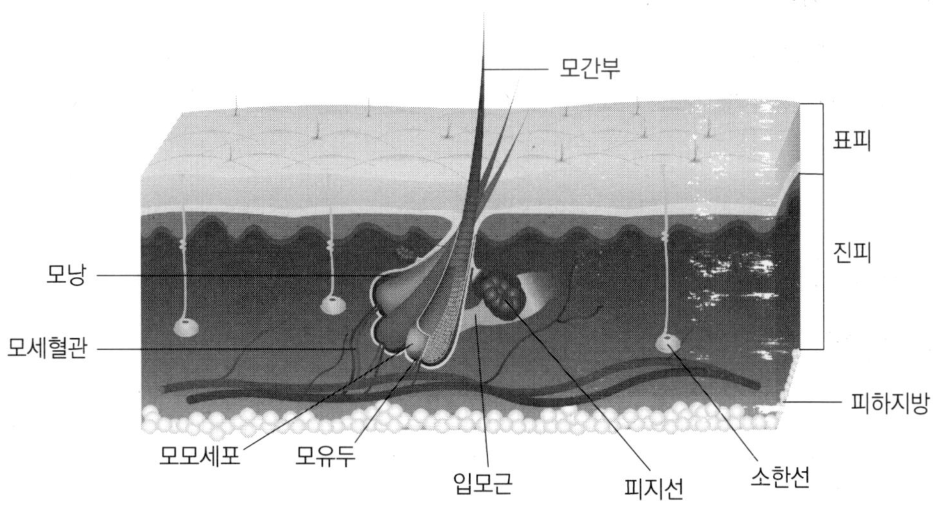

그림 2-1. Scalp image.

2. 두피의 기능

신체의 표면을 덮고 있는 피부조직 중 피하지방층이 발달되지 않아 여타 피부부위에 비해 얇고 예민한 두피부위는 혈관(Blood vessel), 한선(Sweat gland), 피지선(Sebaceous glands), 감각신경(Sensory nerve), 모공(Hair Pouch) 등이 존재하고 있으면서 합성, 분비. 배설, 보호, 흡수, 호흡, 저장 등 다양한 피부기능을 수행하고 있다.

그림 2-2는 두피조직의 기능을 나타내고 있다.

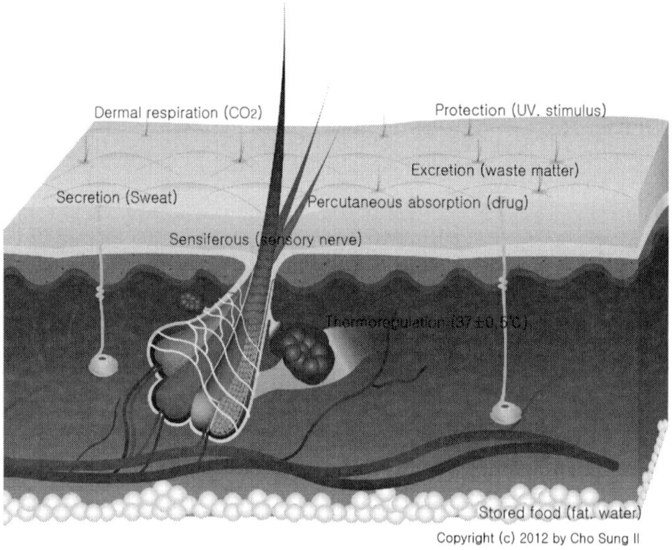

그림 2-2. Function of scalp tissue.

(1) 보호 기능

인체 내부 장기와 외계사이에 존재하는 피부조직은 하나의 커다란 장벽으로 물리적, 화학적 자극 및 태양광선과 세균으로부터 인체 내부 장기를 보호하는 역할을 한다.

장벽으로써 피부조직의 보호 기능은 피지막, 각질층, 수분저지막, 멜라닌색소, 면역세포 등의 표피층 구성 물질과 진피층의 콜라겐, 엘라스틴 그리고 피하지방층의 지방 등에 의해 이루어진다.

① 물리적 자극으로부터의 보호

진피층에 존재하는 콜라겐(Collagen)과 엘라스틴(Elastin)에 의한 탄력성은 피하지방층의 완충작용과 함께 두피 및 피부조직 외부에서 가해지는 충격으로부터 내부의 근육 및 골격 등을 보호하여 주는 역할을 한다.

② 화학적 자극으로부터의 보호

피부표면에 존재하는 얇은 피지막은 pH4.5~5.5사이의 약산성인 동시에 유중수형(W/O, Water in oil)의 상태를 띠고 있어 외부 화학약품 및 수분의 피부 내 침투를 저지하는 한편 알칼리성의 화학제품을 중화시키는 역할을 지니고 있다.

또한 표피층의 최상층인 각질층은 벽돌형태 층상의 라멜라(Lamella) 구조와 세포간지질을 분포하고 있어 외부 화학약품 및 미생물의 피부 내 침투를 막고, 수분의 상태를 일정하게 유지시키어 준다.

③ 태양광선으로부터의 보호

태양광선에 노출된 피부조직은 광선이 각질층을 지나면서 1차적으로 빛의 반사(Reflection)와 산란(Scattering)현상이 이루어져 빛의 피부 내 침투를 저지하게 된다.

또한 기저층(Basal layer)에 존재하는 멜라닌세포(Melanocyte)에 의해 생성된 멜라닌과립(Melanin granule)이 290~320nm대의 자외선(Ultraviolet) 파장을 흡수하여 신체를 보호하여 준다.

④ 미생물로부터의 보호

각질층을 이루고 있는 케라틴 단백질은 미생물에 의한 분해가 쉽지 않는 단백질로 미생물로부터 1차적인 장벽의 기능을 한다.

또한 피지막은 pH 4.5~5.5의 약산성을 나타내는 것으로 항균작용을 지니고 있다.

병원균은 보통 알칼리 조직에서는 번식력이 왕성하지만 산성에서는 활동이 약화되어 약산성의 상태를 유지하는 피지막은 병원균의 증식을 억제하는 장벽이 된다.

(2) 흡수 기능

피부조직에 존재하는 모공, 한선, 상피세포(Epithelial cell)들은 외부와 피부내부를 연결하는 통로이자 약물의 피부 표면 도포 시 약물을 효과적으로 진피층에 경피흡수(Percutaneous absorption) 시키는 경로이기도 하다.

약물의 경피흡수률에 영향을 주는 요소로는 모공, 한선, 상피세포와 같은 경피흡수 경로 외에 약물의 제형, 분자 크기, 용해도(Solubility) 등에 따라 흡수도에 차이가 나타나며, 흡수경로 중 가장 큰 장벽(Barrier)은 각질세포(Horny cell)와 각질세포간 지질이다.

반면 피부습도 및 피부온도의 상승, 친유성 물질, 피부 pH의 산성화, 소아나 고령자, 얇은 피부조직 일수록 경피흡수는 용이하다.

수분의 경우에는 수분저지막의 영향으로 과립층(Granular layer)까지만 흡수가 이루어지며, 화학적으로 자극이 강한 펌제, 염모제와 같은 화학약품은 오히려 피부 깊이 침투하여 두피 모낭염 및 모낭을 파괴하여 모모세포의 활성을 저하시키고 모발성장을 방해한다.

그림 2-3은 약물의 두피조직 내 흡수경로를 나타내고 있다.

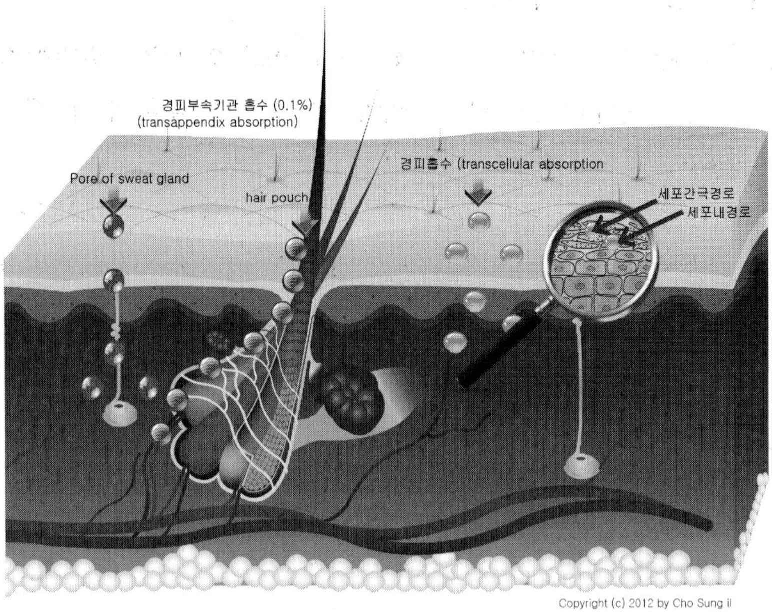

그림 2-3. Percutaneous absorption pathway of drugs.

(3) 분비. 배설 기능

체내에 존재하는 노폐물 및 외부에서 흡수된 이물질은 대부분 신체 내에서 신장, 항문, 폐 등을 통해 체외로 배출되지만, 일부는 피부조직을 통해 배출된다.

피부조직은 한선을 통한 땀 분비와 모공을 통한 피지 분비가 이루어지는 과정에서 체내에 존재하는 대사물질인 노폐물과 독소(Toxin)를 함께 방출하여 면역기관으로써의 기능을 수행한다. 이때 배출되는 화학성분으로는 소금성분 외에 N_2, Cl, K, Lactic acid, Urea 등이 있다.

두피조직에서의 원활한지 않은 분비 배설은 두피 염증, 악취, 세균증식 등의 원인으로 두피 기능저하 및 모발의 연모화를 가져온다.

(4) 호흡 기능

폐호흡(Pulmonary respiratio)의 약 1%미만에서 일부 피부호흡이 폐호흡 기능을 보조하는 형태로 호흡을 한다.

피부호흡은 주로 이산화탄소를 외부로 내보내고 소량의 산소를 받아들이는 것으로, 내보내는 이산화탄소의 양보다 받아들이는 산소의 양이 적다.

(5) 감각전달 기능

피부조직에는 온각, 냉각, 압각, 촉각, 통각 등의 다양한 감각소체가 존재하고 있어 자극에 대한 빠른 반응과 대처가 가능하다.

특히 다른 피부조직에 비해 얇고, 예민한 두피조직은 자극에 대하여 빠르게 전달되어 반응한다.
두피 관리 시 Scaling Solution에 대하여 따가움을 느끼는 현상 또한 두피조직 내 분포한 감각소체의 빠른 반응 때문이다.

(6) 체온 조절 기능

인간은 항온동물(Homeothermal Animal)로 37℃±0.5의 체온을 일정하게 유지한다.
37℃±0.5의 체온유지는 생명을 유지하기 위한 체내 효소의 활동에 매우 중요한 온도로 작용한다.
특히, 피부조직의 피부미세혈관, 한선, 입모근 등을 활용한 체온유지 기능은 신체 체온조절(Thermoregulation) 의 약 70%를 담당할 정도로 생명유지에 매우 중요한 역할을 한다.
피부조직은 소화과정, 골격근의 수축, 비떨림 열발생(Non-shivering thermogenesis) 등 신체의 대사과정에서 발생되는 열 및 근육의 움직임 등을 통하여 발생된 열을 일정한 온도를 유지시키어 체내 효소의 활동이 원활히 이루어지도록 하는 작용을 한다.
체온유지를 위한 과정은 시상하부의 체온조절 중추(Temperature regulatory center)에서 기준온도와 비교하여 기준온도보다 높을 경우 혈관의 이완을 통한 피부혈액 증가 이후 한선을 통한 발한작용으로 체온을 조절한다.
반대로 체온이 기준온도보다 낮을 경우에는 피부혈관의 수축과 입모근을 통한 모공부위 수축으로 체온의 손실을 막는다.

(7) 저장 기능

피부조직은 체내 대사과정에 필요한 수분, 지방 등을 저장해두었다가 필요량에 따라 방출하는 기능을 지니고 있다.
신체 피부 부위에 따라 저장된 지방량은 차이가 존재하지만, 공통적으로는 외부 자극에 대한 저항력을 가지고 있다.
피하지방층에 자리 잡고 있는 지방은 혈관과 신경계통을 외부충격으로부터 받쳐주는 역할과 체온 유지에 영향을 주는 것으로 두피의 경우에는 여타 피부조직에 비해 피하지방층이 얇게 존재한다.
피부조직의 저장 기능은 외부에서 피부표면에 도포된 약물 및 유용성물질에 대해서도 이루어지는 것으로 각질층에 저장하였다가 서서히 흡수시킨다.

3. 두피 유형(Scalp Type)

두피조직은 유분, 수분, 각질, 자극에 대한 반응정도, 모발 밀도 등 두피조직을 구성하고 있는 요소들의 변화에 따라 다음과 같은 두피 유형으로 분류된다.

(1) 정상 두피(Plain Scalp)

두피에 나타나는 다양한 현증(Status Praesens)에 대하여 분류할 수 있는 기준이 되는 두피유형으로 '중성 두피' 혹은 '건강한 두피'라 칭한다.

두피조직의 외형적 특성이 여타 두피에 비해 맑고 투명하며, Microscope 상으로 확인할 경우 일정한 두피 톤과 색상을 유지하는 것이 특징이다.

일부에서는 정상두피의 색상을 우유 빛으로 표현하기도 하지만, 동일한 두피 조직일 경우에도 Microscope의 종류, 모니터의 색상에 따라 차이가 나타날 수 있어 정상두피의 색상을 얼룩이 형성되지 않은 일정한 두피 톤과 일정한 색상으로 보는 것이 보다 더 정확한 표현이다.

정상두피의 진피조직은 콜라겐(Collagen)과 엘라스틴(Elastin) 조직이 건강한 상태로 피부소릉(Cutaneous Ridges)과 소구(Cutaneous Sulci)의 구분이 뚜렷하다.

때문에 Microscope 상에 모공은 움푹 파여 있는 것과 같은 상(像,Form)을 나타내며, Microscope에서 조사되는 빛의 반사로 모공의 윤곽선이 뚜렷하게 보인다.

이 같은 현상은 피지분비가 원활히 이루어지고 두피표면에 노화각질 및 불순물이 없을수록 더욱 반사 빛이 뚜렷한 것을 볼 수 있다.

정상두피로 분류되는 두피의 모공 당 모발 수는 서양인과 한국인의 모공당 모발 수에서 차이가 있는 것으로, 서양인의 경우 한 모공당 모발의 수가 2~3가닥 있을 확률이 98%정도인데 비해 한국인은 54%정도로 서양인에서 낮은 것으로 나타났다.

반대로 한 모공당 한 가닥의 모발이 있을 확률은 서양인이 5%정도인데 비해 한국인은 46%정도로 높게 나타난다.

이는 한국인의 두피에서 모공당 한 가닥의 모발이 존재한다고 하여 탈모가 진행된다고 판단하는 것은 오류가 있다고 볼 수 있음을 시사(Suggest) 하고 있다.

정상두피를 판단할 때 모공당 모발의 수보다는 동일 모공에 존재하는 모발들의 굵기를 판단하는 것이 보다 효과적인 방법으로 정상두피의 동일 모공 내 모발의 굵기는 거의 유사하다.

정상두피의 두피 표면은 약 28일 정도의 각화주기(Turn Over)와 각질의 원활한 탈락이 유지되는 상태로 두피 표면에서 피지산화물이나 노화된 각질의 잔여물을 찾기 어렵다.

단, 정상두피도 세정 후 건조과정에서 외부 열기에 의한 일시적 수분 증발이 각질의 들뜸현상을 유발할 수는 있다.

또한, 정상두피는 탈모가 진행 중인 두피에 비해 모발의 밀도가 일정한 것이 특징이다.

피부조직의 노화가 진행되면 표피층의 굴곡이 평면에 가까워지면서 피부소구와 소구사이의 거리는 멀어지게 된다.

두피 내 모낭의 수 또한 노화가 진행되면 20대의 615/㎠ 밀도에서 40대에는 500/㎠로 감소하여 전체적으로 모발의 밀도와 모발과 모발사이의 간격이 넓어지는 현상을 나타낸다.

반면 정상두피 조직은 일정한 모발의 간격과 탄력 있는 모공(Hair Pouch)의 상태를 유지한다.

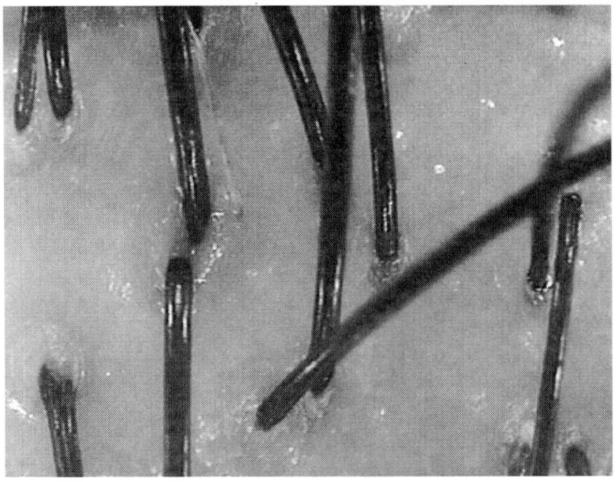

그림 2-4. Plain scalp X60.

(2) 지성 두피(Oily Scalp)

지성두피는 발생 원인이 호르몬 분비이상, 약물, 질병, 스트레스, 식생활, 유전 등의 주로 내적요인에 영향을 많이 받아 고령자보다는 젊은 층에서 많이 나타나는 두피유형이다.

특히, 남성호르몬의 분비량이 증가하는 사춘기 이후 피지선의 기능이 활성화 되면서 지성두피화 되는 경우가 많다.

심각한 경우 지루성 피부염(Dermatitis seborrheica)으로 발전하기도 한다.

최근 연구논문에 따르면 지성두피는 남성탈모의 89.8%를 차지할 정도로 남성 탈모의 원인으로 보고되고 있으며, 지루성 두피로 악화될 경우 탈모의 진행이 급격히 증가하는 것으로 발표하고 있다.

미용적 측면에서의 지성두피 관리는 대부분 피지선(Sebaceous gland)에서의 피지분비 조절보다는 모공을 통한 원활한 피지분비나 분비된 피지의 제거에 초점을 두고 이루어진다.

지성두피의 표면적 특성은 피지선에서의 과다한 피지생성과 모공주변의 원활하지 못한 피지 분비로 두피 표면 및 모공 내측이 정상두피와 달리 불투명한 톤과 피지 산화물에 의한 빛 반사를 유발하여 황색에 가까운 두피 색상을 나타낸다.

특히, 모공주변은 과다한 피지선에서의 피지분비로 피부소릉과 소구의 경계가 불분명해 모공의 깊이를 판단하기 어려우며, 심각한 경우 피지 산화물이 모공을 완전히 막고, 볼록하게 솟은 상태로 피지의 모공 내 역류를 유발하기도 한다.

또한 과다한 피지선에서의 피지분비와 상피세포(Epithelial cell)의 노화는 모공을 넓히는 원인이 된다.

한편 모공주변에 잔류한 피지분비물은 자연 산화과정을 거쳐 *Staphylococcus epidermidis, Propionibacterium acnes, Staphylococcus aureus, Malassezia furfur*와 같은 상재균(Indigenous bacteria)의 증식을 유발하며 세균성 염증,

지루성피부염, 비듬, 여드름, 탈모, 가려움증, 악취 등을 발생시키는 원인이 된다.

지성두피의 끈적임 현상은 노화각질의 탈락을 방해하고, 외부 이물질의 흡착을 유발한다.

때문에 두피 진단 시 정확한 노화각질의 두께 파악을 위해서는 나무 스파츌라를 이용하여 가볍게 긁어 들뜬 각질을 확인한 후 전체 각질의 두께를 파악하여야만 한다.

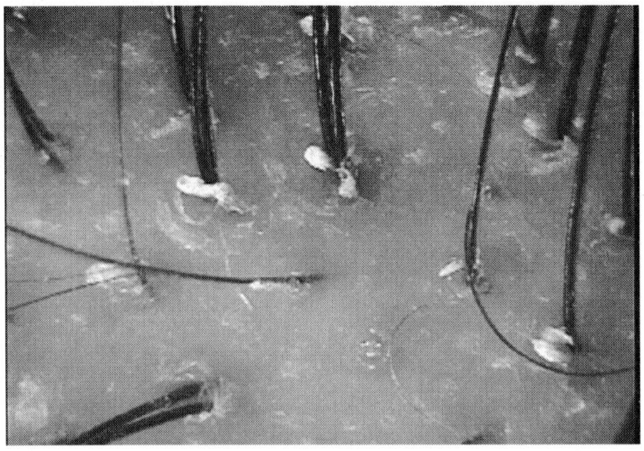

그림 2-5. Oily scalp X60.

(3) 건성 두피(Dry Scalp)

수분 또는 유분의 부족화 현상에 의한 두피 건조화가 나타나는 유형으로, 발생원인은 크게 외부요인(External Factors)과 내부요인(Internal Factors)으로 구분된다.

두피 표면인 각질층의 수분 부족화 현상에 영향을 주는 외부요인으로는 펌, 염색과 같은 화학 시술에 의한 두피자극, 잘못된 샴푸법과 샴푸제의 선택, 계절적요인, 지나친 난방, 잦은 드라이 시술 등이 있으며, 주로 환경적요인과 본인의 잘못된 모발관리로부터 발생된다.

반면 각질층 아래 두피조직의 수분 감소현상 및 유분 부족화 현상에 영향을 많이 미치는 내부요인으로는 호르몬 분비이상, 노화, 비타민 부족, 체내 대사과정 이상, 영양 부족, 스트레스 등 있다. 주로 40~50대 이상 고령층의 건성두피 발생 원인으로 많이 작용하며, 건강 및 영양 상태와 밀접한 관계가 있다.

때문에 건성두피의 관리에 있어서도 외부요인의 경우보다 내부요인에 문제가 있는 경우 관리효과가 낮게 나타나며, 관리기간도 오래 걸리는 편이다.

또한 외부요인과 내부요인에 의한 두피 건성화 현상은 발생 원인에서 서로 다른 측면이 존재하는 것처럼 두피에 표현되는 현상에 있어서도 차이가 존재한다.

외부환경에 의한 두피 건조화 현상 중 드라이 시술과 같이 주로 두피 내 수분의 급격한 증발을 유발하는 경우 두피 각질의 들뜸 현상은 더욱 심하여 흰색의 각질이 모공주변 및 두피 표면에서 쉽게 나타난다.

반대로 수분의 감소가 서서히 나타나는 내부요인의 경우에는 각질의 끝부분이 서서히 들뜨는 상태를 나타낸다.

각질층의 결속력 저하로 인한 2차적인 각질층 수분감소가 나타날 수 있는 건성두피는 피지막(Skin Surface Lipoid Flim:SSLF) 형성과 같은 피부 보호막의 생성이 낮아 자극(Irritation) 및 세균에 대한 저항력이 떨어지고 가려움증, 염증 등의 현증이 발생되기 쉬운 두피유형이다.

샴푸 세정 후 3~6시간정도 지난 시점에서 진단을 하게 되면 두피표면에서 유분을 찾아보기 힘들 정도로 두피가 건조하며, 모발의 탄력과 윤기가 떨어지는 상태를 확인할 수 있다.

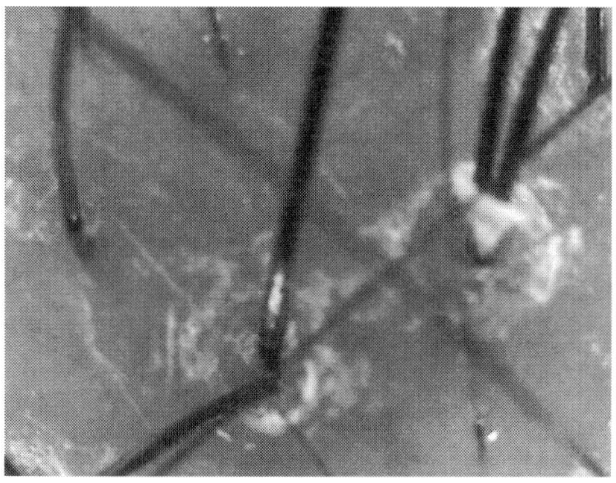

그림 2-6. Dry scalp X60.

(4) 비듬성 두피(Dandruff Scalp)

비듬(Dandruff)이란 순차적으로 서서히 한 겹씩 떨어지는 두피의 정상적인 인설과 달리 인설(Scale)의 탈락 양이 많으며, 크기도 크고 두꺼운 인설을 통상적으로 말한다.

두피에 발생되는 여러 종류의 세균성 두피 질환(Scalp Disorder) 중 일반적으로 가장 많이 나타나는 대표적 두피유형인 비듬성 두피(Dandruff Scalp)는 사춘기 이후 누구에게나 존재하는 비듬균 Malassezia 균의 이상증식 및 두피 면역력 저하에 의해 발생된다.

때문에 누구에게나 존재하는 비듬은 두피 각질이 환경적 요인에 의해 비정상적으로 많이 증가하면서 생기는 두피 현상이다.

비듬 발생의 주원인인 비듬균 *Malassezia* 균은 친지방질성 효모균(*Saccharomyces*)으로 중온균(*Mesophilic Bacterium*)에 속하는 상재균이다.

사춘기 이후 46%정도 두상에 상재하고 있으며, 균의 수치가 호르몬 분비 이상, 식생활 변화, 두피 불청결, 스트레스 등으로 이상 증식하여 79% 이상으로 증가하거나, 신체의 면역력이 떨어지게 될 경우 두피에서 비정상적인 각화과정이 진행되면서 비듬화되어 나타난다.

때문에 일반적으로 비듬 발생 원인을 두피 불청결, 식생활 변화, 호르몬 분비 이상, 산화피지의 증가, 스트레스 등으로 보고 있으나, 이 같은 요인들은 비듬균의 이상증식 환경에 영향을 미치는 요인들이며, 직접적 비듬발생의 원인으로 보기는 어렵다.

세계 피부과 회의에서 발표 된 자료에 따르면 비듬 발생의 요인은 *Malassezia*균이다.

비듬균 *Malassezia*균종은 *Malassezia* 속과의 이형태성 진균으로 *Malassezia globosa, Malassezia restricta* 등이 비듬 발생에 영향을 주는 것으로 세계 피부과 회의(World Congress of Dermatology: WCD, 2007년 07월 20회 회의)에서 발표되었다.

현재 비듬용 치료제로 판매되고 있는 약품의 주성분 또한 Zinc pyrithion(ZPT), Ketoconazole, Ciclopirox olamine, Coal tar, Salicylic acid 등 대부분 진균에 대한 항균 및 살균 작용을 지니고 있다.

비듬은 각질의 입자 크기와 피지분비 정도, 수분상태 등에 따라 건성비듬(Dry Dandruff), 지성비듬(Oily Dandruff), 혼합형 비듬(Mixed Dandruff)으로 구분되어 지며, 각각의 비듬형태는 발생원인과 치료법에 차이를 두고 있다.

공통점으로는 가려움증을 동반한다는 특징을 지니고 있다.

① 건성비듬(Dry Dandruff)

겨울철 혹은 면역력이 떨어지고, 피지 분비량이 감소한 고령자에게서 쉽게 볼 수 있는 입자가 작고, 무게감이 적은 비듬의 형태로 두피 내 수분 함유량이 정상두피의 수분 함유량보다 낮은 10%미만인 상태에서 나타난다.

의학용어로 '두부비강진(Pityriasis capitis)'이라 칭하는 비듬형태이다.

두피 내 수분 함유량이 정상두피에 비해 낮아 당김과 함께 세균성 가려움증이 심하게 나타나는 유형으로, 모공주변 및 모발 그리고 어깨부위에서 잔 인설을 쉽게 발견할 수 있어 미적 부분에서 좋지 않은 비듬형태이다.

Microscope 상으로 확인 시 두피 각질의 들뜸과 빛 반사로 인해 흰색의 잔 각질을 쉽게 확인할 수 있다.

비정상적으로 생성된 각질이 피지 분비물에 흡착되어 있는 지성비듬과 달리 들뜬 각질사이가 서로 독립적인 형태로 존재하는 것이 특징이다.

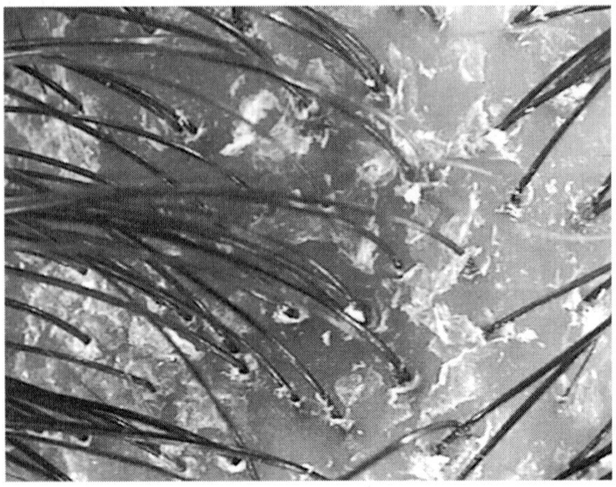

그림 2-7. Dry dandruff image X60.

발생 원인으로는 주로 수분증발이 심한 환절기나 면역력 감소가 많은 연령층인 고령자에게서 쉽게 발생되는 점을 미루어 볼 때 비듬균의 이상증식보다는 피지분비 및 수분 감소에 따른 두피 면역력 저하가 원인으로 판단된다.

② 지성비듬(Oily Dandruff)

인설의 입자가 크고, 무게감이 있어 쉽게 떨어지지 않는 비듬형태로, 두피 또는 모공주변에 피지 분비물과 인설이 엉켜있는 상태이다.

산화지질에 대한 빛 반사로 전체적인 두피 톤이 황색에 가까운 상태를 띤다.

피지 분비물과 엉켜 넓은 각질형태를 띠고 있는 지성비듬은 각질의 두께를 판단하기 어려울 정도로 표면적으로 두피와 밀착되어 있다.

특히, 모공 주변의 모발 표면은 원활하지 못한 피지 분비로 인하여 모발 표면의 굴곡이 나타나며, 모발의 탄력이 떨어지는 현상을 보인다.

환절기 또는 면역력이 약한 사람에게서 주로 발생되는 건성비듬과 달리 피지분비가 왕성한 여름철이나 젊은 층에게서 쉽게 발견되는 지성비듬은 두피 면역 시스템적 요인에 의한 비듬 발생 보다는 산화 지질에 의한 세균 증식이 직접적 원인으로 작용한다.

건성비듬과 달리 피지 산화에 따른 악취를 동반하고 가려움증(Pruritus)을 나타내지만, 쉽게 옷깃에 떨어지지 않아 관리 및 치료의 필요성과 두피 건강 측면에서 심각성을 잘 느끼지 못하여 지루성피부염과 같은 두피 질환으로 발전하는 경우가 있다.

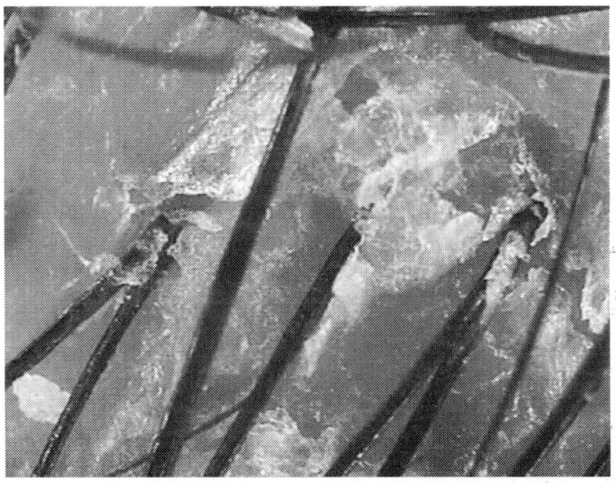

그림 2-8. Oily dandruff image X60.

③ 혼합형비듬(Mixed Dandruff)

환경적 요인으로 인해 두피 내 수분 함유량의 변화가 나타나면서 지성비듬과 건성비듬의 특징을 동시에 지닌 비듬형태이다.

전체적인 두피 톤과 색상이 지성비듬에 비해 탁하고 어두우며, 수분 함유량은 건성비듬과 같이 10% 미만의 상태를 띠고 있다.

피지 분비량이 지성비듬과 크게 차이가 없는 혼합형비듬은 피지 분비물과 각질이 엉켜있는 상태에서 수분 증발현상이 나타나 지성비듬에 비해 인설의 탈락이 더 힘들어 진 상태이며, 두피 표면은 두꺼운 인설로 형성되어 있다.

그림 2-9. Mixed Dandruff image X60.

(5) 예민성 두피(Sensitive Scalp)

예민성 두피는 28일을 주기로 각화주기(turn over)가 형성되는 정상두피와 달리 두피표면에서 각질이 비정상적으로 빠르게 탈락되어 각질층의 두피 보호 기능이 떨어지는 두피유형을 말하며, 외부 약한 자극에 쉽게 반응하는 것이 특징이다.

수분 또는 유분 등을 기준으로 분류하는 건성, 지성 두피와 달리 두피조직의 외부 반응도를 기준으로 분류하기 때문에 건성, 지성, 비듬성 두피 등 다양한 두피유형에서 함께 나타날 수 있다.

각질층의 기능 약화현상이 여타 두피에 비해 높아, 외부의 약한 압박에도 부분적으로 일시적 미세혈관의 충혈(Hyperemia)과 홍반(Erythema) 현상이 나타나며, 두피 내 진균류에 의한 세균성 염증이 유발되기 쉬운 두피타입이다.

Microscope를 활용한 진단 시 두피 전체적으로 붉은 톤을 유지하고 있으며, 얇은 각질층의 특성 상 두피 내측의 혈관 충혈이 쉽게 관찰된다.

예민성 두피의 발생원인은 스트레스, 질병, 약물과 같은 내적요인과 잦은 펌, 염색, 샴푸제의 잘못된 선택, 태양광선, 잘못된 두피관리와 같은 외적요인에 의해 발생된다.

특히, 잘못된 두피 관리는 Scalp scaling 과정에서의 지나치게 강한 물리적 자극의 각질제거와 장기간에 걸친 반복적인 관리가 필요이상으로 각질층을 얇게 만들어 외부자극에 대한 저항력을 오히려 약화시켜 나타나는 현상이다.

측두부 및 후두부의 혈관 충혈현상은 근육경직에 의한 반동성충혈(Reactive hyperemia) 현상으로 주로 스트레스, 수면부족, 만성피로 등으로 발생되며, 충분한 휴식과 근육의 이완이 이루어질 경우 혈관의 충혈 현상은 약화된다.

제3장 탈모(脫毛)

제3장 탈모(脫毛)

1. 탈모(脫毛)의 정의

두피조직을 바탕으로 하여 두상에 존재하고 있는 모발은 항상 존재하는 것이 아니라, 일정한 기간을 두고 성장과 탈락을 반복적으로 하고 있다. 이를 가르켜 모발의 '모주기'라 칭한다.

두상의 모발들은 동물의 털과는 달리 독립적인 모발의 '모주기'(Hair Cycle)를 지니고 있어, 모발이 빠지더라도 일정한 모발의 밀도를 유지할 수 있다.

이러한 모주기를 가르켜 '모자이크 타입 모주기'(Mosaic Type Cycle) 라고 부른다.

일반적으로 사람의 모발은 하루에 40~100본 정도의 모발이 탈락하며, 또한 탈락한 수치만큼의 모발이 다시 생성되는 특징을 지니고 있다.

하지만 두피 및 인체의 내적, 외적인 이상현상이 발생할 경우에는 1일 탈모되는 모발의 수가 200본 정도로 늘어나고, 기존 성장기(Anagen Stage) 모발의 기간이 짧아지는 특징과 모발의 연모화 현상을 볼 수 있는데, 이러한 것을 '이상탈모'라 한다.

두피관리 및 탈모관리에서 말하는 탈모(脫毛)는 특별한 경우를 제외하고는 대부분이 '이상탈모'를 칭하여 부르는 것으로 자연탈모(自然脫毛)와 이상탈모(異常脫毛)의 정의와 특징에 대하여 살펴보면 아래와 같다.

1) 자연탈모(自然脫毛)

① 정의

정상적인 모발의 모주기 기간(Anagen-Catagen-Talogen-New Anagen)을 통하여 탈락하는 모발을 말하며, 건강한 사람의 경우 40~100본 정도/1일 탈모된다. 1일 탈모량의 경우 계절적인 영향 및 연령 등에 따라 수치가 조금 높아질 수도 있으나 일반적으로 100본 이하일 경우 모두 자연탈모로 판단한다.

참고로 모발의 탈락강도는 성장기 모발의 경우에는 '약 80g정도의 물체를 드는 힘'으로 당길 경우 탈락되며, 휴지기모의 경우에는 '약 20g정도의 물체를 드는 힘'으로도 쉽게 빠지는 특징을 지니고 있다.

② 특징

탈모의 원인을 판단하는 요인들 중에 대표적인 것으로 '모근의 형태판독'이 있으며, 자연탈모의 경우에는 모근 부위에 이물질이 부착되어있지 않은 상태로 '둥근 곤봉형'의 형태를 띤다.

또한, 자연탈모 된 모발의 굵기는 기존의 모발 굵기와 큰 차이를 나타내고 있지 않지만, 이상탈모의 경우에는 모발의 굵기에 연모화 현상이 두드러지게 나타나는 차이를 보인다. 모발의 성장기간에 있어서도 자연탈모의 경우 기존 탈락모와 비슷한 기간을 유지한다.

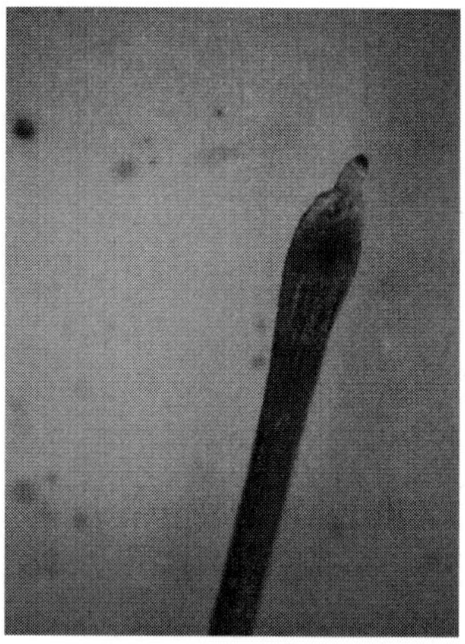

그림 3-1. 자연탈모 모근

2) 이상탈모(異常脫毛)

① 정의

인체의 비정상적인 현상 및 두피 불청결, 영양결핍, 스트레스 등과 같은 내·외적 요인으로 모발의 성장주기에 변화가 생기어 1일 탈모량이 많이 늘어나거나 모발이 가늘게 생성되는 현상을 말한다.

이상탈모의 경우 1일 탈모량은 일반적으로 약 120~200본 정도/1일 탈모량의 현상을 보이고 있으며, 대부분은 상당기간을 두고 서서히 탈락되지만, 경우에 따라(질병, 원형탈모 등)서는 어느 날 갑자기 탈모량이 늘어나는 현상을 보이기도 한다.

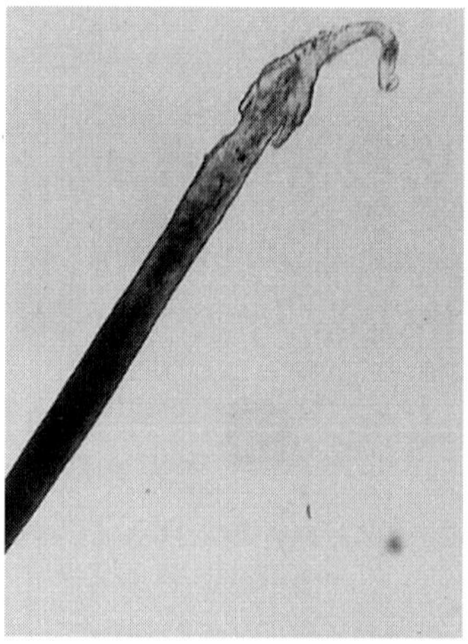

그림 3-2. 이상탈모 모근

② 특징

이상탈모의 원인이 다양한 만큼 모발에 대하여 나타나는 현상도 다양한 특징을 지니고 있지만, 모발이 점차적으로 연모화 현상을 나타내며, 원인에 따라 모근의 형태에도 변화가 생기어 다양한 형태로 발현되는 점은 공통적이다.

이상탈모 된 부위에서 자라난 신생모의 경우에는 점차적으로 모발의 성장기가 짧아져, 두피에 존재하는 시간이 기존모(이상탈모로 인해 빠진 모발)에 비해 단축되는 특징을 지니고 있으며, 모발의 색상이 점차적으로 연한 갈색톤으로 변화되는 현상을 보인다. 또한 모발의 탈락강도가 정상적인 자연탈모에 비해 현저히 떨어져, 성장기 기간에 속하여 있는 모발이라 하더라도 자연탈모의 휴지기모 정도의 탈락강도를 유지하고 있어 쉽게 탈락되는 특징을 보인다.

2. 이상탈모의 원인(異常脫毛 原因)

누구에게나 발생할 수 있는 위험성을 안고 있으며, 모발의 성장주기 이상현상으로 나타나는 이상탈모의 원인으로는 다양한 종류가 존재한다.

지금까지 밝혀진 이상탈모의 원인으로는 60여 가지가 존재하며, 크게 인체 내적인 요인과 외부의 환경적인 요인으로 나누어진다.

내부적인 요인으로는 유전적인 요인, 남성 호르몬 이상, 스트레스 등과 같은 내분비적인 요인과 질병 및 약물과 같은 건강 상태적인 요인으로 구분한다.

외부 환경적인 요인으로는 두피 불청결 및 환경오염 등과 같은 외부 요인과 화학적 시술로 인한 탈모와 같은 물리, 화학적인 부분 등으로 구분된다.

그러나 다양한 탈모의 원인들은 독립적으로 작용하기 보다는 2가지 이상이 복합적으로 작용하여 탈모현상을 발현시킨다.

1) 내적인 요인

① 유전적인 요인

탈모 유발원인 중 대표적인 요인에 해당하며, 특히 남성형 탈모와 밀접한 관련이 있는 유전적인 요인은 크게 선천적인 요인(대머리 유전자의 유전)과 후천적인 요인(대머리 체질의 유전)으로 구분된다.

선천적인 요인의 경우에는 대머리 유전인자에 의한 것이지만, 현재까지 대머리에 직접적으로 관여하는 유전자가 정확히 어떤 것이라고 밝혀지지는 않았으며 단지, 여러 개의 유전자가 관여하는 것으로만 알려져 있다.

반면, 후천적인 요인의 경우에는 단순히 탈모에 있어서만 국한된 것이 아니라 본인의 건강상태와도 밀접한 관련이 있다. 먼저 대머리에 관여하는(남성형 탈모) 유전자가 유전이 되는 선천적인 유전의 경우 남성에게서는 부모 중 한쪽만 대머리라도 탈모 및 대머리의 위험성이 높은 '상염색체 우성 유전'으로 나타나고, 여성의 경우에는 보인자(報因者)를 지니고 있는 '상염색체 열성'으로 나타난다.

하지만 유전적인 소인을 가진 사람이라 하더라도 모두가 대머리가 되는 것은 아니고, 남성 호르몬과의 상호작용에 의해 좌우되는 것으로 단순히 유전자의 유전만이 탈모를 유발하지는 않는다.

이는 실험을 통해 확인된 부분으로 대머리 유전자를 지닌 남성을 남성호르몬의 분비가 적은 사춘기 이전에 거세하였을 경우, 그 남성은 대머리가 되지 않고, 이후 40대에 남성 호르몬을 다시 주입하면 대머리 현상이 나타나는 것을 볼 때 분명 대머리 유전자는 단순히 혼자의 능력으로 나타나는 것이 아니라 남성호르몬과의 연관관계로 인하여 나타난다는 것이다.

또한 여성의 경우 완전한 대머리가 없는 것도 남성에 비해 남성 호르몬의 수치와 환원효소

(5α-리닥타제)가 남성의 1/2정도로 적으며, 헤어라인을 중심으로 아로마타제 효소가 존재하기 때문이다. 이같은 이유에서 대머리가 진행되더라도 헤어라인의 모발은 존재하는 여성특유의 헤어스타일이 생기는 것이다.

두 번째로 대머리가 될 수 있는 체질이 유전이 되는 경우는, 대머리와 직접적인 연관관계라고 보기는 힘들고, 대머리가 될 수 있는 식생활, 성격, 체질 등이 자연스럽게 유전되는 것으로 후천적인 요인이 크게 작용하는 부분이기 때문에 본인의 노력여하에 따라 어느 정도까지는 예방이 가능하다.

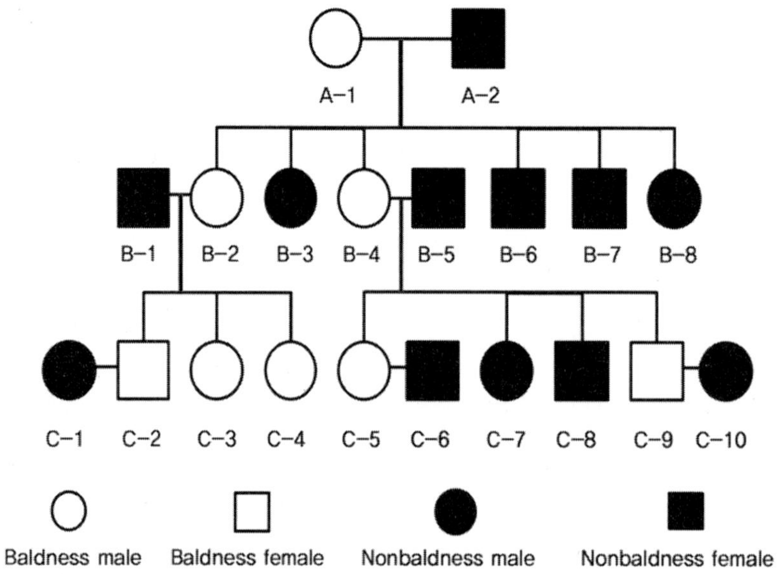

그림 3-3. 대머리 유전자의 가계도

② 남성호르몬의 작용

남성형 탈모의 주원인인 남성호르몬(Testosterone)은 단순히 호르몬의 분비량에 의해 탈모 현상이 나타나는 것이 아닌 남성호르몬에 대해 작용하는 환원효소(5α-reductase)의 영향으로 변환된 DHT(Di-hydro-testosterne)이 모모세포에 작용하여 모낭의 위축과 세포분열을 둔화시키어 연모화 현상을 유발한다. 때문에 모발은 점차적으로 가늘어져 남성형 탈모로 이어지는 것이며, 유전적인 요인 및 기타 탈모 유발 원인과 함께 이루어졌을 경우에는 탈모의 속도가 빨라진다.

특히, 정수리부위의 모발이 탈모가 많이 되는 요인도 정수리부위(두피 및 피지선부위)에 다량 존재하는 환원효소(5α-reductase)의 영향으로 생기는 것이며, 여성에게 있어서도 동일시 나타난다. 여성의 대머리화 현상은 여성호르몬의 수치가 급격히 떨어지고, 상대적으로 남성호르몬의 작용이 강해지는 폐경이후에 확연히 나타나는 것을 볼 수 있다. 이같은 현상은 남성호르몬이 탈모에 영향을 미친다는 이론을 뒷받침하는 하나의 자료이다.

현재 발모제로 시판되고 있는 약품 중에도 남성호르몬에 대한 환원효소(5α-리닥타제)의 작용 원리를 이용하여 탈모를 막고 발모현상을 가져오는 약품이 있으나 내분비계통과 연관이 있기 때문에 전문의와의 상담이 필요한 '의약품'으로 구분되어지고 있다.

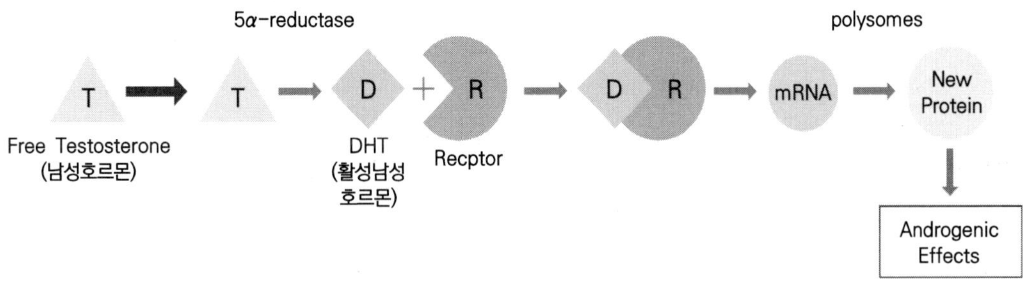

그림 3-4. 유전인자를 지닌 모근에 대한 남성호르몬의 작용기전

③ 스트레스

만병의 근원인 스트레스 역시 모발에도 큰 영향을 미치는 것은 사실이나 단순히 스트레스 자체로 인하여 탈모현상이 나타난다고 보기는 어려우며, 남성호르몬, 유전, 노화 등과 같은 기타 탈모를 유발할 수 있는 다른 요인과 중복될 경우 나타나는 것으로 탈모의 진행속도를 촉진시키는 작용을 한다.

스트레스 자체는 탈모현상에 직접적인 원인이라고 보기보다는 간접적인 보조의 수단으로 많이 작용한다.

이는 스트레스로 인한 인체의 건강 발란스 이상이 탈모를 유발하는 요인에 +α로 작용하는 것으로 일반적으로는 대부분의 탈모증에 영향을 미친다.

스트레스는 외부의 자극(정신적, 육체적)으로부터 인체를 보호하기 위한 반응현상으로 스트레스를 받을 경우 인체에 존재하는 자율신경에 이상현상이 나타난다. 특히 교감신경이 자극받아 혈관 수축, 소화기관의 운동억제, 입모근(立毛筋)의 수축현상 등을 가져 올 수 있다. 즉, 모발 영양공급의 장애 및 영양결핍 현상 등을 가져와 결과적으로 모발의 연모화 현상을 촉진시키거나 두피 문제점을 유발하는 원인으로 심각한 경우 모모세포의 세포분열을 관장하며, 모발의 모주기를 조절하는 자율신경에 영향을 주어 자율신경실조 현상을 가져올 수 있다. 스트레스에 의한 탈모는 무엇보다도 본인 스스로의 의지가 필요로 하는 만큼 본인의 노력여하에 따라 효과면에서 크게 차이가 날 수 있다.

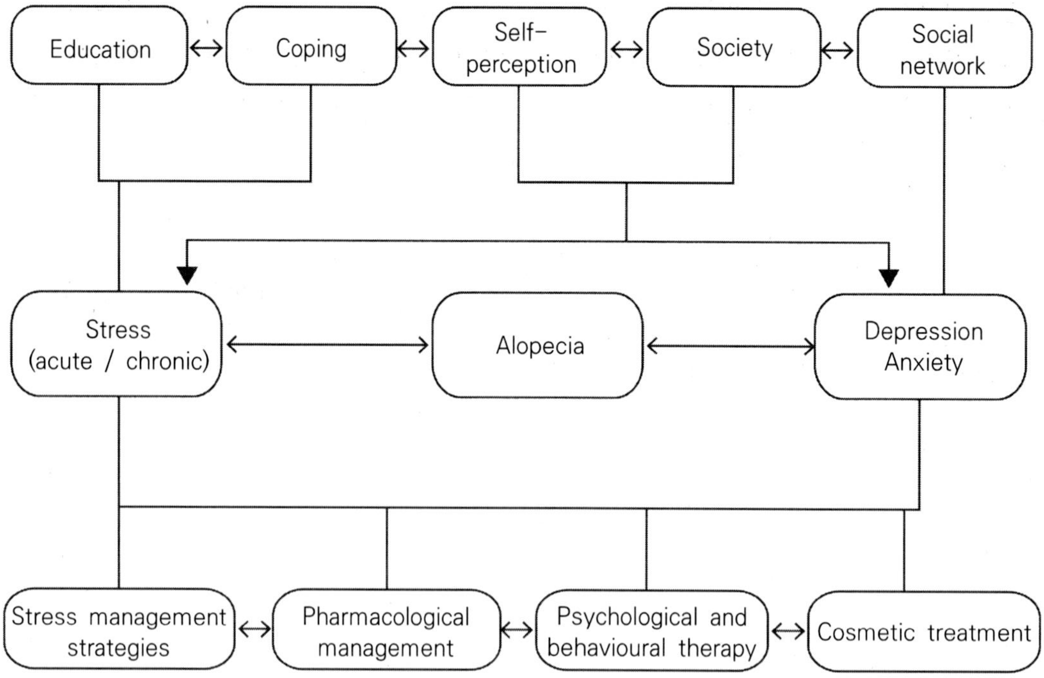

그림 3-5. Correlation between alopecia and stress

④ 병리학적 요인(질병 및 약물)의 작용

일반적으로 고열을 일으키는 감기나 장티푸스, 매독2기, 간염, 당뇨병, 동맥경화, 갑상선 질환 등과 같은 질병과 항암제, 생리 지연제, 피임제, 항응고제 등의 장기복용으로 발현된다. 탈모 유발 원인이 분명하고 특히 모발이 성장기에서 바로 퇴화기 과정을 거치지 않고 휴지기로 넘어가는 경우가 많아 어느 날 갑자기 나타나는 것이 특징이다.

또한, 질병과 약물에 의해 발생하는 탈모의 경우에는 두상의 특정부위에서만 탈모현상이 나타나는 것이 아니라 전체적으로 나타나는 특징을 보이고 있으며, 탈모반의 형태 또한 다양한 모습을 띠고 있다. 이러한 현상이 나타나는 원인은 약물에 의해 혈관의 수축현상이나 여성의 남성 호르몬 수치변화 그리고 모모세포의 분열억제 등으로 인하여 나타나며, 질병에 의한 경우에는 고열에 의한 모근부의 손상 및 영양분의 공급장애 등과 같은 현상으로 발현되지만, 질병 및 약물의 중단과 치료로 빠른 회복 효과를 얻을 수 있다.

<탈모를 유발하는 약물 및 성분>

관련 질병	성분명	비고	부작용
피부과	여드름 치료제	비타민 A유도체	복용 시 탈모
	Terbinafine	항진균	
	Antifungals		
항 염증제		통증. 부종. 상해 시 항염 작용	
류마티즘성 관절염	Naproxen		
편두통			
우울증	Paroxetine		
	Fluoxetine		
	Doxepin		
	Clomipramine		
	Amitriptyline		
	Sertraline		
흥분제	Amphetamine	필로폰. 엑스터시 성분	
내과	HRT : Hormone Replacement Therapy	경구 피임약	
		생리 지연제	투약 2~4개월 후 발생
고혈압	Nadolol		심혈관 치료제
	Atenolol		
	Metoprolol		
	Propanolol		
	Timolol		
위장 질환 [위염. 위궤양. 소화불량]	Cimetidine		
	Ranitidine		발진 및 탈모
	Famotidine		탈모
갑상선 질환			탈모
혈전 용해제	Warfarin		
다이어트	Amphetamines		

⑤ 영양결핍(식생활)

인체가 신진대사 기능을 정상적으로 이행하기 위해서는 균형 잡힌 식생활을 통한 영양분의 섭취가 필수적으로 이루어져야 한다. 이는 두피의 신진대사 기능과 원활한 모발생성에 있어서도 동일하게 적용되는 것으로, 모발을 구성하고 있는 단백질 역시, 음식물로부터 얻어지는 산물이다.

때문에 음식물을 소화, 흡수시키는 기능을 하는 소화기계통의 질병 및 기능저하 현상은 영양분의 불균형과 흡수장애 등을 가져와 인체 주요기관뿐만 아니라 모발의 생성에 있어서도 탈모 및 모발의 연모화를 유발한다.

모발은 혈(血)에 존재하는 영양분에 의해 생성되는 것이며, 이는 곧 음식물의 섭취로부터 이루어지기 때문에 영양분의 섭취와 식생활은 모발 생성에 있어 매우 중요하게 작용한다. 특히 영양분의 섭취는 식생활 습관에서 크게 좌우되는 것으로 맵고, 짠 자극적인 음식의 섭취나 동물성 지방의 섭취 등은 성인병의 원인으로 작용하면서 동시에 혈액의 흐름을 방해하는 원인이 된다. 즉, 원활한 영양분의 공급에 이상이 나타날 수 있으며, 불균형적인 식생활로 인해 건강상의 문제를 일으킬 수 있다.

또한 모발에 대한 영양분 및 식생활은 최근 들어 문제시 되는 부분으로 서구화된 식생활 문화가 각종 질병과 함께 두피 및 모발의 신진대사 기능을 저해하고 있다. 이러한 현상은 채식위주의 생활을 하는 동양인에 비해 육류나, 페스트푸드를 좋아하는 서양인이 탈모인구가 많은 점과도 무관하지 않다.

현대사회가 외모를 지향하는 사회가 되면서 여성 및 남성의 다이어트 열풍은 가히 놀라울 정도로 매우 높고, 부작용 또한 상당수 있는 것을 주위에서 많이 보았을 것이다. 그 중에서 먹지 않고 단식하거나 혹은 특정 음식만을 섭취하여 살을 뺀, 이른바 다이어트에 성공한 사람들의 모발을 관찰하여보면 식생활과 모발의 상관관계를 손쉽게 이해할 수 있다.

그들의 공통점은 영양분의 충분한 섭취가 이루어지지 않아 인체 신진대사 기능의 저하현상이 나타나며, 모발에 있어서는 모모세포의 세포분열 저하로 인한 모발 건성화 및 단모, 탈모, 연모화 등의 형태가 나타난다는 점이다. 또한 다이어트와 같이 영양결핍 현상으로 일어나는 탈모현상은 최소 3~4개월 전에서부터 내부적으로 일어나 어느날 갑자기 탈락되는 특징을 보이고 있다. 다이어트에 의한 탈모 형태를 살펴보면 1일 탈모량이 정상 탈모량에 2배 정도에 가까울 만큼 약한 자극에도 두상 전체에서 모발이 손쉽게 빠지는 특징을 보이고 있으며, 모발의 굵기 차이에 있어서도 정상모의 1/2일정도로 현저하게 가늘어지는 양상을 보인다.

이처럼 식생활 및 영양부분은 모발의 성장에 밀접한 관련이 있으며, 스트레스와 함께 현대사회에서의 탈모발생 요인 중 상당부분을 차지하고 있다.

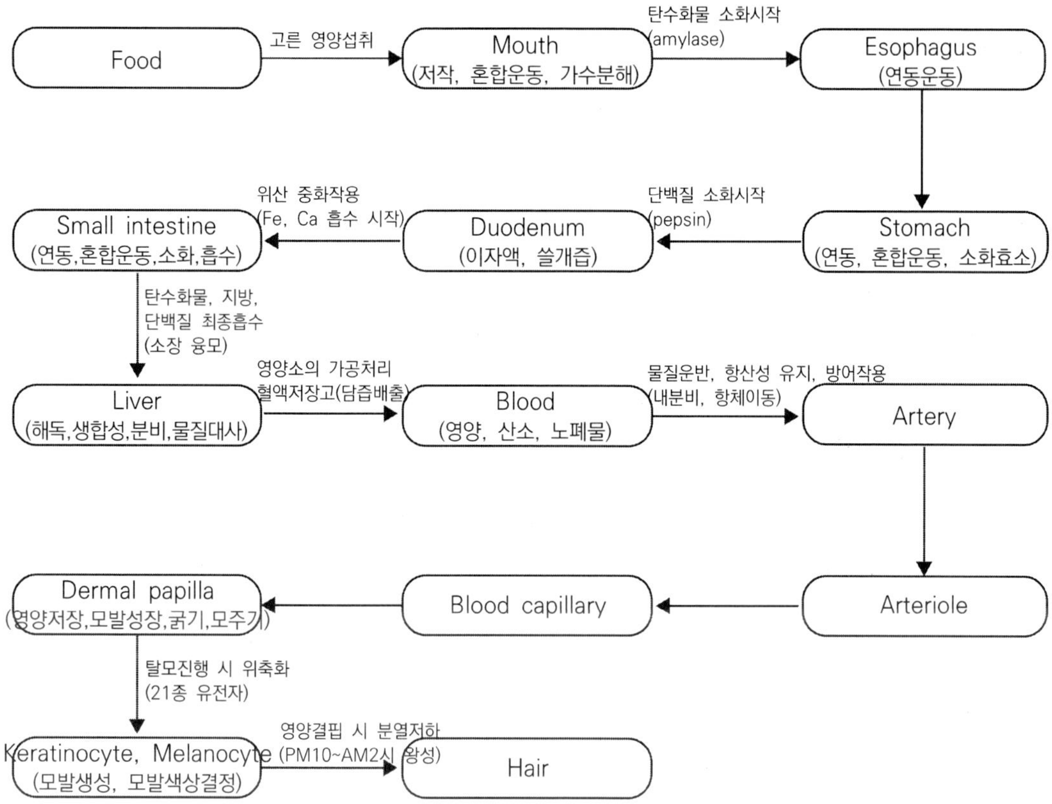

그림 3-6. Pathway reaching the hair matrix celln by nutrient intake

⑥ 혈액순환 장애

모발의 근본은 혈(血)에서 만들어지는 것으로 원활한 혈액의 흐름은 두피 및 모발의 건강을 위하여 필수적인 사항이지만, 반드시 혈액순환 장애로 인하여 탈모현상이 나타나지는 않는다.

혈액순환 장애는 단지 탈모의 원인에 있어 보조적인 수단으로 작용되는 것이지 직접적인 탈모의 원인으로 보기는 어렵다. 인체는 매우 견고하여 혈관 중 한 곳이 혈행장애를 일으킨다고 하더라도 인접하여있는 다른 혈관을 통하여 혈액이 운반되는 원리를 지니고 있다.

특히 무수히 많은 모세혈관이 존재하고 있는 두상에서 혈액순환이 원활히 이루어지지 않는다고 하여 두상전체의 혈액순환이 이루어지지 않는 것이 아니기 때문에 실질적으로 탈모에 있어 큰 영향을 미치지는 않는다. 또한 이는 실험을 통한 결과에서도 충분히 입증된 사실이다.

단지 혈액순환 장애는 앞에서 말한 것과 같이 다른 요인으로부터 발생하는 탈모현상에 $+\alpha$로 영향을 주어 탈모현상을 촉진시키는 2차적인 보조수단으로 작용한다.

때문에 혈액순환 개선은 탈모관리에 있어 직접적인 효과보다는 탈모방지의 기능과 같은 보조적인 효과의 기능에 해당하는 것이므로 주된 기능이라고 보기는 어렵다. 하지만 관리에 있어 혈액순환을 원활히 하도록 하는 것은 가장 기본적인 부분이다.

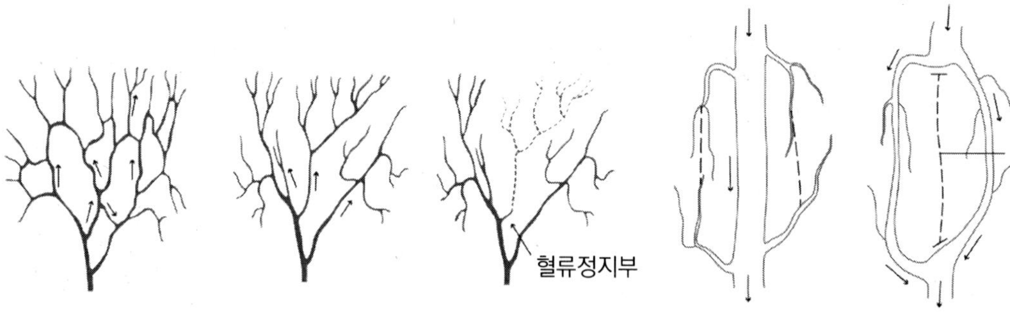

그림 3-7. 혈류의 동태

⑦ 피지분비이상

남성호르몬과 관련이 깊은 피지선은 두피 및 모발의 보호기능과 함께 인체에 없어서는 안 되는 중요한 부분이다.

피지선에서 분비되는 피지는 다양한 기능을 지니고 있지만, 이는 원활히 분비되었을 때의 경우이고, 과다한 피지의 분비나 혹은 원활하지 못한 피지 분비일 경우 인체 및 두피에 있어 필요악으로 존재하는 경우가 많다.

모근의 상부에 위치한 피지선은 남성 호르몬, 식생활 등의 작용으로 피지선의 비대현상이 나타날 경우 모공을 통하여 과다한 피지(皮脂) 분비를 유발시킨다.

분비된 피지는 모공을 통하여 외부로 배출되지만, 과다한 량의 피지는 오히려 모근 속으로 역류하는 기현상(奇現象)을 발생한다. 역류된 피지는 산화 및 이상작용으로 인하여 모낭염과 함께 모근부의 각화이행부 부근에 작용하여 모낭과 모발의 결속력을 저하시키고, 지루성 탈모와 같은 탈모증을 유발한다.

또한 오랜 시간동안 두피에 잔류한 피지는 자연산화 되어 균의 서식처 및 먹이가 되며, 각종 세균성 두피 문제점을 유발하는 원인이 된다.

즉, 피지분비의 이상은 단순히 피지가 과다하게 분비되어 나타나는 문제점이라기보다는 원활하지 못한 피지분비로 인하여 발생하는 문제점으로 근본적인 문제의 발생은 피지선이 아닌 남성 호르몬, 식생활 등과 같은 피지를 과다하게 분비시키는 요인들에 의한 2차적인 현상으로 볼 수 있다.

결론적으로 탈모현상에 대한 피지분비의 작용 역시 피지선 자체라기보다는 남성 호르몬, 식생활 등과 같은 피지선을 자극하는 요인들에 있다.

또한 피지 자체만으로 판단할 경우에는 특정 탈모(지루성 탈모)에 대해서는 피지분비이상 자체가 직접적인 원인으로 작용할 수 있으나, 대부분의 경우에는 탈모 및 두피의 문제점을 악화시키는 보조적인 요인으로 작용한다.

그림 3-8. 피지분비 이상에 따른 두피 산화 지질

⑧ 노화 현상

모발은 평균 20대 중반을 기준으로 하여 모모세포의 노화(老化)현상이 서서히 나타나 모발 굵기에 변화가 생기기 시작한다.

이는 모발에 점차적으로 연모화 현상이 나타나는 것을 말하며, 60세 이후에는 그 변화의 속도가 빠르게 나타난다. 이러한 원인은 인체의 노화현상과도 연관이 깊다.

모발의 노화현상은 모주기 변화에서부터 시작되는 것으로 성장기의 기간이 점차적으로 짧아지는 형태를 보이며, 모낭의 위축현상이 나타나 가는 연모가 생성된다. 흔히, 노인들에게서 많이 나타난다 하여 노인성(老人星) 탈모의 원인이라고 한다.

⑨ 호르몬의 변화

모발에 영향을 미치는 호르몬은 남성 호르몬(안드로겐) 외에도 인체 신진대사 기능에 관여하는 갑상선 호르몬, 내분비 계통의 분비를 조절하는 기능의 뇌하수체 호르몬, 여성의 임신 및 폐경과 연관이 있는 여성 호르몬 등 다양하게 존재하고 있다.

특히 모발의 성장에 변화를 주는 대표적인 호르몬으로 여성의 폐경이후 수치가 급격하게 떨어지는 여성 호르몬을 들 수 있다.

여성 호르몬은 안드로겐(남성 호르몬)의 기능을 억제시키는 역할을 하는 것으로 남성 호르몬과의 균형이 깨어졌을 때 모발의 성장 Cycle에 변화가 나타나 모발의 연모화 및 탈모현상을 가져온다. 이러한 형태의 탈모 현상은 폐경 이후 많은 여성들 사이에서 나타난다.

또한 여성 산후 탈모의 경우에도 여성 호르몬의 변화에 의해 발생하는 것으로 여성호르몬의 영향에 의한 대표적인 탈모라 할 수 있다. 이처럼 인체에는 다양한 형태의 호르몬이 분비되고 있으며, 이들 호르몬은 서로 독립된 것이 아닌 연관(連貫)되어 작용하는 것으로 소량으로도 모발을 비롯한 인체 다양한 기관에 큰 변화를 일으킨다.

⑩ 피부질환

두피에 발생하는 두부 백선 및 아토피성 피부염 등과 같은 피부질환이 문제가 되어 2차적인 현상으로 발병되며, 두피의 문제점 외에 탈모(脫毛) 및 단모(短毛) 현상이 나타난다.

두피질환은 대부분이 진균류에 의해 발생하는 것으로 탈모현상의 유발 역시 두피환경의 악화와 더불어 모근 내 진균의 작용으로 나타나는 현상이다.

특히 심각한 두부백선이나 건선 등과 같이 피부조직에 큰 영향을 주는 질환의 경우에는 모발을 영구적으로 탈모시키는 요인으로 작용한다.

⑪ 모근의 파괴

모발의 근본 뿌리인 모근부위가 화상이나 외상(外傷), 세균감염 등으로 인하여 그 기능을 완전히 상실하였을 경우 모발은 재생 불가능한 상태가 된다. 모근의 파괴는 단순히 모근부위가 아닌 모구부 주변까지 완전히 파괴된 상태를 말하며 모발이식, 가발의 착용으로 탈모반을 커버할 수 있다.

⑫ 모낭충(Demodex)

모구부와 피지선 주변에 기생하면서 영양분을 빨아먹고 서식하는 야행성의 일종이며, 전염성이 있는 모낭충(Demodex)은 기생 부위에 따라 Demodex folliculorum와 Demodex brevis의 두 종류로 구분되어 진다.

모낭충은 주로 밤에 활동하면서 모구부 주변 및 피지선 안의 영양분을 먹고 서식하며, 모구부 주변의 세포벽에 손상을 유발하여 탈모현상을 가져오거나 피지선(sebaceous glands)을 자극하여 두피 가려움 및 염증의 원인으로 작용한다.

하지만 모낭충이 존재한다고 하여 모두 탈모로 진행되는 것은 아니며, 단지 비듬의 발생처럼 두피에 존재하는 모낭충의 수치가 높게 존재하거나 혹은 다른 탈모의 원인(남성 호르몬, 유전적 요인, 노화 등)과 같이 동반하여 나타날 경우 탈모의 진행도가 높아질 뿐이다. 따라서 모낭충 역시 탈모와 직접적인 연관이 있다고 보기는 어려우며, 단지 탈모의 진행속도를 촉진시키는 하나의 요인으로 작용한다고 이해하는 것이 올바르다.

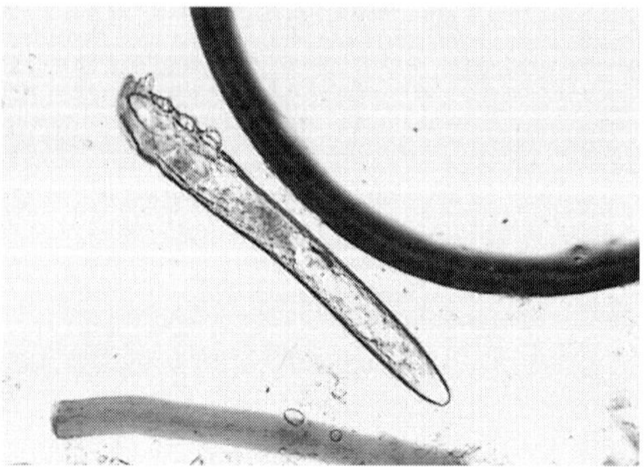

그림 3-9. 모낭충

2) 외부의 환경적인요인

① 두피 불청결

두상의 피부조직은 굵고 긴 모발에 의해 덮혀 있는 상태이며, 오목한 형태를 띠고 있는 모공주변의 특성상 외부의 이물질(스타일링제, 샴푸 잔여물 등) 및 피지, 땀 등의 피부 분비물이 존재할 경우 쉽게 떨어져 나가지 않는 특징을 지니고 있다.

이와 같이 두피조직에 오래 동안 머무르는 피부의 산화 분비물과 이물질들은 두피 조직에 염증 및 가려움 등과 함께 세균의 서식처 역할을 하여 두피 기능을 둔화시키는 원인으로 작용한다.

때문에 산화물질에 의해 불청결화 된 두피조직은 각종 세균에 의한 문제점을 유발하며, 그로 인하여 두피 신진대사의 기능 악화현상까지 나타난다.

또한 심각한 경우에는 이러한 두피 문제점(건성, 지성, 비듬성, 지루성 등)이 원인으로 작용하여 2차적인 탈모현상까지 나타날 수 있다. 하지만 두피 불청결로 인한 100% 탈모현상은 나타나지는 않는다.

단지, 두피의 불청결 현상은 문제성두피의 발생 내지는 탈모를 일으킬 수 있는 위험성이 정상적인 두피를 가진 사람에 비해 확률적으로 높으며, 또한 다른 탈모의 원인과 동반할 경우에는 탈모의 진행속도가 조금 더 빠르게 진행된다.

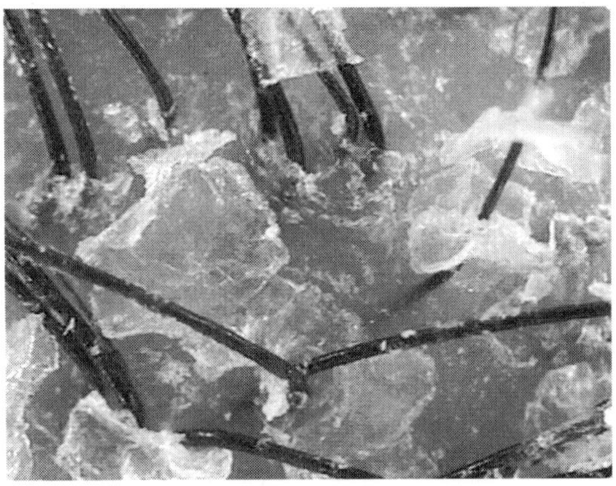

그림 3-10. 노화각질에 의해 불청결해진 두피

② 화학약품의 작용

두피조직은 피지막의 작용으로 pH 5.5정도의 약산성 상태를 띤다.

그러나, 이는 두피 조직의 pH농도가 아닌 피지막의 pH농도로 일반적으로는 '두피 pH농도'라 부른다.

두피의 약산성화는 외부 세균 및 화학약품 등에 의한 자극으로부터 모발과 피부 조직을 보호하는 작용을 하며, 모발 생리에 있어 중요한 기능을 한다.

이러한 두피 기능은 일정한 알칼리 pH농도에 대해서는 스스로의 중화능력을 지니고 있어 원래의 상태로 회복이 가능하기 때문에 화학약품에 노출되었다고 하여 손쉽게 두피 및 모발이 손상되지는 않는다.

하지만 문제가 되는 것은 잦은 화학약품에 대한 노출로 모발에 시술하는 헤어 제품(샴푸, 염모제, 펌제 등)은 대부분이 모발의 견고한 단백질 결합을 변형시키기 위해 두피 조직 보다 화학약품에 강한 모간(毛幹)부 모발에 초점이 맞추어진 성분으로 약산성 성분의 제품보다는 팽윤, 연화가 손쉽게 일어나는 알칼리 성분의 제품을 많이 사용하고 있다.

때문에 잦은 화학약품에 대한 노출 및 알칼리 성분의 장기간 두피 및 모발 내 잔류는 죽은 세포로 구성된 모간부 모발뿐만 아니라 세포분열 활동을 하는 두피조직과 모근(毛根)부까지 제품이 침투하여 두피의 화상 및 모낭염(毛囊炎), 손상모, 단모, 탈모 등의 모발 문제점을 유발한다.

또한 심각한 경우에는 모근부의 화상으로 인해 영구적인 탈모까지 나타날 수 있다.

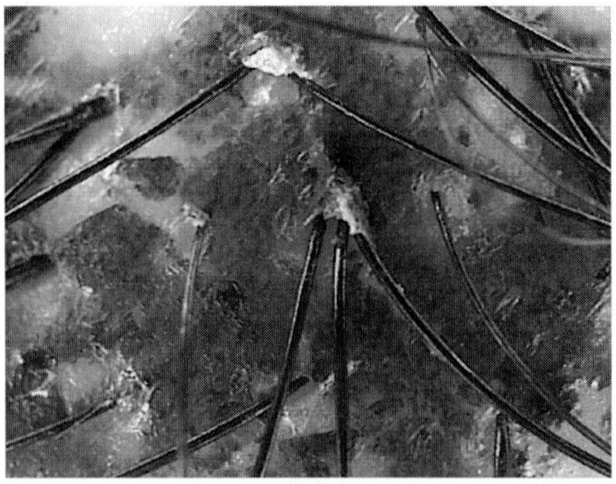

그림 3-11. 염색 시술 후 두피

③ 잘못된 시술

현대사회가 외모를 중시하는 사회로 변화되어지면서 헤어스타일이 차지하는 비중은 높아만 지고 있다. 이러한 사회풍습으로 인해 많은 사람들이 모발에 대해 다양한 시술을 통한 변화를 주는 것이 오늘날 미용 산업의 실태이다.

또한 다양한 모발 변화와 함께 찾아온 것이 시술과정에서 잘못된 시술방법 및 잦은 시술로 인한 모발의 손상과 탈모현상이며, 이는 대부분이 시술 상 부주의와 홈 케어의 소홀로 인해 발생되고 있다.

모발은 한번 손상되면 회복이 불가능한 만큼 사후관리가 중요하며, 화학약품에 노출되거나 잘못된 시술을 할 경우 이는 바로 모발 및 두피 손상으로 이어진다.

특히 브러싱을 이용한 과다한 두피자극이나 샴푸 세정시 세정제의 두피잔류, 펌제, 염모제를 이용한 잦은 시술과 화학약품의 두피잔류, 잦은 드라이에 의한 모발의 건성화 등과 같은 모발의 공해는 두피의 신진대사 기능을 저하시키거나 각종 피부염을 유발한다.

물론 이러한 모발의 공해가 탈모와 직접적으로 연관이 있는 것은 아니나, 탈모의 위험성을 높일 수는 있으며, 일정한 손상단계까지는 시술 후 사후관리를 통하여 충분히 예방할 수도 있다.

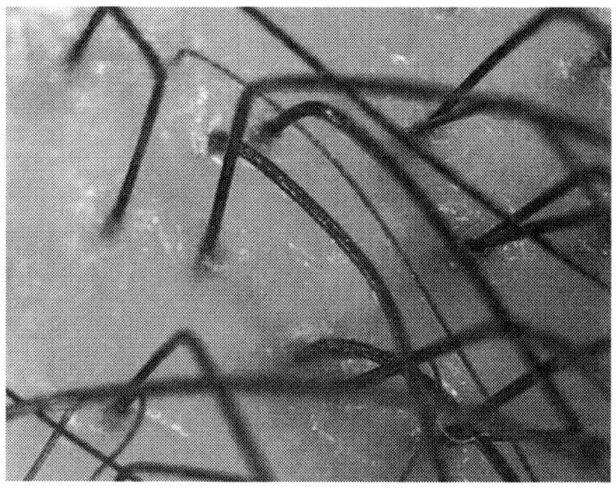

그림 3-12. 잘못된 펌 시술로 인한 모발 꺾임 현상

④ 환경오염

산업의 발달은 우리에게 편리함과 함께 삶의 윤택함을 주었지만, 반대로 각종 오염으로 인해 다양한 종류의 질병과 매일 머리를 감지 않으면 안 될 정도로 심각한 분지 및 먼지 등과 같은 대기의 환경파괴를 동시에 가져 왔다.

모발은 체내에 쌓인 노폐물과 중금속 등을 밖으로 배출하는 기능을 지니고 있으나 환경파괴의 정도가 심각한 현대사회에서는 모발에 축척되는 중금속 및 노폐물의 양이 많아지고, 오존층의 파괴로 인한 두피 및 모발의 손상이 가중되어 모발의 생성과정에 변화가 발생되기도 한다.

특히 대기 중의 오염뿐만 아니라 수질 오염으로 인한 세정 시 두피 및 모발손상도 극히 적은 부분이지만 모발건강에 영향을 주고 있다. 이 같이 환경오염은 모발의 생성에 직접적으로 관여하는 부분은 아니지만 간접적으로 작용하여 탈모현상을 부추기고 있다.

그림 3-13. 두피에 흡착된 미세먼지

⑤ 기타

Ⓐ 흡연 및 음주

흡연 및 과다한 음주 등은 인체의 대사기능을 저하시키는 한편 라이프스타일까지 변화시키는 요인으로 작용하며, 특히 흡연은 인체에 있어 백해무익(百害無益)으로 잘 알려져 있다.

담배는 약 4,000여종의 화학적 성분으로 이루어진 것으로 인체뿐만 아니라 모발에도 치명적으로 작용한다. 모발에 있어 흡연은 혈관의 수축현상 및 불필요한 콜레스테롤을 증가시키어 혈행장애로 인한 두피 영양공급을 방해한다.

또한 체온저하 현상 및 Vitamin C의 파괴(담배 1개피 당 25mg의 Vitamin C를 소비함)와 더불어 각종 심장질환 등을 유발하여 모발성장의 방해 및 탈모 촉진의 원인으로 작용한다.

Ⓑ 운동부족

적당한 운동은 혈액순환을 좋게 하고, 인체 신진대사 기능을 도와주는 역할을 하여 탈모 예방 및 신체 면역력을 증가시키는데 도움을 준다.

또한 스트레스를 해소시키어 정신적인 안정감을 주는 효과도 있지만 본인의 체질을 생각한 운동의 선택과 운동량이 중요하며, 지나칠 경우에는 오히려 필요악으로 존재할 수 있다.

3. 이상탈모증의 종류

다양한 원인으로부터 발생하는 이상탈모증은 원인별 종류에 따라, 크게 체내인자에 의한 탈모증, 기계적 요인에 의한 탈모증, 병적요인에 의한 탈모증으로 구분되어지며, 모근의 존재 여부에 따라 반흔(瘢痕)성과 비반흔(非瘢痕)성으로 나누어진다.

이처럼 탈모증은 그 원인만큼이나 다양한 종류와 특징을 지니고 있다.

1) 체내인자에 의한 탈모증

① 남성형(男性型) 탈모증

Ⓐ 정의

남성형 탈모증을 우리는 흔히 '안드로겐성 탈모증, 장년성 탈모증, 약년성 탈모증'등으로 칭한다.

이 같은 명칭은 남성형 탈모증이 평균적으로 젊은 20~30대의 남성에게서 많이 나타나는 것으로 유전적 영향과 남성 호르몬의 작용에 의하여 좌우되기 때문이다.

남성형 탈모증의 탈모 발생원인을 살펴보면 위에서 말한 것과 같이 다인자유전(대머리 인자와 대머리가 될 수 있는 체질이 유전되는 것)과 남성 호르몬 Di-Hydro-Testosterone에 의하여 발생되는 것으로 탈모반의 형태와 진행상태에 따라 다양하게 구분되어진다.

일반적으로 진행상태에 따라서는 Norwood 분류에 의해 7단계로 구분되어지며, 탈모반의 형태에 따른 분류에서는 Hamilton의 분류에 의해 8가지의 종류로 구분되어진다.

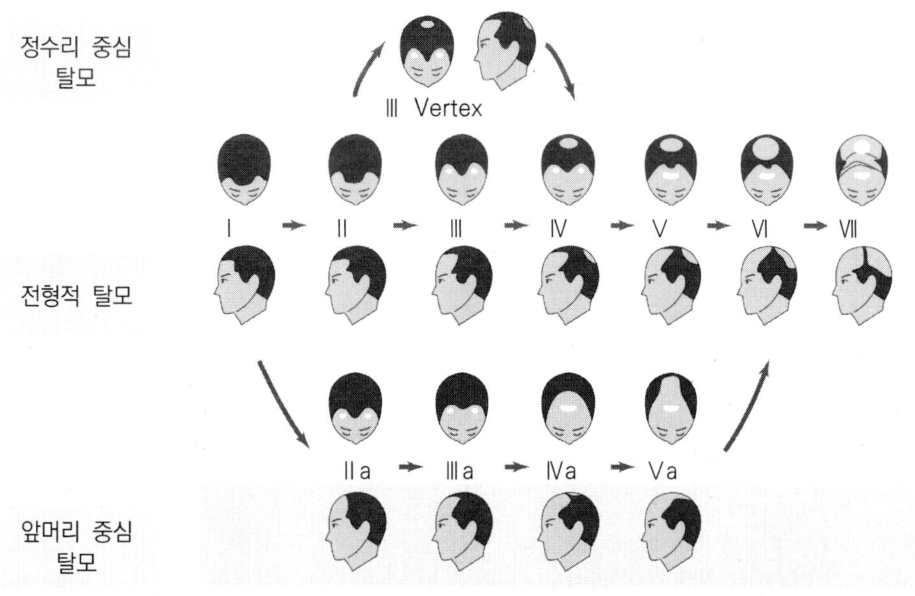

그림 3-14. 남성형 탈모증의 분류(Norwood의 7단계 분류)

아래의 내용은 탈모반의 형태에 따른 Hamilton의 분류에 의한 것으로 다음과 같다. Hamilton 분류에 의하면 탈모반은 크게 M자형, U자형, O자형 C자형 등으로 구분되어진다. 일반적으로 이마 부위에서부터 점차적으로 모발이 가늘어져 탈모가 되는 것을 M자형, 탈모반의 시작이 정수리에서부터 나타나는 것을 O자형 그 외에 C자형, U자형 등이 있다.

또한 각각의 탈모반이 서로 복합적으로 나타나는 경우에는 그 형태에 따라 MO형, MU형 등으로 구분하기도 한다. 대머리의 기준도 ear to ear 라인에서 top부위로부터 이마쪽으로 2cm 미만 일 경우 혹은 후두부쪽으로 넘어간 경우에는 대머리라고 하여 분류하고 앞이마의 경우에는 본인의 엄지를 제외한 손가락 네 개를 모아놓은 넓이보다 넓으면 대머리로 구분한다.

Ⓑ 남성형 탈모증의 원인 및 특징

남성형 탈모증의 직접적인 원인은 유전적요인과 더불어 남성호르몬과 환원효소의 결합으로 인하여 발생된 DHT(Di-hydro-testosterne)의 모모세포에 대한 작용으로 발생된다.

이는 남성형 탈모의 유전적 성향을 띠고 있는 사람의 두상에서 환원효소(5α-리닥타제)와 결합하여 변환된 남성호르몬이(DHT) 모모세포에 강하게 작용하여 세포의 분열을 억제시키고, 그에 따른 모발의 성장이 저하되어 나타나는 현상이다.

남성형 탈모증은 이처럼 단순히 유전적 원인뿐만 아니라 남성호르몬의 작용이 강하게 나타나는 부분이기 때문에 남성호르몬의 분비가 적은 사춘기 이전에는 탈모되는 경우가 없으며, 일반적으로 20대 중반부터 발생되기 시작하는 특징을 지니고 있다.

또한 남성호르몬과 관련이 있는 피지선의 비대현상을 동시에 지니고 있는 경우가 많아 지루성 탈모증과 동반하여 발현되는 경우가 종종 있다.

이 같은 현상은 남성호르몬의 자극이 피지선의 비대와 그에 따른 두피의 지루(脂漏)화로 생기는 것으로, 관리상에 있어서도 유전적 소향과 호르몬의 작용, 그리고 피지분비 발란스 측면 등을 모두 체크하고 관리하여야 하므로 시간과 노력이 상당부분 필요로 한다.

남성형 탈모증의 또 다른 특징으로 탈모부위가 점차적으로 넓어지지만, 후두부나 측두부 모발 부위가 탈락되지는 않는다.

이 같은 원인은 두상에 작용하는 호르몬 및 모유두 세포의 발생차이에 따른 것으로 남성형 탈모의 원인으로 작용하는 환원효소 5α- 리닥타제가 많이 분포하고 있는 정수리 부위(두피 및 피지선)는 DHT(변환된 남성 호르몬)의 영향으로 모모세포의 세포분열이 둔화되고, 모발의 모주기가 짧아져 연모화와 탈모현상이 나타나지만, 측두부나 후두부의 경우에는 달리 작용하기 때문이다.

측두부나 후두부의 경우에는 환원효소의 활성도가 낮고, 중배엽에서 파생된 모유두세포가 존재하고 있어 DHT의 영향력이 약하다. 또한 여성호르몬의 영향을 받아 탈모가 쉽게 나타나지 않는다. 여성의 경우 헤어라인 부위에 탈모현상이 생기지 않는 이유도 이 같은 맥락이라 볼 수 있다. 즉, 활성효소(5α리닥타제)의 활동이 남성에 비해 약하며, 여성 호르몬(에스트로겐) 및 아로마타제 효소가 변환된 남성 호르몬인 DHT(Di-hydro- testosterne)의 작용을 억제시키어 남성과 같은 완전한 대머리가 발생하지는 않는다.

또한, 남성형 탈모증의 특징 중 탈모반 부위를 자세히 살펴보면 가는 솜털이 자라고 있거나 빈 모공 상태로 있는 것을 볼 수 있으며, 일반적인 두피에 비해 두피가 반질반질한 것을 확인할 수 있다. 이 같은 현상은 솜털이 자라고는 있으나 성장 주기가 짧아져 일찍 탈모현상이 나타나는 것이며, 모발의 수가 적어도 모근속의 피지선은 존재하기 때문에 계속해서 피지분비가 일어나 정상두피에 비해 상대적으로 반질반질해 보이는 것이다. 여기에 모밀도 감소에 따른 두피조직의 빠른 노화현상이 두상의 빛 반사를 촉진시킨다.

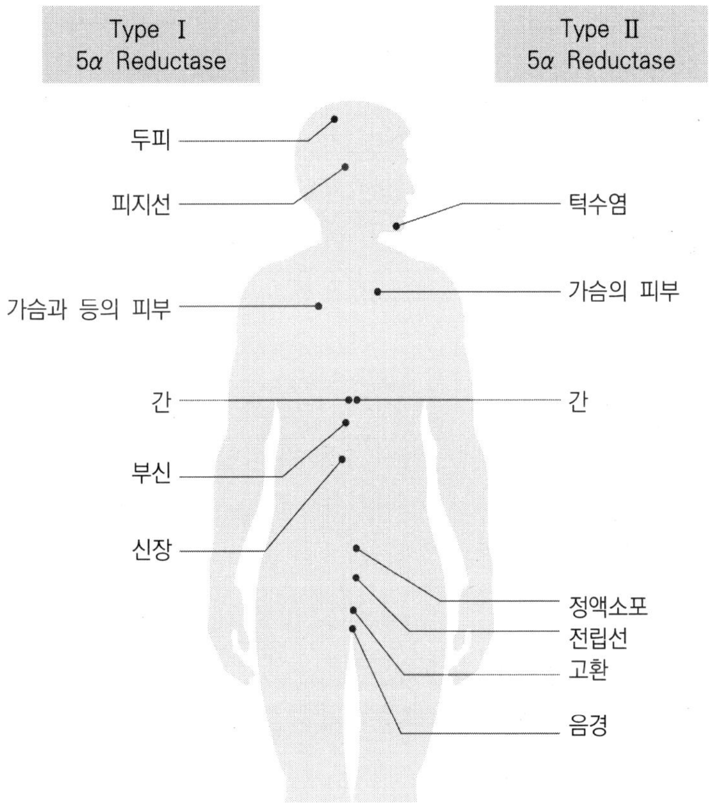

그림 3-15. 체내 5알파리닥타제의 분포도

© 남성형 탈모증의 관리법

먼저 완전한 대머리를 막는 방법으로 ① 대머리가 되기 전에 죽는다. ② 남성호르몬의 작용에 의해 일어나는 것이므로 호르몬의 분비를 줄인다.

즉, 호르몬 분비가 왕성한 사춘기 이전에 거세를 한다. ③ 부모를 선택하여 태어난다. 등의 방법이 있지만 모두가 현실적으로 불가능한 경우이다.

때문에 현실적으로 가능한 관리법으로는 현재까지는 모발이식술이나 가발의 착용, 그리고 두피 및 탈모관리법, 약물요법 등이 있다.

하지만 무엇보다 중요한 것은 평소에 탈모에 대하여 얼마나 신경을 쓰고 관리 하는냐? 에 따라 탈모시기에 변화가 온다는 것이다.

탈모의 위험성을 알고 일찍부터 신경을 쓰는 사람은 의외로 탈모 진행 속도가 늦거나 오지 않지만, 무관심한 사람의 경우에는 탈모시기가 앞당겨지는 경우가 있다.

즉, 탈모증은 감기와 같이 누구에게나 올 수 있는 것으로 여러 요인에 의해 발생할 수 있는 부분이며, 발생 후에는 관리가 힘들기 때문에 무엇보다 중요한 것이 사전예방(事前豫防)이다.

또한, 모든 병이 그러하듯이 초기에 발견하고 관리하는 것이 관리의 효과를 극대화 할 수 있다.

Ⓓ 남성형 탈모 예방법

ⓐ 피지선을 자극하는 자극적인 음식이나 당분의 섭취를 피한다.
ⓑ 탈모를 가중시킬 수 있는 두피 불청결을 해결하기 위해 항상 두피 청결에 신경을 쓴다.
ⓒ 정기적 관리를 통하여 모발과 두피에 영양공급을 준다.
ⓓ 두피를 지나치게 자극하지 않는다(잦은 염색, 스타일링제 사용 등).
ⓔ 적당한 운동을 통하여 육체적, 정신적 스트레스를 해소한다.
ⓕ 탈모초기에 관리를 하여 탈모진행 시기를 늦추어 준다.
ⓖ 탈모를 유발할 수 있는 잘못된 라이프스타일을 개선한다.

② 여성형(女性型) 탈모증

Ⓐ 정의

여성 탈모증은 남성의 대머리와는 달리 가운데 가름마를 기준으로 하여 모발의 밀도가 3단계(Ludwing의 분류기준)에 걸쳐 점차적으로 연모화 되는 탈모유형이며, 남성형 탈모증의 원인과 같이 유전적인 요인, 남성 호르몬의 작용, 나이의 영향을 많이 받는 안드로겐성 탈모증에 속한다.

여성의 안드로겐성 탈모증은 평균 20대 후반에서 30대 초반에 걸쳐 발현되기 시작하며, 남성의 안드로겐성 탈모와 비교시 완전한 대머리가 되지는 않는다.

헤어라인 주변의 아로마타제 효소가 DHT의 작용을 방해하기 때문에 헤어라인의 형태가 유지되는 것이 특징이다.

또한 여성의 경우 대머리 유전인자가 '상염색체 열성'을 띠며, '보인자'를 지니고 있어 남성과 같은 완전한 대머리는 되지 않지만, 유전인자를 가진 여성이 폐경이나 여성 호르몬 분비에 이상이 생길 경우에는 두피 속이 보일 정도로 모발이 다량으로 빠지는 현상을 보인다.

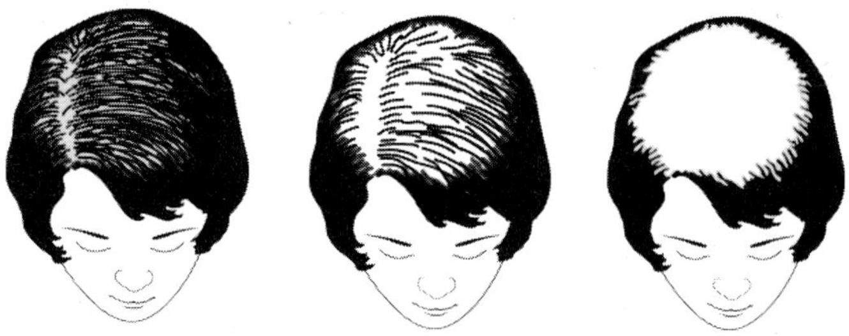

그림 3-16. 루드위그 분류법

Ⓑ 여성(女性)형 탈모의 특징

여성형 탈모증은 남성형 탈모와는 달리 완전한 대머리가 되지 않고 대부분 탈모초기에는 정수리나 두정부의 가름마 부위에서 시작하여 둥근 원형을 띠며, 탈모부위의 모발이 가늘어져 두피가 보일 정도로 모발의 밀도가 매우 낮아진다.

발현요인으로는 탈모인자에 의한 유전적 요인과 호르몬, 나이가 작용하지만, 최근에는 후천적 요인(스트레스, 과도한 다이어트, 잦은 펌 or 칼라링, 드라이, 잘못된 식생활 등)의 영향도 많이 받는 것으로 알려져있다.

Ⓒ 여성(女性)형 탈모증의 종류

남성형 탈모증은 유전적으로 대머리인자의 영향을 어느 정도 받지만, 여성의 경우에는 보인자를 지녀 남성에 비해 완전한 대머리가 되지 않는다.

하지만 여성 탈모는 서두에서 서술한 바와 같이 후천적으로 호르몬 이상이나 정신적 요인 그리고 화학적 시술 등으로 인하여서도 탈모 현상이 나타나며, 그에 따른 탈모의 형태도 여러 가지로 나타나고 있는 것이 특징이다.

ⓐ 결발성 탈모증

장시간 모발을 꽉 묶고 지내면서 모유두부가 자극을 받아 모발이 탈락되는 현상으로 탈모증의 일종이다.

탈모현상이 서서히 발현되어 대부분은 스스로 느끼지 못하는 것이 특징이며, 관자놀이 부위에서 주로 발생한다.

ⓑ 산후 탈모증(급성 휴지기성 탈모증)

출산 후 나타나는 휴지기성 탈모증으로, 여성탈모의 대표적인 유형이다.

임신과 동시에 호르몬의 변화가 모주기에 영향을 주어 모발의 성장기가 연장되었던 것이 출산과 동시에 호르몬의 정상화로, 성장기의 모발이 퇴화기를 거치지 않고 휴지기로 접어들어 생기는 탈모증이다. 휴지기 기간(3~4 개월)의 영향으로 출산 후 100일정도 지나면서 모발의 탈락이 시작되며, 6개월 이후에는 정상적인 모주기를 찾지만 출산 후 잘못된 산후

조리 및 호르몬의 이상변화 등으로 인해 경우에 따라서는 모발의 밀도가 현저하게 줄어들고, 탈모된 부위에서 신생모가 자라 나오지 않는 경우도 종종 발생한다.

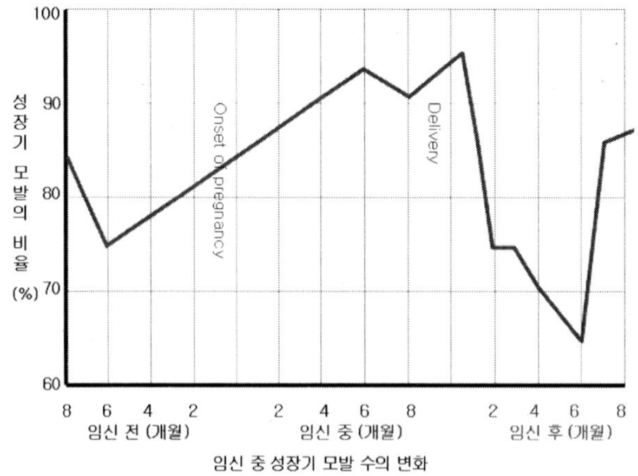

그림 3-17. 여성의 임신과 모 밀도의 변화

ⓒ 약물에 의한 탈모증

탈모에 영향을 주는 약물의 종류는 다양하게 존재하고 있다. 그 중 합성 여성호르몬이 다량 함유되어있는 경구 피임약의 장기간 복용이나 생리 지연제의 복용으로 인하여 임신 중과 같은 상태를 만들어 호르몬의 발란스가 무너져 발생되는 탈모현상은 여성에게서만 볼 수 있는 현상이다. 대표적인 약물에 의한 탈모증에는 항암제에 의한 모모세포의 세포분열 장애현상으로 발생되는 유형이 있다.

ⓓ 폐경에 의한 탈모증

여성의 폐경 이후에 나타나는 탈모유형으로, 호르몬 발란스가 무너져 모발 성장에 변화가 생기는 탈모증이다. 이는 폐경이후 여성 호르몬의 급격한 감소로 상대적인 안드로겐 호르몬의 영향력이 커져 나타나는 현상이다. 특히, 유전적 요인을 지니고 있는 여성의 경우에는 더욱 빠른 속도로 탈모가 진행된다. 노인성 탈모증과 동반하여 나타나기 쉬우며, 전체적으로 모발이 연모화 되어 두피가 들여다보이는 상태를 띤다.

ⓔ 과도한 다이어트에 의한 탈모증

One food 혹은 섭취 영양분의 부족 및 불균형이 동반되는 다이어트 방법은 외적인 곡선미의 아름다움은 유지시킬 수 있을지 몰라도 신체의 영양 상태에 있어서는 불균형을 초래한다.

이러한 현상은 영양분의 부족현상이 인체뿐만 아니라 모발에도 영향을 주어, 약한 자극에도 모발이 빠지거나 쉽게 끊어지고, 모발이 가늘어지는 현상을 보인다.

다이어트에 의한 탈모증은 여성뿐만 아니라 최근에는 남성에게서도 자주 발생하는 탈모유형으로 모발의 주원료인 영양분의 부족이 원인으로 작용한다. 특히 탈모현상이 여타 탈모증과 달리 두상 전체에서 고르게 발현된다.

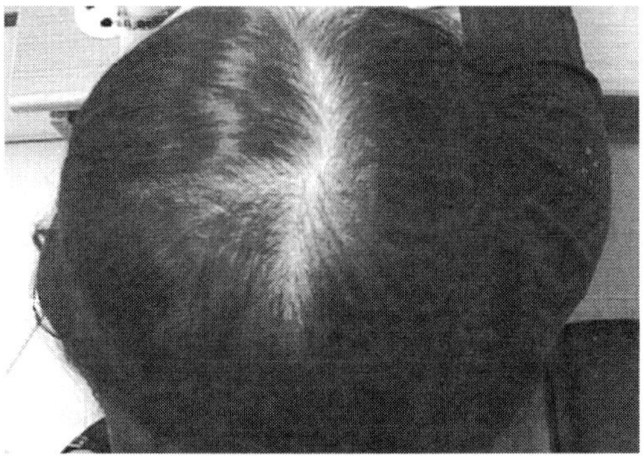

그림 3-18. 다이어트에 의한 탈모증

ⓕ 기타 요인에 의한 탈모

스트레스나 잦은 펌, 염색 혹은 잘못된 드라이나 샴푸법 등이 원인이 되어 나타나는 두피 손상 및 탈모현상은 남녀노소(男女老少) 누구에게나 발생할 수 있는 것이지만, 특히 화학적 시술을 많이 하는 여성에게서는 더욱 두드러지게 나타난다.

이 같은 요인에서 발생하는 탈모는 직접적인 원인이 아니기 때문에 다른 요인과 더불어 발생하는 경우가 많으며, 탈모증의 범주에 있어서도 특별히 구분되어있지는 않다.

Ⓓ 여성(女性)형 탈모증의 원인

ⓐ 유전적 요인.
ⓑ 잘못된 샴푸법이나 샴푸제의 선택 등으로 인한 모발 및 두피손상.
ⓒ 잦은 펌이나 염색으로 인한 두피 손상.
ⓓ 과도한 스트레스.
ⓔ 폐경으로 인한 호르몬 발란스의 이상.
ⓕ 출산의 과정.
ⓖ 경구 피임약 및 생리지연제와 같이 호르몬 변화에 영향을 줄 수 있는 약품의 복용.
ⓗ 무리한 다이어트로 인한 영양 불균형 및 인체 대사기능 저하.
ⓘ 여성 흡연인구의 증가(흡연으로 인한 혈액순환 장애)
ⓙ 항 우울제나 항암제 등 약물의 장기 복용 및 약물에 의한 부작용.

③ 소아(小兒) 탈모증

Ⓐ 정의

인체에 분포되어 있는 털은 피부 배아세포의 세포분열에 의해 모근부의 형성이 이루어진 후 생성되기 시작한다. 때문에 출생 후에는 '취모 및 연모'라고 불리는 가는 모발이 이미 수

cm 자라 난 상태로 태어나게 되지만 모든 사람에게서 이 같은 현상이 나타나지는 않는다.

소아 탈모증은 출생 전 모모세포의 분열과정에서 이상(異常)이 발생하여 모주기가 늦추어지거나 모발 생성이 늦어지는 경우 혹은 내적이상이 있는 경우 발생하는 것으로, 출생 시 모발 수가 적어지거나 혹은 거의 없는 상태. 즉, 모발의 원활한 교체가 이루어지지 않은 상태로 태어나게 된다.

또한 정상적인 출생 후라도 각종 스트레스와 환경오염 등으로 인하여 탈모의 연령층이 낮아지면서 15세 이하에서 탈모를 호소하는 청소년층과 소아층이 증가하고 있다.

이렇듯 청소년기나 소아기의 어린이에게서 나타나는 탈모현상을 '소아(小兒) 탈모증'이라 한다.

소아 탈모증은 여타 탈모증과 달리 모발이 서서히 빠지는 것이 아니라, 대부분의 경우에서 전체적으로 일시에 빠지는 빈모의 특성을 지니고 있으며, 탈모반의 크기가 클수록 그리고 탈모시기가 오래 될수록 관리효과에 있어 장기간의 관리와 본인 스스로의 의지와 노력을 필요로 한다.

소아 탈모증이 이처럼 장기간의 관리를 필요로 하는 것은 탈모대상이 정신적으로 완숙(完熟)한 성인이 아닌 상태이므로 본인 스스로의 인체 조절 능력이 떨어질 수 있고, 또한 호르몬 변화의 영향을 받을 수 있는 시기이므로 관리에 변수가 생길 수 있기 때문이다.

참고로 최근 들어 청소년이 받는 학업에 대한 스트레스의 증가와 결손(缺損) 가정의 증가, 환경적 요인(대기오염, 식생활 변화 등) 등도 소아 탈모증의 증가 원인이며, 동시에 탈모관리의 효과를 저해하는 요인으로 자리 잡고 있다.

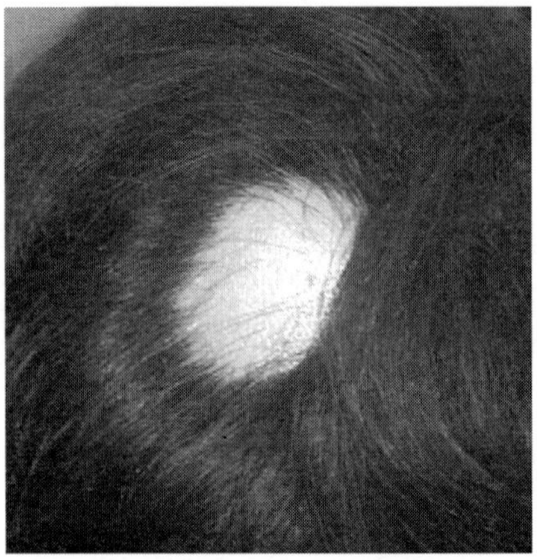

그림 3-19. 소아 원형탈모증

Ⓑ 소아 탈모증의 원인

어린시기에 나타나는 소아 탈모증은 크게 7가지 정도의 원인에 따라 발생할 수 있으며, 그 원인에 따라 탈모반의 형태 및 탈모의 정도에 차이를 둔다.

ⓐ 유전적 요인

신체 건강상에 특이한 문제점은 없으나, 출생 시부터 모낭의 수가 적은 가족력을 지니고 있어 모발이 가늘고 모발 수가 적은 상태를 말한다.

ⓑ 부모의 질병에 의한 요인

부모가 임신 전에 매독 및 임질과 같은 성병에 걸린 상태에서 임신을 하였을 경우, 그 영향이 태반을 통하여 태아에 전달되어 출생과 함께 태아에게서 탈모현상이 나타나는 경우를 말한다.

대표적인 질병에 의한 소아 탈모증에는 매독 2기때 발생하는 탈모가 있으며, 탈모반의 형태가 후두부 부위의 모발이 탈락되는 상태를 띠고 있는 것이 특징이다.

ⓒ 스트레스

소아기나 청소년기에 주위 환경(성적, 집안의 불화 등)으로부터 받을 수 있는 스트레스는 발모벽 및 원형 탈모증과 같은 정신적인 부분이 원인이 되어 나타날 수 있는 탈모증을 유발하고, 소아 및 청소년의 우울증, 자폐증 등과 같은 정신질환을 가져오기도 한다.

ⓓ 신진대사 기능의 이상

갑상선 이상 등과 같은 내분비 계통의 이상변화와 선천적인 대사기능에 장애가 나타날 경우 모발의 성장에도 영향을 주어 빈모(貧毛)나 탈모(脫毛)와 같은 현상이 유발될 수 있다.

ⓔ 피부 결손 및 피부 질환 등과 같은 2차적 요인

면역력이 약한 아동에게서 주로 발생하는 아토피성 피부염, 모낭염, 두부백선 등과 같은 선천적 혹은 후천적 피부질환에 의해 모근부가 손상되거나 파괴되어 탈모 및 단모현상이 나타나는 것을 말한다.

ⓕ 식생활의 변화

아동의 서구화된 식생활과 편식위주의 식단 구성은 인체에 균형 잡힌 영양공급을 저해하는 원인인 동시에 모발에 대하여 탈모 및 연모화 현상 등과 같은 모발 문제점과 각종 피부질환 등을 유발한다.

ⓖ 출생 시 두피 및 두상에 대한 압박

출생과정에서 원활한 분만이 이루어지지 않아 두피 및 두개골 부위에 기계적 압박을 받았을 경우, 특정부위가 탈모가 되는 경우가 발생한다. 심각한 경우에는 영구 탈모로도 이어질 수 있다.

Ⓒ 소아 탈모증의 특징

15세 이하의 아이에게서 주로 발병되는 소아 탈모의 촉진원인으로는 크게 병적인 요인과 스트레스의 영향으로 구분되어진다.

특히, 스트레스의 경우에는 주위환경으로부터 나타나는 것으로 부모의 학업 열풍과다 및 집안 내 불화, 이성간의 갈등, 출생 시 문제점 등으로부터 작용한다.

소아 탈모는 이처럼 스트레스의 영향을 많이 받고 있어 원형 탈모와 비슷하게 탈모반 부위가 두상의 특정부위가 아닌 두상 전체에서 나타나며, 탈모시작 초기 약 1달 이내에 집중적으로 탈모되는 현상을 보이고 있다.

경우에 따라서는 전신에 걸쳐 탈모현상이 나타나는 악성탈모의 양상을 보이기도 하며, 특히 걸음마 단계 이전의 아동들은 누워서 생활하는 영향으로 후두부나 측두부 부위에서 탈모되는 양이 많고 두정부나 전두부의 경우에는 드물게 나타난다.

소아 탈모의 관리는 여타 탈모증 관리에서 알 수 있듯이 탈모반이 넓을수록 관리예후가 좋지 않다. 이 같은 현상이 소아 탈모에서 더욱 잘 나타나는 이유는 성인에 비해 신체에 대한 조절 능력이 떨어지기 때문이다.

소아 탈모증은 재발의 가능성도 성인들에게서 나타나는 탈모증에 비해 높은 것이 특징이다.

Ⓓ 소아 탈모증의 관리법

소아 탈모증은 위에서 말한 바와 같이 병적인 차원의 소아 탈모증과 스트레스나 두피 불청결, 잘못된 식습관 등과 같이 일상생활에서의 잘못된 관리차원의 소아 탈모증으로 구분할 수 있다.

병적 차원의 탈모증인 경우 전문의와 상담을 통하여 약물요법이나 기타 치료가 필요로 하지만 일상생활에서의 잘못된 관리가 원인으로 작용하여 나타나는 경우에는 가정에서의 홈 케어법이나 전문 관리 센타에서의 관리만으로도 충분한 효과를 볼 수 있다.

특히, 피부조직의 약화(弱化)로 인하여 예민성 두피 또는 아토피성과 같은 피부문제를 나타내는 경우에는 세정제의 선택이나 식생활 등의 부분에서 조금만 관심을 기울인다면 빠른 효과를 볼 수 있다. 또한 주변의 자극이 스트레스로 작용하여 발생하는 경우에는 본인만의 의지로는 안 되는 부분이기 때문에 주변 사람들의 도움이 절대적으로 필요하다.

④ 노인성(老人性) 탈모증

모모세포 및 모유두의 기능이 나이가 들면서 서서히 둔화되어 나타나는 탈모유형으로 두상 전체에서 모발이 서서히 가늘어지는 형태를 보인다.

일반적으로 약 60세 이후에 나타나는 것으로 1일 평균 탈모량이 정상적인 성인의 1일 탈모량에 비해 약 50본정도 많이 탈모되며, 체질 및 건강상태 등에 따라 탈모되는 연령에 차이를 두고 있다.

노인성 탈모증은 크게 발생원인에 따라 자연 탈모와 병적이상 탈모로 분류할 수 있으며, 이 같은 기준은 모유두 및 모모세포의 기능이 저하된 경우인지 아니면 혈액순환 및 소화계통 등의 이상에 의한 것인지에 따라 분류된다. 인체 및 모근의 자연스러운 노화현상에 의한 경우에는 자연적인 탈모현상이기 때문에 병적탈모로 분류하지는 않는다.

하지만 소화기관(위, 장)의 장애나 혈액순환 장애 등으로 인하여 2차적인 탈모현상이 나타날 경우에는 병적 탈모로 분류 할 수 있으며, 충분한 사전관리를 통하여 탈모시기를 늦출 수 있다.

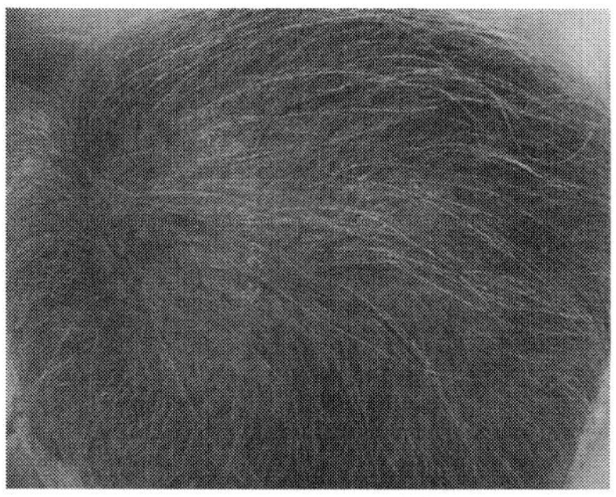

그림 3-20. 노인성 탈모증

⑤ 원형(圓形) 탈모증

Ⓐ 정의

원형 탈모증은 탈모반(脫毛瘢) 부위가 동전크기의 원형으로 빠지는 탈모증의 일종이며, 탈모반 부위에 자각증상이 거의 나타나지 않아 일반적으로 본인 스스로는 잘 알지 못하다가 헤어 샵이나 주위 사람들을 통하여 아는 것이 보통이다.

탈모반의 모양 및 증상에 따라 단발(單發)형, 다발(多發)형, 전두탈모, 악성탈모, 사행(蛇行)성 원형 탈모 등으로 나누어지며, 그 증세가 심각한 경우에는 두발뿐만 아니라 눈썹, 속눈썹, 체모, 음모 등으로 확산되는 것이 특징이다.

하지만 타인에게는 전염되지 않는다. 치료에 있어서도 보통 6~18개월 정도 지나면, 탈모반 부위에서 새로운 신생모가 나와 자연치유되지만, 일반적으로는 성장기 기간이 짧은 모발이라 금방 탈락하는 현상이 나타나고, 다른 부위에 확산되는 경우도 종종 있다.

Ⓑ 원형 탈모증의 종류별 특징

ⓐ 단발형 원형 탈모증

두상에 500원짜리 동전 크기의 둥근 형태를 띠고 있는 탈모반이 독립적으로 1개 존재하고 있는 단발형 원형탈모증은 탈모반과 정상 부위의 경계가 명확한 특징을 지니고 있다.

단발형의 경우 자연적인 개선효과는 뛰어나지만 재발의 위험성이 높으며, 다발형으로 악화될 수 도 있다.

ⓑ 다발형 원형 탈모증

단발형의 원형 탈모가 2개 이상 혹은 서로 융합되어 둥근 원형의 형태를 띠는 것이 아니라 불규칙한 원형의 형태를 띠고 있는 유형이다.

단발형에 비해 관리예후가 좋지 않으며, 탈모반 부위가 넓을수록 시간이 오래 걸리는 특징을 지니고 있다.

ⓒ 전두 원형 탈모증

두상 전체에서 탈모현상이 나타나는 유형으로 가는 연모가 존재하거나 혹은 전혀 없는 상태이다.

ⓓ 악성 원형 탈모증

두상의 모발뿐만 아니라 인체에 존재하는 모든 털(음모, 속눈썹, 겨드랑이털, 수염 등)이 탈락되는 원형탈모의 유형을 말한다.

ⓔ 사행(蛇行)성 원형 탈모증

양쪽 귀 부위를 중심으로 하여 후두부나 측두부에서부터 빠지기 시작하는 탈모유형으로 탈모되는 모양이 뱀이 기어가는 모양이라 하여 뱀 사(蛇)자의 사행(蛇行)성 탈모라 부르고 있다. 전체적으로 탈모반의 폭은 좁으며, 길이는 길게 연결되어 있는 형태로 관리 예후가 좋지 않은 것이 특징이다.

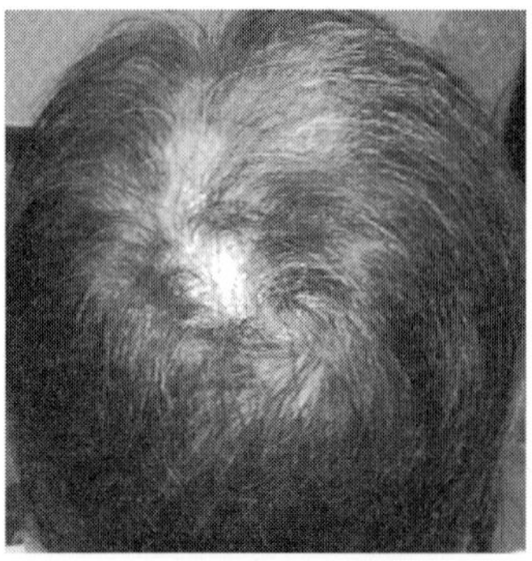

다발성 원형 탈모증

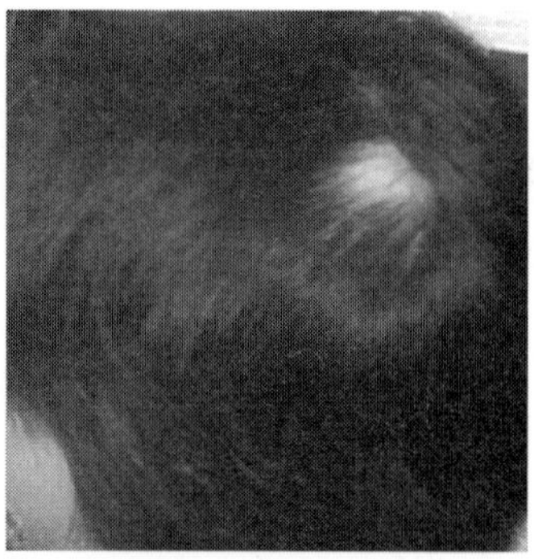

단발성 원형 탈모증

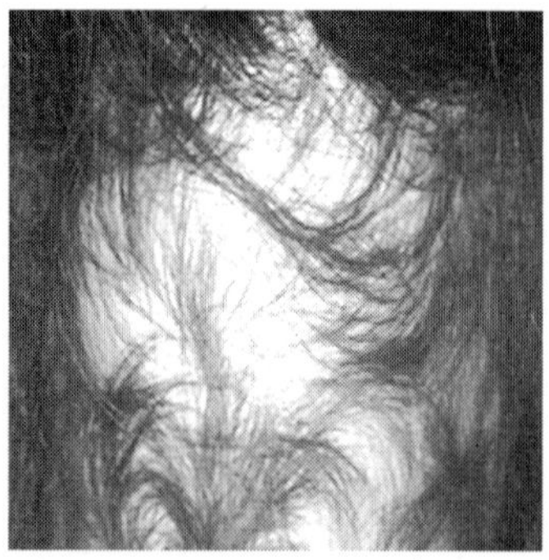

사행성 원형 탈모증

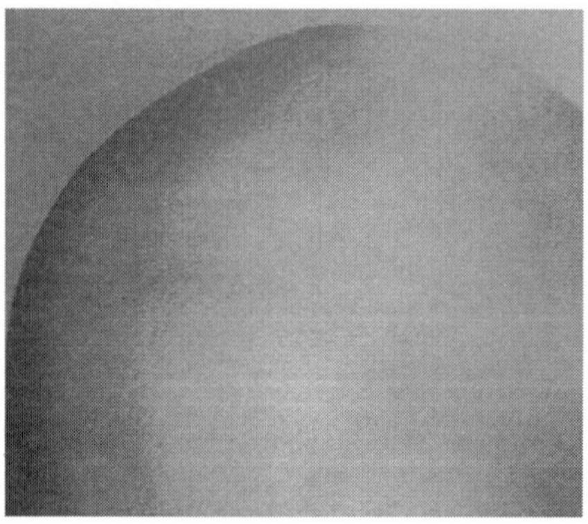

악성 원형 탈모증

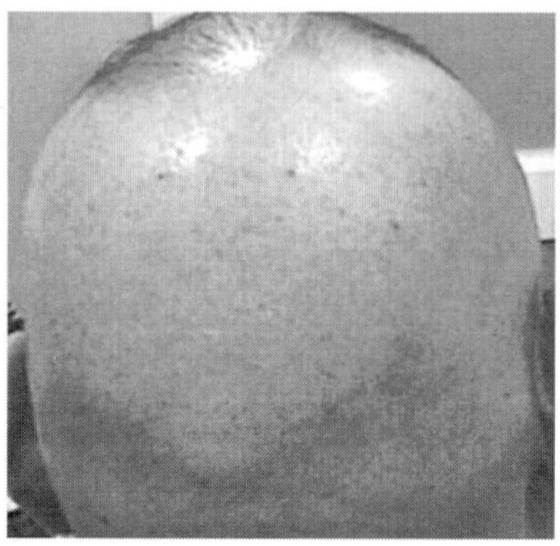

전두 원형 탈모증

그림 3-21. 원형 탈모증의 종류

© 원형 탈모증의 특징

원형 탈모증은 성별이나 나이에 상관없이 남녀노소(男女老少) 누구에게나 나타날 수 있지만, 최근에는 소아 원형 탈모증이 증가하고 있는 추세이다.

여타 탈모증과 달리 탈모초기에 특별한 자각증상(가려움, 염증 등)은 없으며, 극소수에서 탈모반 부위에 통증을 호소하기도 한다.

탈모반 부위를 여타 탈모증과 비교해 보면 원형 탈모증의 특징을 좀 더 확실히 알 수 있다. 원형탈모증은 다른 탈모증의 탈모반에 비해 탈모된 부위가 전체적으로 붉은 톤의 예민한 상태이며, 모낭의 위축 등으로 인해 말랑말랑한 상태를 띤다.

탈모된 모발의 모근부 형태는 곤봉형태를 띠는 자연 탈모증의 모근과 달리 불규칙적이고, 감탄부호의 형태를 띠고 있어 일명 '감탄부호 탈모증(exclamation mark hair loss)'이라고도 한다.

관리 및 치료는 일정기간(보통 6개월에서 18개월 사이)이 지나면, 탈모반 부위에서 새로운 신생모가 자라 나와 자연적인 치료가 되나, 이것 역시 관리를 소홀히 할 경우 신생모가 다시 탈모되어 더 악화될 수 있으며, 5년이상 계속 지속될 경우에는 회복이 거의 불가능하므로 꾸준한 관리와 관찰이 필요한 탈모유형이다.

특히, 사행성 원형 탈모와 같이 측두부나 후두부에서부터 탈모가 시작되는 원형 탈모유형은 관리가 단발형이나 다발형에 비해 어려우며, 관리의 예후도 좋지 않은 편이다. 신생모가 자랄 경우 탈모반 부위의 탄력도는 정상적인 부위의 두피와 비슷한 정도로 초기 모낭 위축 등으로 인해 말랑말랑해진 두피 상태가 서서히 사라진다.

악성원형 탈모증의 경우에는 털뿐만 아니라 손톱부분에도 이상 현상이 발견되며, 심각한 경우 영구탈모 및 인체의 체모가 모두 빠지는 상태가 된다. 이처럼 원형탈모는 그 모양에서부터 여러 가지가 다른 탈모증과는 확연하게 차이를 보이고 있고, 관리방법이나 치료방법에 있어서도 독특한 방법을 택하고 있다.

그림 3-22. 원형 탈모증 모근

Ⓓ 원형 탈모증의 원인

ⓐ 유전적 요인

원형 탈모증 현상이 나타나는 사람들의 50%미만에서 가족 중 원형탈모를 경험한 사람이 있으며, 일란성 쌍둥이의 경우에도 원형탈모가 동일하게 나타나는 경우가 종종 있어 일부에서는 원형탈모증에 유전적 영향이 있다고 보고 있다.

ⓑ 자가 면역 설

원형탈모증의 발생원인에 대하여 유전설, 스트레스설, 자가면역 이상설 등 여러 가지 가설이 있으나 현재까지 정확하게 밝혀진 원인은 없다.

하지만 최근 들어 가장 신빙성(信憑性) 있게 나타나는 원인으로 자가면역 이상을 뽑고 있다. 원형탈모증 증상이 있는 사람들에게서 주로 류마티스 관절염, 갑상선 질환, 악성 빈혈 등의 자가면역 이상에 따른 질환 등이 같이 나타나고 있으며, 원형탈모증의 모근부에서 T-Cell이 다수 발견되는 점은 자가면역 이상설을 뒷받침하는 자료이다. 모모세포 및 모낭에 신체가 면역기능을 유발하여 모모세포를 공격하므로써 모발 생성에 필요한 모근 부위에 염증이 유발되어 탈모현상을 나타낸다는 설이다.

ⓒ 스트레스 설

스트레스는 '자신의 욕구와 사회적 변화의 차이에서 나타나는 것'으로 과도한 스트레스는 교감신경을 자극하여 모세혈관의 수축과 혈액 흐름을 저해하는 요인으로 작용한다.

또한 내분비 계통의 이상을 초래하여 인체 신진대사 기능을 저해하기도 한다. 최근의 원형 탈모 경향에서도 스트레스 관련설은 쉽게 찾아 볼 수 있다. 사회 다변화로 인하여 여성의 사회진출이 늘면서 여성 원형 탈모인구의 증가현상이 바로 그것이다.

특히, 원형 탈모증의 경우에는 탈모증을 경험한 사람들 중 상당수가 탈모증 유발 전에 심각한 스트레스로 고민한 경험이 있다. 청소년 및 유아의 원형 탈모도 이 같은 원인이 크게 좌우하는 것으로 알려져 있다. 하지만 스트레스 자체가 원형 탈모와 직접적인 연관이 있다고 보기 보다는 원형탈모를 악화시키는 요인 중 하나로 보는 것이 옳다.

또한, 원형 탈모 원인에 간접적으로 작용하는 스트레스도 실제 관리결과에 큰 영향을 주기 때문에 관리 시 중요하게 생각하는 부분이며, 치료시 본인의 스트레스 해소법이나 정신적 안정과 같은 심리치료가 도움이 되기도 한다.

Ⓔ 원형 탈모증의 치료법

ⓐ 자연 치료법

원형탈모증은 다른 탈모증과 달리 관리를 하지 않아도 약 6~18개월 정도 지나면 자연스럽게 모발이 자라 나온다. 하지만 신생모의 성장기간이 정상적이지 못하여 다시 재발하는 경우가 존재한다.

원형탈모증은 형태에 따라서도 자연치유 효과에 차이를 두고 있는데, 단발형의 원형탈모가 다발형 보다 스스로의 회복력이 높다. 하지만 인종 및 건강상태, 식생활 등에 따라서 약간의 차이를 나타낸다.

그 예로 아토피성피부염이 많은 서양인이 동양인들에 비해 원형탈모의 개선효과가 낮게 나타나고 있다.

자연치료 과정에서 탈모반을 중심으로 백모의 가는 솜털이 자라 나와 결국에는 경모화되는 과정을 거치는 원형 탈모증은 회복단계에서 두피의 탄력도에 변화가 생기어 말랑말랑하던 두피가 서서히 정상두피의 탄력으로 돌아오는 현상을 보이고 있으나 재발의 확률이 여타의 탈모증에 비해 매우 높다.

ⓑ 약물 요법

원형탈모증은 재발의 확률이 높아 관리 중 재발에 따른 스트레스 등이 영향을 줄 수 있으므로 특별한 관리가 필요하며, 정신적 안정이 무엇보다 중요하다.

약물요법에는 크게 주사요법, 국소 도포법, 자외선 치료, 드라이아이스 요법 등이 이용된다.

위의 약물요법들은 전문의와 상담을 필요로 하며, 드라이 아이스 요법의 경우에는 인위적으로 두피에 염증을 유발시키어 일시적인 혈액순환 효과와 항체의 공격루트에 변화를 주어 효과를 보는 치료법이다.

ⓒ 두피 및 탈모 관리법

탈모 전문 관리 센타 및 헤어 샵 등에서 행하고 있는 관리법은 대부분이 탈모반 부위를 두피 세정과정을 통해 이물질을 제거시킨 후 영양을 두피조직에 흡수시키는 방법이다. 모발의 자연치유 효과를 촉진시키는 한편, 재발의 위험성으로부터 보호해주기 위한 예방차원의 관리법이다.

원형탈모의 특성상 스트레스를 최소화시키고, 정신적인 안정감을 주기 위해 아로마테라피와 같은 관리법을 병행하기도 한다.

⑥ 지루성(脂漏性) 탈모증

Ⓐ 정의

피지선의 비대 및 과다한 피지분비로 인하여 각화이행부에서의 모발 각화과정 이상과 피지선에서의 원활하지 못한 피지분비가 원인으로 작용하는 탈모유형이다.

피지선에서의 과다한 피지분비와 두피 불청결은 모공을 통한 원활한 피지분비를 저해하여 피지의 모근 내 역류를 유발하며, 모낭과 모발의 결속력을 저하시키어 성장기에 있는 모발이 손쉽게 탈락된다.

지루성 탈모가 있는 두피의 모발 중 성장기 모발의 탈락 강도는 정상적인 성장기모의 약 1/4인 정도인 20gmf로 이는 정상적인 휴지기모의 탈락 강도와 비슷한 수준이다.

즉, 약한 자극에도 쉽게 탈락되는 특징을 지니고 있으며, 모낭 속으로 역류한 피지가 모발과 모낭사이에서 윤활유 역할을 함으로서 발생되는 현상이다.

특히 지루성 탈모증은 그 원인이 피지 분비상태에 있는 것으로 남성호르몬의 영향을 많이 받기 때문에 남성호르몬의 작용에 의해 발생되는 남성형 탈모증과 동반하여 나타나는 경우가 많다.

Ⓑ 지루성 탈모증의 특징

㉠ 이상 탈모된 모근에 이물질이 다량 부착되어 있는 것을 볼 수 있으며, 여타의 탈모증과 달리 모근 끝 부위에 이물질(피지) 및 모낭(내모근초)이 길쭉한 형태로 부착되어 있다.

㉡ 성장기모의 모발 결속력이 약 20gmf 정도로(정상적인 모발의 휴지기상태 때의 결속력) 샴푸나 브러싱 시 가해지는 약한 힘으로도 손쉽게 제거 할 수 있을 만큼 약하다.

Ⓒ 지루성 탈모의 원인

㉠ 잘못된 샴푸법에 의한 두피 불청결과 그에 따른 모공 막힘 현상.

㉡ 과다한 스트레스로 인한 남성호르몬의 분비 증가와 피지선의 비대.

㉢ 동물성지방의 과다섭취 및 식생활 불균형.

㉣ 여성 질환에 따른 호르몬분비 이상.

㉤ 잘못된 두피 마사지와 과다한 스타일링제의 사용.

㉥ 환경오염으로 인한 모공 막힘 현상과 피지분비이상.

Ⓓ 지루성 탈모의 관리법 및 예방법

지루성탈모의 예방 및 관리는 피지분비의 정상화와 산화 피지물에 의한 모낭 속 세균(모낭충)의 기생 방지 및 두피청결이 이루어져야 하지만 보다 근본적인 관리를 위해서는 식생활 및 라이프 스타일의 개선과 같은 내적 부분의 관리가 함께 진행되어야 한다.

㉠ 남성형 탈모증과 동반하여 나타나는 경우가 많으며, 동반 탈모시 관리 및 치료에 상당한 시간과 노력을 필요로 한다.

㉡ 피지산화물 및 노화각질로 인하여 두피에 세균(Malassezia restricta, Malassezia glo- bosa) 및 모낭충의 번식이 쉬우며, 두피에서 심한 악취, 홍반, 염증 등 세균성 트러블이 자주 나타난다. 심각한 경우 지루성 비듬을 동반한다.

㉢ 남성호르몬 및 식생활(동물성 지방, 자극적 음식, 단 음식 등)의 영향을 많이 받는다. 특히 남성 호르몬의 과다 분비는 피지선의 비대를 가져와 지루성탈모 및 남성형 탈모를 유발한다.

㉣ 여성의 경우 난소기능장애 및 부신기능 항진으로도 나타날 수 있다. 질병에 의한 2차적인 지루성탈모의 경우에는 질병치료와 두피관리가 동시에 이루어져야 한다.

ⓐ 관리법

㉠ 피지선을 자극할 수 있는 동물성지방의 섭취는 피하고, 녹황색 채소위주의 균형 잡힌 식생활을 한다.

㉡ 적당한 운동을 통한 스트레스를 푼다.

㉢ 두피가 심한 지성일 경우 아침, 저녁 1일 2회로, 기능성 샴푸를 이용하여 세정한다.

㉣ 혈액순환을 위한 지나친 두피 마사지는 피하고, 운동과 가벼운 어깨 마사지 등을 한다.

㉤ 잦은 펌, 염색, 드라이 등은 두피자극을 유발함과 동시에 화학약품에 의한 과각질 현상을 유발 할 수 있으므로 가급적 피하는 것이 좋다.

㉥ 모발의 뿌리부분까지 도포하는 과다한 스타일링제의 사용은 피한다.

ⓑ 예방법

㉠ 두피에 쌓인 노화각질과 피지 산화물 제거를 위한 정기적인 스켈링과 영양공급.

㉡ 두피에 자극을 덜 주면서 효과적으로 피지 분비를 조절 할 수 있는 광선요법과 아로마 요법의 병행.

㉢ 산화 지질의 효과적인 제거를 위한 기능성 샴푸제를 이용한 두피세정

㉣ 지나친 두피마사지는 피하고, 염증, 홍반, 모낭충, 비듬균 등 세균의 번식 예방을 위한 살균관리를 병행한다.

㉤ 피지 발란스를 조절할 수 있는 Vitamin B_2, B_6의 성분이 첨가된 제품을 이용한 두피관리법

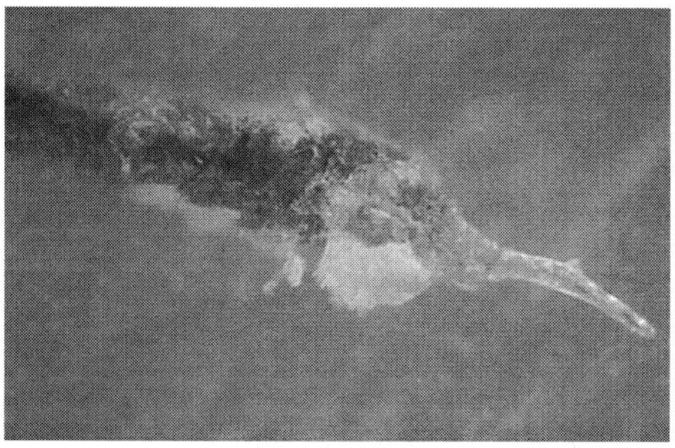

그림 3-23. 지루성 탈모증의 모근

⑦ 비강성(粃糠性) 탈모증

Ⓐ 정의 및 원인

비강성 탈모증은 비듬균(Malassezia restricta, Malassezia globosa)의 이상증식으로 인하여 생성된 비듬(Seborrbea Capitis)이 원인이 되는 탈모 유형으로 누구에게나 나타날 수 있는 환경적 요인의 탈모증이다. 하지만 비듬이 존재한다고 하여 모두 탈모로 이어지는 것은 아니며, 어느날 갑자기 발생할 경우 비강성 탈모의 위험성이 높아진다.

특히 비듬이 과다하게 형성되는 사춘기이후 발생 위험성이 높은 탈모증으로 소아나 고령자에게서는 찾아보기 힘든 탈모 유형이다.

탈모된 모근의 형태를 진단기나 현미경을 통하여 관찰하여 보면, 영양공급의 부족 및 과다한 비듬 등으로 인해 모근부의 위축현상과 이물질 등을 확인할 수 있다.

비강성 탈모증의 원인으로 작용하는 비듬은 두피 불청결과 같은 외부적요인과 호르몬 변화, 식생활 등의 내적인 요인에 의해 유발되며, 비듬균이 주원인이다.

비듬균 말라세시아 균은 인체가 정상적인 상태일 경우에는 두피에서 차지하는 비율이 약 47% 정도이지만, 두피 환경이 좋지 않을 경우에는 이상 증식하여 균의 수치는 약 78%를 넘게 된다.

비듬균의 이상증식은 비듬형태로 이어져 두피에 나타나며, 관리 소홀로 인하여 비듬균이 더욱 증가할 경우 '지루성 피부염'과 같은 피부질환으로 이어진다.

피부 —— 사춘기 ——→ 비듬균(47%) ——→ 비듬(78%) ————→ 지루성피부염(85%이상)

↑ 작용 ↓

환경, 식생활 불균형, 호르몬이상 등. 비강성 탈모.

비듬균의 두피 작용 과정

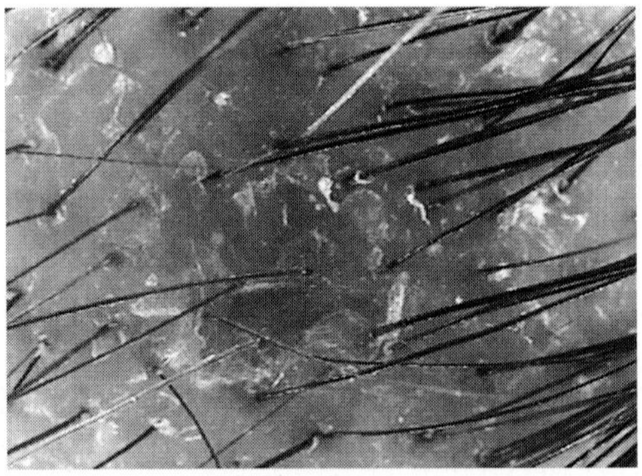

그림 3-24. 비강성 탈모증이 나타나는 두피

Ⓑ 비강성 탈모증의 예방법

비강성 탈모증의 주원인은 비듬균의 두피 내 과다증식에 따른 두피 비듬화에 의한 것으로 무엇보다 두피청결과 균형 잡힌 식생활 등을 통한 비듬균의 과다증식을 우선적으로 억제하는 것이 중요하다.

이는 비강성 탈모의 원인인 비듬을 관리하기 위한 근본적인 해결방안으로 탈모 및 두피 비듬화의 재발(再發) 가능성을 낮추기 위한 것이다. 탈모관리에 앞서 비듬관리와 같은 두피 정상화가 선행되어야만 효과적이고 근본적인 관리가 가능하다.

ⓐ 예방법

㉠ 비듬균의 증식에 의한 두피질환(비듬 및 지루성 피부염)의 발생을 막는다.

㉡ 과음과 스트레스 등을 피하고, 충분한 수면과 두피청결을 통한 두피 신진대사기능의

정상화.

㉢ 균형 잡힌 식생활을 통한 두피 정상화(Vitamin A 부족 및 과다로 인한 탈모와 모공 각화현상 등을 예방하고 모근의 위축을 방지한다.)

㉣ 무리한 다이어트나 약물의 과다 사용으로 인한 두피 과각질 현상을 피한다.

㉤ 비듬관련 샴푸의 선택 및 사용 시 전문가와의 상담을 통하여 사용한다.
(비듬 관련 약용샴푸의 경우에는 균을 살균, 소독하기 위한 목적으로 케토코나졸 이나 살리실산과 같은 성분이 함유되어있어, 지나치게 자주 사용할 경우에는 두피 예민화 현상이 나타날 수 있으므로 가능한 사용주기에 맞게 사용하는 것이 중요하다.)

⑧ 휴지기(休止期) 탈모증(산후 탈모증, 열병에 의한 탈모증 등)

모발의 성장과정 중 휴지기에 해당하는 모발이 평균이상으로 많아지면서 나타나는 탈모유형이며, 탈모된 모근의 형태가 정상적인 자연탈모의 휴지기 모근과 비슷한 곤봉형의 형태를 지니고 있다.

정상인의 휴지기모 비율은 약 10~14%정도이지만, 휴지기성 탈모가 있는 경우에는 정상적인 휴지기의 2배에 가까운 20~25%정도로 매우 높다. 이 같은 현상은 성장기의 모발이 어떤 원인에 의해 퇴화기 과정을 거치지 않고, 휴지기로 접어들면서 나타나는 것으로 1일 평균 탈모량은 약 200본정도이다.

휴지기 탈모증의 원인은 호르몬의 변화, 고열을 일으키는 장티푸스나 감기 등을 앓고 난 후 모발의 모주기에 변화가 생기어 발생한다. 하지만 이러한 인체 변화가 있다고 하더라도 바로 탈모가 시작되는 것이 아니라, 보통 3~4개월 이후에 발생되는 특징을 지니고 있으며, 대표적인 휴지기 탈모로는 '산후 탈모증'이 있다.

휴지기 탈모는 한번에 모발이 탈락되는 일은 없으며, 서서히 탈모가 일어나 전체적으로 모발의 밀도가 감소하는 형태를 보이기 때문에 본인 스스로 느끼지 못하는 경우가 종종 있다.

⑨ 성장기(成長期) 탈모증.

성장기에 들어간 모발이 인체의 변화에 의해 퇴화기와 휴지기를 거치지 않고 탈모 현상을 보이는 유형으로 휴지기 탈모와 비교 시 탈모 기간이 매우 짧은 것이 특징이다.

대표적인 원인으로는 항암치료를 들 수 있다. 암 세포뿐만 아니라 활발히 세포분열을 하는 성장기의 모발까지 세포분열을 억제시키어 나타나는 것으로 항암치료 시작 시점으로부터 1개월 이내에 탈모가 시작된다.

때문에 탈모부위에 있어서도 두상의 일정부위가 아닌 전체에 걸쳐 나타난다.

2) 기계적 요인에 의한 탈모증

① 정전기에 의한 탈모증

물체(브러쉬, 모발, 섬유 등)와 모발이 서로 마찰을 일으킬 때 발생하는 정전기가 모근부까지 전달되어 모유두 및 모모세포의 노화를 촉진시키고, 탈모현상을 유발하는 유형이다.

모발은 (+) 이온으로 지니고 있어 모발과 모발은 서로 반발을 하지만, 모발보다 (-) 이온을 띠는 브러쉬 종류와는 서로 흡착되는 성질로 지니고 있다.

이러한 이유로 브러쉬 과정에서 모발이 너무 건조할 경우에는 모발과 브러쉬가 서로 달라붙어 정전기를 유발하는 것이며, 심한경우에는 탈모를 유발한다.

정전기에 의한 탈모를 막기 위해서는 브러쉬의 선택 시 모발과의 대전성이 약한 나무재질의 브러쉬나 혹은 모발에 적당한 수분이 존재하는 상태에서 빗질하는 것이 효과적이다.

② 결발성(結髮性) 탈모증

모근부에 일정 강도이상(모발 탈락강도 이상의 힘: 약 80gmf이상)의 힘이 가해져 생기는 탈모증의 일종으로 모근의 손상이 올 수 있으며, 심각한 경우 부분적인 영구 탈모현상이 나타날 수 있다.

선천적인 경우보다는 후천적 성향이 크게 작용하며, 남성보다는 여성에게서 주로 나타난다.

이 같은 현상은 여성의 업스타일 혹은 묶음머리 스타일 그리고 발모벽과 같이 모발에 힘을 가하여 뽑는 행위 등에서 나타나는 것으로 장시간 묶는 스타일 형태는 모발의 탈락과 두피 혈행장애(血行障碍)를 일으키는 요인으로 작용할 수 있다.

결발성 탈모의 경우 일시적으로 탈모현상이 나타나는 것보다는 장기간에 걸쳐 서서히 나타나므로 일반적으로는 본인이 느끼지 못하는 것이 특징이다.

모발의 탈락강도에 대하여 참고로 설명하자면 정상적인 휴지기모발의 경우 약 20gmf가 가하여질 경우 탈락되며, 성장기모발은 약 80gmf이상 될 경우 탈락된다.

즉, 결발성 탈모가 일어나는 모발은 성장기모일 경우 최소 약 80gmf이상의 힘이 가해져야만 탈모현상이 일어난다.

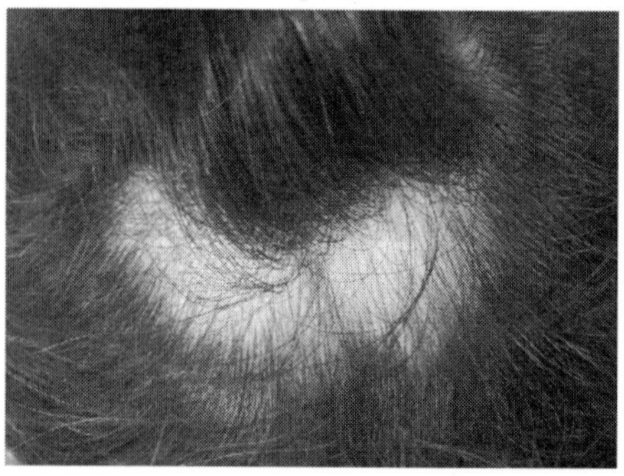

그림 3-25. 결발성 탈모증

③ 압박성(壓迫性) 탈모증

모근부가 외부 혹은 내부로부터 압박을 받아 혈액의 흐름이 둔화되고, 영양공급에 장애가 발생하여 생기는 탈모의 유형을 가르켜 압박성(壓迫性) 탈모증이라 한다.

압박성 탈모증의 경우 모근부가 외부나 내부로부터 자극을 받아 부분적으로 두피 톤에 얼룩이 발생하거나 두피 탄력도가 떨어지는 경우가 종종 있으며, 그 원인으로는 꽉 끼는 모자(헬멧)의 장시간 착용이나, 두개골의 발달에 비해 두피의 성장이 따라가지 못해 두피와 두개골간의 간격이 좁아지는 경우를 들 수 있다.

하지만, 이러한 요인들이 반드시 압박성 탈모증을 유발하는 것은 아니며, 단지 탈모현상을 촉진시키는 요인으로 작용하는 경우가 많기 때문에, 실질적으로 압박성 탈모의 비율은 매우 낮은 것이 특징이다.

또한, 탈모현상이 나타나더라도 여타 탈모증과 동반되어 발생되는 경우가 대부분이다.

④ 반흔성(瘢痕性) 탈모증

모발의 근본 뿌리인 모근부가 외부로부터의 화상이나 외상, 세균감염 등으로 인하여 모근자체가 완전히 파괴된 상태로 더 이상의 새로운 모발이 생성되지 않는 탈모 유형이다.

때문에 반흔성 탈모의 치료방법으로는 모발 이식수술이나 가발을 착용하는 방법이 현재로는 유일한 방법이다.

⑤ Trichotilomania(발모벽)

심각한 노이로제 현상에 대하여 나타나는 탈모현상으로 본인도 모르는 사이에 모발을 잡아당겨 탈락시킴으로써 특정부위의 모발이 원형에 가깝게 탈락되는 탈모유형이며, 결발성(結髮性) 탈모증의 일종이다.

일반적으로 탈모의 형태가 원형탈모증과 비슷한 경향을 지니고 있어, 진단과정에서 탈모의 원인을 잘 못 체크하는 경우도 있으나, 탈모반 부위를 자세히 확인해 보면 쉽게 구분할 수 있다.

원형탈모증의 경우 탈모반 부위가 말랑말랑하며 매끄럽고 경계가 명확한데 비해, 발모벽(Trichotilomania)의 경우에는 탈모반이 거칠거나 혹은 그 경계가 불분명하며, 탈모반 주변에서 단모(短毛)의 현상을 쉽게 찾아볼 수 있다.

발모벽의 경우에 10세 이하의 여아(女兒)에서 많이 나타나며, 관리에 있어 본인 스스로의 조절능력이 부족하여 관리에 많은 시간을 필요로 한다.

또한 무엇보다 중요한 것은 탈모의 원인이 정신과적인 질환에서 발생되는 것이므로 탈모관리보다도 전문의와의 상담을 통한 정신과적인 치료가 우선시 되어야만 한다.

그림 3-26. 발모벽이 발현된 두피사진

3) 병적 요인에 의한 탈모증

① 약물에 의한 탈모증

장기간의 약물복용으로 인해 간(肝)이나 위(胃)와 같은 내장기관의 기능이 저하된 상태가 모발의 생성에 영향을 주거나 혹은 약물의 부작용 등으로 인하여 발생되는 탈모유형이다.

대표적인 약물로는 항암제, 항응고제, 피임제, 생리 지연제 등을 들 수 있으며, 대부분은 약물의 복용을 중단하면, 수개월 이내에 다시 모발이 자라 나오는 것을 볼 수 있다.

특히 항암제의 경우에는 암세포의 활동뿐만 아니라 모모세포의 세포분열까지 억제하여 발생하는 탈모로 모발 전체가 빠지는 전두 탈모의 형태를 띤다.

피임제나 생리 지연제의 경우는 항암제의 작용과는 달리 호르몬 분비 및 발란스에 문제가 생기는 것으로 남성형 탈모와 같은 형태로 모발이 탈락되는 특징을 지니고 있다.

② 매독성 탈모증

Treponema pallidum 균에 의해 전염되는 매독은 3단계로 나누어 그 증상이 달리 나타나며, 매독성 탈모의 증상은 2기때 나타나는 현상으로 특별한 가려움증이나 통증이 없이 나타나기 때문에 원형 탈모증과 구분이 어렵다.

특히, 탈모의 진행형태가 후두부를 중심으로 한 사행성(蛇行性) 원형 탈모와 비슷한 모양을 띠는 탈모유형이다.

③ 나병(한센병)에 의한 탈모증

나병의 병원균인 나균이 피부조직 내에 침투하여 모근을 파괴함으로써 나타나는 나병에 의한 2차적인 탈모증으로 특히 나병환자들의 특징인 눈썹부위가 탈락된다.

④ 난소질환에 의한 탈모증

여성의 난소 및 자궁 질환 등에 의해 발생한다. 여성 호르몬의 분비이상에 의한 인체 내분비 발란스가 무너져 생기는 탈모현상이다.

⑤ 기타

㉠ 신경성 탈모증

과다한 스트레스가 원인으로 작용하여 나타나는 탈모의 형태로 원형 탈모와 비슷하나 탈모반의 크기나 두피의 상태에 차이를 두고 있다.

㉡ 종양에 의한 탈모증

피부 조직이나 두피에 종양이나 염증이 생기어 발생하는 탈모증으로 병변(兵變)부위를 중심으로 하여 탈모가 되는 특징을 보이며, 심각한 경우 영구 탈모로 진행된다.

제4장 모발세정 화장품

제4장 모발세정 화장품

1. 샴푸

1) 샴푸의 정의

샴푸란 사전적 의미로 "머리를 씻다"라는 뜻으로 두피 및 모발을 세정하여 두피의 비듬과 가려움을 덜어주고 두피 및 모발을 건강하게 유지하기 위하여 사용되는 모발 관리용 화장품을 말한다.

최초의 액체 샴푸는 소다 결정을 넣고 끓인 검은 비누로 제조되었고 1900년부터는 수산화칼륨 비누 제조방식이 도입되었는데, 이는 야자유와 함께 제조되었으며 때때로 올리브유나 아주까리기름이 첨가되기도 했다.

새로운 형태의 이 샴푸는 거품이 훨씬 풍부했지만 모발을 지나치게 손상시켰다. 1928년에 비로소 야자유에서 중성 나트륨염을 합성해냄으로써 오늘날 우리가 쓰고 있는 샴푸가 만들어지게 된 것이다.

샴푸의 변화는 분말상-입상-페이스트상-액상으로 변하고 있으며, 기능은 청결, 청정, 마무리감이 좋은 것으로 변하고 있다.

1930년대에는 세발제로서 계란흰자, 벤토나이트 등이 사용되었다.

1960년 이전에는 분말상의 지방산 비누에 벤토나이트 등의 천연규산, 알루미늄을 혼합한 샴푸만이 사용되고 있었다.

1960년이후 합성 세제의 진보와 함께 고급 알콜을 원료로 한 SLS(Sodium Lauryl Sulfate)를 주성분으로 한 샴푸와 1970년대 후반에는 액체 샴푸시대를 맞이하여 알킬에테르황산염(SLES-Sodium Lauryl Ethoxylated Sulfate) 및 알킬 황산염(SLS)이 넓게 상용되어 액상 이외의 것은 자취를 감추게 되었다.

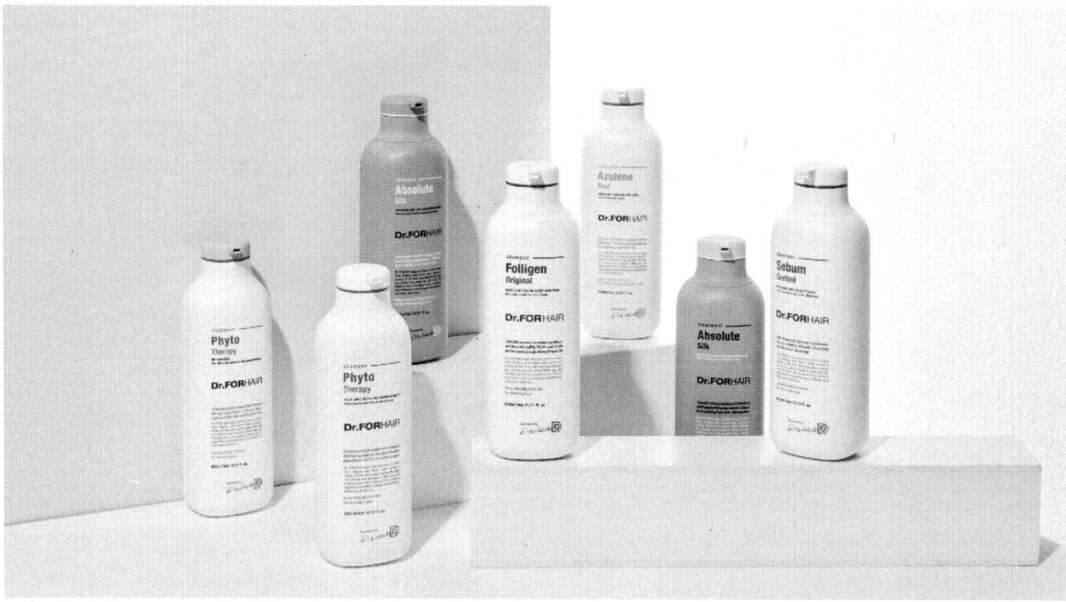

그림 4-1. 기능성 샴푸제 사진

요즈음은 양성 계면활성제를 첨가하는 등 원료의 다양화와 함께 첨가제가 개발되어 비듬 방지 등의 효과를 지닌 각양의 형태가 개발되고 있다.

2) 샴푸의 목적

샴푸에는 크게 두 가지 목적이 있다. 하나는 모발의 때를 씻는 것이고, 다른 하나는 모발의 때를 씻음과 동시에 두피에 적당한 자극을 주어 모발의 육성을 촉진시키는 것이다.

두부의 때에는 땀샘이나 피지선으로부터의 분비물에 의한 내부로부터의 때와 두발 화장품이나 대기 중의 먼지 같은 외부로부터의 때가 있다.

이들 때가 끼게 되면 세균이 증식하고 피지와 유기물의 분해가 촉진되어 그 대사 부산물에 의해 불쾌한 냄새와 가려움증이 나타나고, 더욱 심해지면 모공이 막혀 모유두의 기능이 저하되어 모발의 정상적인 발육이 방해받게 된다.

그래서 탈모 등의 증상이 일어나기도 한다. 샴푸는 두피와 모발을 청결히 하며 두부의 condition을 조절하기 위해 사용된다.

3) 샴푸의 기능

샴푸의 주 기능은 모발이나 두피에 묻어있는 먼지나 두피의 노폐물을 씻어내는 세정 작용에 있다. 두피 및 모발의 때의 원인을 크게 세 가지로 나눌 수 있는데 다음과 같다.

① 체내로부터의 분비물에 의한 것 : 분비 배설된 땀, 피지, 노폐된 각질 세포 등

② 두발 화장품 같은 것의 잔유물에 의한 것 : hair cream, hair conditioner, hair spray, styling제, hair coloring제

③ 대기오염에 의한 것 : 공기 중의 분진 등

두피나 모발의 때 속에는 브러싱에 의해 씻기는 때나 물에 녹아 씻기는 때가 있다. 그러나 먼지 등에 포함되어 있는 유기성의 때는 샴푸제에 함유되어 있는 계면활성제의 역할로 제거할 수가 있는 것이다.

계면활성제에는 유화, 분산, 침투, 습윤, 가용화, 기포화 등의 작용이 있어 그 역할에 의해 유성의 때를 제거하게 되는 것이다.

즉, 계면활성제가 물에 용해되어 모발을 적시면 계면활성제 분자는 용액 중의 계면에 흡착되어 계면장력을 저하시킴으로써 모발과 때의 부착력을 약화시켜 때를 모발의 표면에서 떼어버리는 것이다.

씻겨진 때는 기름의 작은 방울로서 액체 속에 분산되어 거품을 머금고 물로 씻어 내린다.

큰 거품은 세발할 때에 모발과 모발의 접촉을 막고 마찰을 부드럽게 하는 역할 외에 작은 거품이 계면활성제의 액체 면을 확대시켜 세정 작용을 용이하게 하여 세정, 거품 같은 작용에 의해 때를 씻어낸다.

4) 샴푸의 조건

① 축적된 노폐물을 제거 할 수 있도록 세정력이 우수해야 한다.

② 거품이 풍부, 입자가 고와야 한다.

③ 어떤 물에도 원활히 작용, 쉽게 씻어 낼 수 있어야 한다.

④ 눈, 피부에 자극이 없어야 한다.

⑤ 외관상 보기 좋고 사용하기가 쉬워야 한다.

⑥ 장기간 보존 시 변질이 없어야 한다.

5) 샴푸의 종류

(1) 형태상 분류

① Liquid Type

액체형으로 샴푸의 대부분을 차지한다.

비누 성분을 주성분으로 하는 것으로 모발의 세정을 목적으로 하며 컨디셔닝 성분은 없는 경우가 많다. 비누성분으로 세제인 에탄올아민을 많이 사용한다.

② Cream Type과 Gel Type

세제에 많이 사용하며 글리세린, 라놀린, 지방산의 성분 비율을 조정해서 진한 유백색의 Cream Type과 Gel Type으로 만든다.

진하고 걸쭉하게 증점도를 높이기 위해 천연검(Gum)이나 셀룰로오즈를 사용한다.

(2) 목적별 분류

① 지성 모발용 샴푸

과도한 피지 분비를 조절하고 두피의 지성화를 완화하며 소염 작용을 한다. (비타민 B_6, 글리실리탄 유도체)

② 건성 모발용 샴푸

건조하고 푸석한 모발에 영양을 공급하고 노화 방지를 한다. (비타민E, 오렌지, 버베나, 조조바오일, 레시틴, 라놀린)

③ 비듬 방지용 샴푸

노화된 각질과 비듬을 제거하고 항균, 항염효과가 있다. (케토코나졸, 셀레늄설파이드, 징크피리티온, 코르티코스테로이드제, 살리신산, 아세트마이드, 캄파)

④ 탈모 방지 샴푸

탈모의 원인이 되는 혈액 순화 장애와 피지의 과다분비, 영양 부족의 문제점을 해결해 주는 기능과 모발성장을 촉진한다. (인삼, 오렌지, 라벤더, 비타민A, 비타민 B_6, 비타민E, PPT)

⑤ 염색 모발용 샴푸

염색한 모발은 자외선과 여러 가지 요소에 의해 산화되어 퇴색 한다. 따라서 퇴색 방지, 모발 색상을 유지, 모발 보호가 필수적이다. (비타민E)

⑥ 손상 모발용 샴푸

영양 성분을 첨가하여 탄력성 증진시키고 다공성 부분을 채워준다. (아미노 프로틴, 식물성 펩타이드, 세라마이드)

⑦ 산성 밸런스용 샴푸

pH5~6 정도의 약산성 샴푸로 펌이나 염색으로 팽윤된 모발을 단단하게 수축하고 손상을 방지하며 저자극성이다.

⑧ 칼라 샴푸

샴푸에 인공 색소를 함유 시킨 것으로 샴푸로 인해 모발의 모표피가 열릴 때 모발 자체에는 아무런 영향을 주지 않고 일시적으로 색소를 흡착시키는 원리를 이용한 샴푸제이다.

⑨ 샴푸·린스 겸용

일반적으로 음이온성 계면활성제를 주 세정제로 하는 샴푸는 양이온성 계면활성제로 이루어진 린스와 배합 할 경우 양이온과 음이온이 결합하여 석출 현상을 보이며 음이온성 계면활성제의 세정 효과를 저하시켜 샴푸후의 청량감을 떨어뜨리고 린스의 양이온 계면활성 효과도 샴푸 헹굼 시 다량 씻겨져 나가 컨디셔닝 효과도 떨어진다.

6) 샴푸제의 성분과 원리

샴푸의 기본성분은 물, 계면활성제(Surfactant)인 인공합성세제(Detergent)가 중심이 되며 그 밖에 거품제(Forming Agent, Later Agent), 정전기 방지제(Antistatic Afent), 엉킴 방지제(Detangling Agent), 조정제(Conditioner), 방부제(Preservative), 향료(Fragrance)등을 혼합한다.

① 세정제(Surfactant)

계면활성제 성분으로 다른 동물 유지(Fat)에 비해 세정력이 좋고, 거품이 잘 일어나기 때문에 많이 쓰이고 있다.

세정제의 성분 중에 Law-로 시작되는 성분은 식물인 월계수(Daurel)의 씨에서 추출되는 라우린 산(Lauric Acid)과 라우린 알코올(Lauryl Alcohol) 계통을 의미한다.

이 성분은 야자 오일(Coconut Oil)과 성분이 같으며, 둘 다 포화지방산으로 이 두 성분 없이는 샴푸를 만들 수 없다.

② 조정제(Conditioner)

모발을 정돈하고 탄력을 주기 위해 사용하는 것으로 세제의 탈지성을 보충하고 윤택한 모발을 얻기 위해서는 조정제를 넣어준다.

계란 노른자위나 말린 계란 가루를 조정제로 넣은 제품은 레시틴, 콜레스테롤 등이 풍부하게 함유되어 콜로이드 효과를 나타내서 모발을 부드럽게 해준다.

샴푸는 일반적으로 모발과 두피를 세정시키는 기능을 하며 피지성분을 과도하게 제거하기도 한다. 따라서 이를 방지하고 모발 내부에 침투하거나 모발표면에 흡착하여 윤기와 보습효과를 주어 모발을 부드럽고 유연하게 해준다.

주로 글리세린, 지방산에스테르, 레시틴, 라놀린 등이 사용된다.

③ 형광제

모발의 광택을 좋게 하기 위해서는 형광물질을 첨가시키는데 이런 형광물질은 눈에 보이지 않는 자외선을 가시광선의 흰빛으로 바꾸어 반사시킴으로써 모발에 광택을 주게 된다.

④ 분산제

모발에 침전이 생기는 것을 막기 위해 칼슘 비누 분산제를 넣는다.

이 성분은 비누 거품을 잘 나게 해준다. 처음에는 투명했던 제품이 오래 두거나 낮은 온도가 될 때 탁해지는 경우가 많으므로 미리 적당한 용매를 넣어서 변화를 방지하는 것이 중요하다.

⑤ 거품제(Forming Agent)

음이온이 주성분인 샴푸에 계면활성제의 기포력을 높이고 거품 유지력 및 안정성을 상승시키는 기제를 말하며 비교적 소량으로 그 효과를 발휘한다.

샴푸의 성분 가운데는 거품을 잘 나게 도와주는 것들이 이미 포함되어 있지만, 따로 거품을 잘 일어나게 하는 화합물을 첨가시키기도 한다.

그러나 거품이 잘 나는 성분은 헹구는 과정에서 씻어내기 힘든 경우가 많으므로 그 양에 유의해야 한다.

주로 지방산 아카놀아마이드, 베타인, 암옥사이드, 지방산, 고급 알코올 등이 사용된다.

⑥ 살균제

미생물의 변질은 상품의 제형과 수분함량에 따라 서로 다르다.

일반적으로 수분이 많거나, O/W형이 W/O형 유화제 보다 변질되기 쉽다.

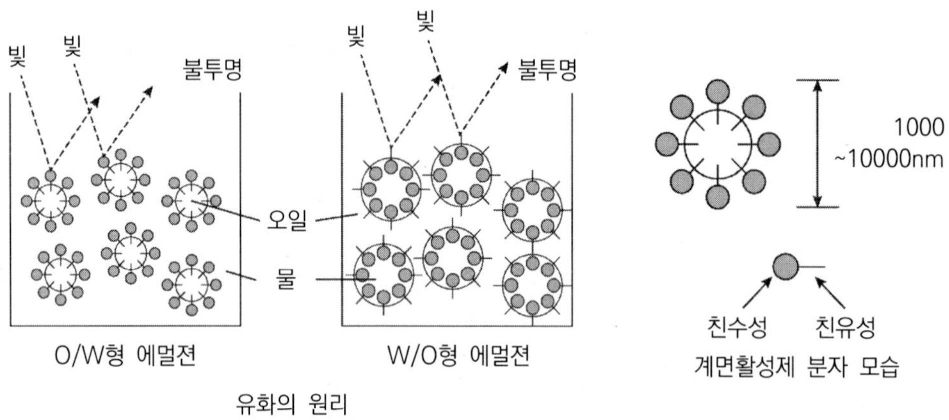

그림 4-2. O/W형 화장품과 W/O형 화장품

따라서 사용할 방부제는 실험적으로 검사하여 결정해야 한다.

콜로이드 형태의 황을 넣은 크림 샴푸는 비듬을 줄여 주는 역할을 하며, 황화셀렌을 함유하는 비듬 샴푸도 제조되어지고 있는데, 피부에 대한 부작용 때문에 주의해야 한다.

⑦ 비듬 제거제

비듬 발생의 주 원인은 각질세포의 이상박리, 미생물 증식, 피지의 분비촉진 등이다.

이러한 미생물의 증식을 막아 비듬을 제거하기 위해서 비듬방지제를 첨가하게 되었다.

비듬 방지제를 첨가시킬 때는 샴푸가 두피와 접촉하는 시간이 짧기 때문에 두피와 친화력이 있는 성분으로 사용하여야 한다.

가장 많이 사용되는 것은 Zpt(Zincomadine)로 피부염 치료, 가려움 예방효과가 있다. 이외에도 아연-피리치온, 피록톤올아민, 아란토인, 멘톨, 살리실산 등이 사용된다.

⑧ 보습제(Humectant)

샴푸 후 모발의 건조를 막기 위하여 보습효과가 있는 물질(모이스처라이저)이 첨가되어 진다.

모발도 피부와 마찬가지로 수분이 부족하게 되어 건조해지면 이상 각화, 가려움 등의 문제를 발생시키게 되므로 이러한 부작용을 방지하기 위해 글리세린(Glycerin), 나프카(Napca), 히아루론산(Hyaluronic Acid), 글리코스핀골피드(Glycosphingolpid)를 사용한다.

보습제와 모이스춰라이저(Moisturizer)의 상호작용으로 모발을 부드럽게 하고 풍만감을 주게 된다.

⑨ 방부제(Preservative)

샴푸의 주성분인 알킬설포네이트 등은 녹농균 등의 박테리아나 미생물 등이 번식하기 좋은 물질로 샴푸의 보관 및 사용 중에 부패, 번식, 변질 등을 일으킬 수 있기 때문에 방부제는 필수이다.

메틸파라벤(Methylparaben), 프로필파라벤(Propylparaben), 페녹시에탄올(Phenoxyethanol), 쿠아터니움 15(Qaternium) 등이 사용된다.

⑩ 향료

향료에는 천연 동.식물 향료와 합성향료가 있는데 지금까지는 샴푸 및 제취를 제거하는 데 목적을 두어 씨트러스계의 향이 주로 사용되었으나, 고급알콜계 액체 샴푸가 보급된 후부터는 후로랄부케, 천연허벌, 후리티 등으로 바꾸어 갔다.

⑪ 비동결제(Hydroptrop)

추운지방에서 동결하거나, 결정상의 침전물을 생성하지 않도록 하기 위해 사용된다.

⑫ 유지류

샴푸 후에는 두피내의 피지가 제거되기 때문에 유지류를 배합하여야 하는데 배합을 많이 할 경우 거품이 잘 일어나지 않고, 세정력도 저하된다.

사용된 유지는 올리브유, 피마자유 등의 식물성 유와 라놀린, 레시틴, 고급알코올, 고급지방산 등 다양하며, 이들을 투명하게 가용화하거나 유화한 상태로 첨가시킨다.

세라마이드는 사슬이 긴 아이노 알코올을 함유하고 있는 스핑고 지질의 일종 각질세포 사이의 결합력을 높여주고 수분 증발 억제하는 세포간지질의 하나이다.

⑬ 점증제

제품의 안정도와 조작 용이성 때문에 점도는 매우 중요하다. 점도는 30℃에서 500~5000cps가 적당하다. 점증제로는 염화나트륨, 지방산 알카놀 아마이드가 사용된다.

⑭ 금속이온 봉쇄제

지방이나 오일종류는 미량의 구리와 철 등의 금속을 함유하고 있다.

이들 금속은 자체만으로는 산패를 일으키지는 않지만 산화작용의 촉매로써 작용한다.

킬레이트제는 이러한 금속들과 결합해서 이들이 촉매 작용을 하지 못하게 한다.

금속봉쇄제로는 4초산 에틸렌디아민(EDTA), 시트릭애시드, 트라이폴리포스페이트, 디하이드로옥시에칠글리신 등이 사용된다.

⑮ 특수 첨가제

이외에도 모발 보호제의 역할을 하는 메티오닌, 티로신 등의 아미노산, LPP, PPT, 판테놀(비타민 B_5) 등과 두피의 건강 유지에 효과가 있는 가려움 방지, 항산화제 등이 배합되어 있다. L.P.P(Low size Polypeptide Protein)는 모발 조성과 같은 천연 복합아미노산으로 손상모에 간충물질을 대신 작용하는 물질이다.

P.P.T(Polypeptide Protein Treatment)는 50개 이내의 아이노산의 결합, 케라틴의 기본단위로 아미노 프로테인이라는 제품명으로 사용되고 있다.

《계면활성제》

샴푸의 주요성분으로는 오염물질을 제거하는 세정제로 주로 음이온계면활성제의 형태로 많이 사용한다.

계면활성제란 한 분자 내에 물을 좋아하는 친수성기(hydrophilic)와 기름을 좋아하는 친유성기(lipophilic)를 함께 갖는 물질로 물과 기름의 경계면, 즉 계면의 성질을 변화 시킬 수 있는 특성을 가지고 있다.

계면활성제는 보통 친수성기의 이온성에 따라 양이온성, 음이온성, 비이온성, 양쪽성 계면활성제로 구분된다.

- 계면활성제의 종류

양이온성 계면활성제(cationic surfactant)는 살균 소독 작용이 크며 대전 방지 효과가 높아서 린스제, 트리트먼트제에 많이 사용하며 음이온성 계면활성제(anionic surfactant)는 세정력, 기포력이 우수하고 헹굼이 잘되고 가격이 싸다.

샴푸, 비누의 주성분으로 사용된다. 비이온성 계면활성제(nonionic surfactant)는 피부의 자극이 적고 세정, 유화, 습윤 효과가 있어서 클렌징 크림으로 사용되며 양쪽성 계면활성제(amphoteric surfactant)는 세정력이 우수, 자극이 적고 안정성이 높기 때문에 유아용 샴푸나 저자극성 샴푸에 많이 사용하고 음이온과 혼합사용 시 음이온의 자극성 완화, 기포력, 점도를 상승시킨다.

대전방지 효과, 방취 효과가 있어서 린스, 트리트먼트에 사용한다.

- HLB(hydrophile-lipophile balance)

계면활성제의 친수성과 친유성의 정도를 수치로 나타내어 계면활성제의 성질을 표시한 것으로 어떤 계면활성제가 물에 잘 녹는가 녹지 않는가를 나타내는 척도이다. HLB가 낮을수록 물에 잘 녹지 않고 HLB가 높을수록 물에 잘 녹는 성질을 나타낸다.

〈〈계면활성제의 작용〉〉

a. 습윤·침투 작용

모발의 표면을 적시어 모발과 오염의 계면 장력을 저하시켜 모발과 오염의 부착력을 느슨하게 만들고 오염을 팽윤시켜 모발표면에서 오염을 떼어낸다.

b. 유화 작용

유성 물질은 계면활성제 분자의 흡착에 의해 모발에서 떨어져 기름방울로 액 중에 분산되며 이는 더 작은 방울로 세분화되어 유화 상태를 형성하게 된다.

c. 분산 작용

고체의 오염 입자에 흡착하여 큰 입자에서 미세입자로 세분화 한다. 세분화된 입자는 표면에 흡착되어 있는 계면활성제에 의해서 집합이 방해되어 액 중에 안정화한다.

d. 재부착 방지 작용

떼어낸 오염이 재부착하지 않도록 오염 입자를 안정하게 하는 작용이다.

e. 가용화 작용

물에 난용성인 유성 물질은 미셀 내에 가두어 용해한 것처럼 만든다.

f. 기포 형성 작용

공기를 액체 속에 섞이게 하여 기포를 만든다. 기포는 모발끼리의 접촉을 막아 마찰을 없애는 작용을 하며, 계면활성제의 면적을 확대하여 모발과 액체와의 접촉기회를 증대시킴으로 떠다니는 오염을 제거 하는데 효과적이게 한다.

〈비이온성 계면활성제의 HLB와 용도〉

HLB	용도
1.5~3	소포제
4~6	W/O 유화제
7~9	분산제
8~18	O/W 유화제
13~15	세정제
15~18	가용화제

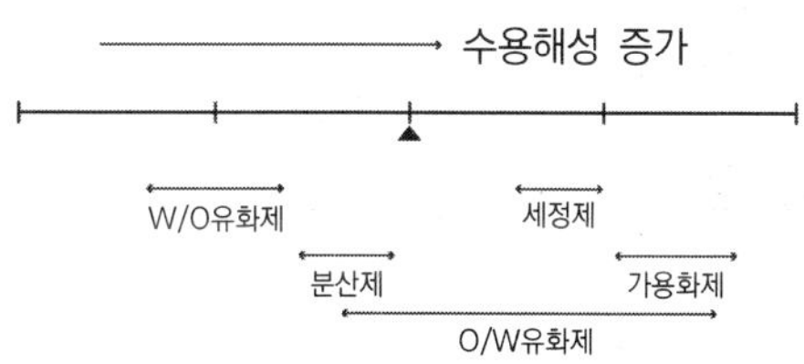

7) 샴푸방법

(1) 준비

수건, 소독된 빗과 브러쉬, 넥스트립(neck strip), 샴푸케이프(shampoo cape), 샴푸제(shampoo), 필요한 경우에 중성 린스(neutralizing rinse)

(2) 시술전 과정

① 손님의 귀걸이 등 악세서리를 제거한다.
② 모든 서비스 전에는 더운 물과 비누로 시술자(미용인)의 손을 닦는다.
③ 넥 스트립(neck strip) 또는 수건(towel)을 두른 다음 샴푸 케이프(shampoo cape)를 착용한다.
④ 손님이 어떤 서비스를 원하는가? 상의하여 스타일을 계획한다. 손님이 원하는 서비스가 영구적 염색, 탈색을 할 경우에는 브러싱(Brushing)이나 샴푸 서비스를 하지 않는다. 만약 모발에 스프레이(spray)나 다른 오염물이 남아 있다면 두 번 이상 샴푸한다.
⑤ 두피에 이상이 있거나 두발에 염증, 그 외 다른 정상적이지 못한 상태(condition) 등을 확인한다. 손님의 두피에 전염성 질환을 가졌을 경우 서비스를 하지 않는다.

(3) 모발의 브러싱(Brushing) 방법

① 머리를 4부분으로 나누고, 머리의 왼편 위에서부터 수평으로 1/2~3/4 inch로 나눈다.
② 왼손으로 나눈 부분의 모발을 잡고, 오른손으로 브러쉬를 180° 각도로 돌리면서 브러싱(Brushing) 한다. (한번 나눈 모발은 3번씩 브러싱 한다.)

(3) 샴푸 시술방법

① 손님을 샴푸볼(shampoo boal)에 안내하여 의자에 앉힌다. 손님의 왼편에 서서 손님의 모발이 뒤로 가게하며, 샴푸 볼에 편안하게 눕힌다.
② 스프레이 호스(spray hose)로 적당히 온수를 조절한다. 평균적으로 손님에게 적당한 온수는 체온과 비슷한 32~37℃의 수온으로 조절한다.
③ 왼손으로 스프레이 호스(spray hose)를 조절하고, 모발과 두피를 완전히 적신다. 이때 손님의 얼굴이나 귀에 물이 흘러들어가지 않게 조심한다.
④ 적절한 양의 샴푸를 양손과 손가락을 충분히 사용하여 두피와 모발 전체에 골고루 적용한다.
⑤ 시술자의 오른손은 손님의 오른쪽 귀뒤로 왼손은 왼쪽 귀뒤로 넣어 지그재그형(zig zag pattern)으로 헤어라인(hair line)까지 메니플레이션(manipulation)해준다.
⑥ 미지근한 물로 잘 헹구어준다.
⑦ ④~⑥을 다시 한번 반복한다. 헤어라인이나 목 뒤를 잘 헹구어 준다.

⑧ 수건(towel)으로 머리의 물기를 닦아낸다.

⑨ 샴푸 후에는 호스(hose)를 제자리에 잘 정리하고 바닥의 물기를 점검한 후 샴푸볼을 깨끗이 청소한다.

2. 린스

1) 린스의 정의

샴푸만 사용하게 되면 과도한 피지제거와 음이온 계면활성제의 영향으로 (-)이온으로 대전되면서 모발끼리 서로 밀어내려는 전기적인 성격을 가지게 되는데 (-)이온화 된 모발을 린스의 양이온성 계면활성제를 사용하여 전기적으로 중성화시켜야 한다.

린스라는 말은 본래의 의미로 씻다, 헹구다의 의미이지만 통상적으로 샴푸 후 사용하는 헤어 컨디셔너의 일종으로 여러 가지 원인에 의하여 발생하는 모발의 손상을 보완시켜 주며 모발에 광택을 부여하고 빗질을 용이하게 해주며 세척 후 생기는 정전기를 막아주는 역할을 하는 제품을 말한다.

2) 린스의 기능

① 모발을 유연하게, 빗질이 쉽도록 해 준다.
② 모발에 수분이나 유성 성분을 보충, 광택을 부여한다.
③ 정전기의 발생 억제, 방지 효과가 있다.
④ 모발의 표면을 보호한다.
⑤ 모발을 정돈하기 쉽고 스타일링하기 쉽게 한다.
⑥ 눈이나 두피에 자극이 없고, 안정성 좋아야 한다.
⑦ 샴푸 후 제거되지 않은 음이온성 계면활성제를 중화시킨다.

3) 린스의 종류

(1) 산성 린스

지금과 같은 샴푸가 발달되기 전에 사용하였던 린스로 비누 세발 후 남는 불용성 금속 비누 또는 알칼리 성분을 중화시키기 위해 주로 사용하며 지금은 permanent wave제 처리 후 중간 단계에서 알칼리 성분들을 중화 시키거나 염색, 블리치 후에 사용한다.

(2) 오일 린스

성분적으로는 차이가 없고 제형에만 차이가 있다.

(3) 비듬방지 린스

기능성으로 비듬 방지 성분이 배합된 제품이다.

4) 린스의 성분

린스의 주성분인 양이온성 계면활성제이며 나머지 보조 성분들은 샴푸의 성분들과 유사한 것을 사용한다. 첨가제로 컨디셔닝제, 점증제, 보습제, 금속이온봉쇄제, 착색제, pH 조절제, 착향제 등이다.

(1) 계면활성제

양이온성 계면활성제가 주성분으로 모발과 정전기적으로 결합하는 성질을 가지고 있어서 다른 계면활성제들보다 강하게 흡착할 수 있기 때문이다.

특히 음이온을 띠고 있는 모발과 반응하여 젖은 모발에 투과해 들어가 모발 표면에 부드럽고 얇은 피막을 형성함으로서 젖은 상태의 빗질 용이성을 증가시켜 줄 수 있다.

(2) 컨디셔닝제

샴푸에 의하여 과도하게 제거된 유분을 보충하여 주며 모발의 추가적인 손상이나 정전기를 방지시켜 줄 수 있는 성분들을 말하며 일반적으로 모발에 부착 능력이 좋으며 물로 씻어도 잘 씻겨 내려가지 않는 천연 오일류나 합성 오일들이 사용된다. 미네랄 오일, 스쿠알렌, 바세린, 올레일알콜, 세탄올, 라놀린, 레시틴 오일 등 합성오일 중 실리콘 오일 등이 사용된다.

(3) 고분자 물질

제형을 잡아주고 모발에 부착하여 부수적인 컨디셔닝 효과를 줄 수 있는 성분으로 정발 효과, 점증 효과, 보습 효과 등을 나타낸다.

아라미아검, 젤라틴, 카르복시메칠셀룰로오즈, 하이드록실프로필스타치, 셀룰로오즈, 폴리비닐알코올 등이 사용된다.

(4) 그 밖의 물질

샴푸제와 마찬가지로 금속이온 봉쇄제, 살균 효과, 비듬 방지 효과, 비타민 효과, 청량감 등을 줄 수 있는 성분들이 첨가되어 있다.

- 콜라겐, 엘라스틴
- 라놀린유, 미네랄유
- 안티옥씨던트
- 펜타놀
- AHA, 요소
- 알란토인
- 디메치콘, 씨클로메치콘
- 발삼

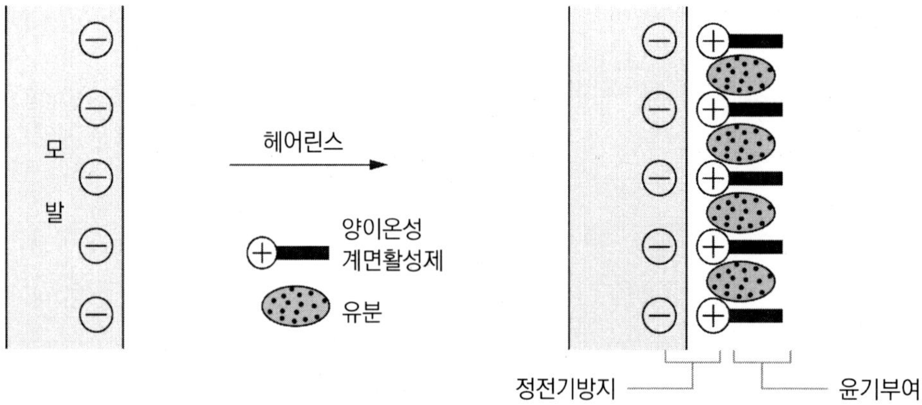

그림 4-3. 헤어린스의 작용 메카니즘

제5장 퍼머넌트 웨이브 이론

제5장 퍼머넌트 웨이브 이론

1. Permanent wave의 개요

1) Permanent의 정의

자연 상태의 모발에 물리적·화학적인 과정을 거쳐 모발의 구조, 모양, 상태, 컬러 등의 변화를 주어 영구적인 변화된 모양으로 만든 스타일을 말한다.

퍼머넌트웨이브는 자연 상태의 모발에 물리적·화학적인 과정을 거쳐서 모발의 구조나 모양을 지속적인 물결 모양의 웨이브상으로 변화시키는 것을 말한다.

즉, 퍼머넌트 웨이브는 연속적인 파도와 같은 웨이브를 오랫동안 유지시키고 아름다운 스타일로 변화시키며 하나의 스타일을 완성시키는 하나의 방법이다.

화학적인 과정으로는 퍼머넌트 웨이브제의 사용이며, 물리적인 과정으로는 섹션의 크기, 텐션의 크기, 로드의 굵기와 같이 웨이브에 영향을 주는 요인들이다.

이는 모발에 아름다움을 나타내는 것으로 전체적을 웨이브를 형성하여 모발을 풍성하게 하여 볼륨조절을 통하여 머리숱이 많아 보이게 하거나 부분적인 볼륨을 주어 빈약한 부분을 감추거나 혹은 손질하기 쉽도록 하기 위해서이다.

2) permanent wave의 역사

퍼머넌트 웨이브의 역사를 알기 위해서는 고대로까지 거슬러 올라가 보아야 한다. 인류는 아름다움에 대한 욕구를 충족시키기 위해 여러 가지 방법을 사용하였는데 그 방법들이 고대의 벽화나 조각 등 예술작품 등에 잘 나타나 있다.

고대인들을 주제로 한 그림이나 조각에 나타난 모발형태는 직모보다는 다양한 컬이나 웨이브가 주를 이루고 있다.

이것으로 고대인들이 직모보다는 웨이브 모발을 선호하였으며 웨이브의 형태에 따라 아름다움을 다양하게 표현하였음을 알 수 있다.

퍼머넌트 웨이브의 역사는 기원전 3000년경 고대 이집트 나일강 유역의 알칼리 성분의 토양인 진흙을 모발에 바르고 둥근 나무막대에 말아 태양열을 건조시켜 모발에 물리적·화학적 변화를 주어 모발의 구조와 모양에 변화를 주어 웨이브를 형성시킨 것이 퍼머넌트 웨이브의 시초라 할 수 있다.

이것이 알칼리와 열을 이용한 퍼머넌트 웨이브의 기원이라 할 수 있다. 그 이후 고대 그리스 · 로마시대에도 불로 데운 쇠막대기를 이용하여 웨이브를 만들었다.

그 후 루이 14세 때 가발이 유행되었는데, 이 때 진흙으로 만든 작은 원기둥 모양의 롤러에 가발을 감아 뜨겁게 달구어 말린 후 웨이브를 형성시키는 방법으로 사용되었다.

1872년 프랑스의 마르셀 그라또우(Marcel Grateau)에 의하여 웨이브를 만드는 기구인 Iron이 발명되어 헤어스타일의 신기원을 이루었다. 그러나 이는 일시적인 웨이브로서 머리를 감거나 모발에 수분이 닿으면 웨이브가 풀려서 원래의 직모로 되돌아가는 결점이 있었다.

영국 사교계의 유명한 미용사 찰스 네슬러(Charles Nessler)는 웨이브를 영구적으로 지속시킬 수 있는 방법을 연구하던 중 모발에 붕사와 같은 알칼리 수용액을 바른 다음 금속성 원형롤러에 와인딩을 하고 전기로 가열하는 방법을 고안했다. 1905년 영국의 찰스 네슬러(Charles Nessler)의 히트 웨이브를 형성하는데 성공하였고, 이 때의 와인딩 방법은 긴 머리에만 시술이 가능한 모근에서 모발 끝으로 와인딩하는 스파이럴식(Spiral winding method) 형태였다.

1925년 죠셉 메이어(Joseph Mayer)가 크로키놀식 웨이브를 고안해 냈는데 모발 끝에서부터 모근 쪽으로 와인딩 해 나가는 기법으로 짧은 모발이나 긴 모발 모두 가능한 방법이다.

1927년에는 웰라에 의해서 105 ~110 ℃의 핫 웨이빙 기구가 개발되었고, 1936년에는 아스트버리(Astbury)와 스피크만(J.B. Speakman)에 의해서 아유산 수소나트륨을 이용하여 40 ℃ 정도의 실내온도에서도 퍼머넌트 웨이브가 얻어지는 Cold permanent wave의 혁신을 이루게 되었다. 기본의 높은 열을 이용하지 않고 실온에서도 퍼머넌트웨이브가 가능하다는 의미로 콜드웨이브(Cold wave)라는 명칭이 사용되어 졌다.

즉, 위험한 전기를 사용하지 않는 방법으로 약품의 화학반응에서 얻어진 반응열을 이용함으로 가열기구의 위험함으로부터 벗어났다.

이는 알칼리와 열을 이용한 히트 웨이브(head wave)로써 이때의 와인딩 방법은 모근에서 모발 끝 쪽으로 와인딩 해 나가는 스파이럴 와인딩 방식으로 긴 모발에 만 시술이 가능하였다. 찰스 네슬러의 히트 웨이브는 100도가 넘는 고열을 사용하는 방법으로 모발이 끊어지는 등의 위험성과 12시간이 넘는 시술시간, 높은 비용 등으로 인해 널리 사용되지는 못했다.

한편 1930년대 이후 많은 연구를 거듭하던 중 모발 케라틴(hair keratin)의 화학구조가 해독되었고, 고구르란 학자가 처음으로 케라틴의 결합을 절단할 수 있는 티오글리콜산(Thioglycolic acid: $HSCH_2COOH$)의 화학반응을 발표한 것을 계기로 1941년 미국의 맥도우(McDonough) 등이 티오글리콜산(Thioglycolic acid)염을 주원료로 콜드 퍼머넌트 웨이브의 연구를 성공하였고, 그 후 많은 연구를 거쳐 1947년 미국의 FDA(식품의약품국)에 의해 티오글리콜산염을 주제로 한 펌제가 제조방법이 비교적 간단하고 보건위생상 무해하며 효과적인 웨이브를 얻을 수 있다는 인증을 받아 현재에까지 이르고 있다.

이 외에도 시스테인(Cysteine)과 산성 퍼머넌트 등 다양한 종류의 퍼머넌트의 약제가 개발되고 있다. 우리나라에서는 1937년경부터 전발(電髮)이 시작되었으며 1940년대 후기에 가열퍼머는 쇠퇴하면서 콜드 웨이브퍼머, 전기퍼머 등의 다양한 퍼머넌트 웨이브기법이 소개되었다.

3) 현대 서양 퍼머넌트 웨이브의 시대별 변천사

① 1900년대

20세기 초 유럽의 선진 공업국가들은 해외 식민지를 통하여 많은 부를 축적하였다.

급속한 과학기술의 발달로 풍요와 성장을 거듭하여 아르누보양식이 유행하였다.

헤어스타일은 가르마 없는 앞머리를 위로 빗어 올리고 뒷머리를 느슨하고 부드럽게 치켜올린 퐁파두르 스타일(pompadour style)이 유행하였다. 이 스타일은 본래 프랑스 루이 15세의 정부였던 Marquise de Pompadour가 유행시킨 스타일로 그녀의 이름을 따서 퐁파두르라고 부르게 된 것이다.

퐁파두르 스타일이 유행하면서 리본, 깃털, 꽃 등으로 장식한 모자를 즐겼으며 적갈색으로 염색을 하기도 했다. 헤어디자이너 마샬이 창안한 마샬 웨이브로 파도모양의 곱슬곱슬한 스타일을 유행시켰으며, 챨스 네슬러가 전기 열과 알칼리 수용액으로 한 단계 더 발전된 오래가는 퍼머넌트 웨이브를 소개함으로써 매일 머리를 손질해야 하는 수고로움을 덜게 되었다.

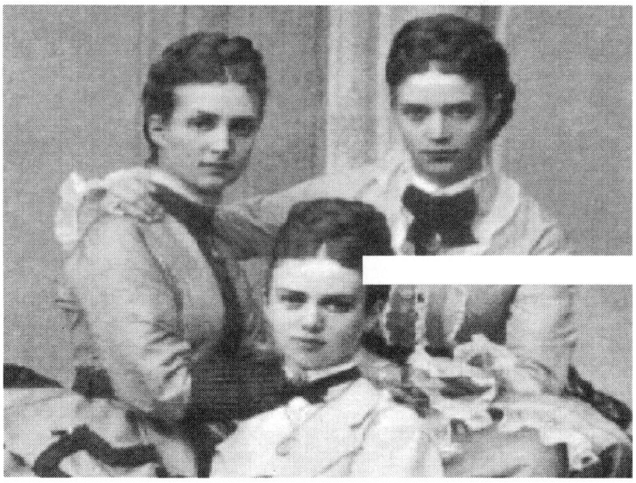

올백 퐁파두르의 알렉산드리아

② 1910년대

1910년대는 제1차 세계대전(1914~1918)으로 인해 여성들의 사회진출이 늘어난 시기이다. 계층을 막론하고 많은 여성들이 남성들을 대신해서 군수품 공장 등에서 일을 해야만 했다. 자유연애를 하고 참정권을 주장했으며 공공연히 담배를 피우기 시작했다. 헤어스타일 또한 여성스러움과 권위의 상징에서 단순하고 손질하기 쉬운 것으로 변화 되었다.

단순함과 기능성을 추구하게 되면서 쇼트커트(short cut)나 보브 스타일(bob style)이 선풍적인 인기를 끌어서 종순 간호사나 남성들을 대신하여 공장에 나가서 일하는 여성들의 보편적인 스타일로 자리 잡았다.

이 시대의 퍼머넌트 웨이브는 세로 웨이브인 스파이럴 와인딩(spiral winding) 기법이 유행되어 어깨까지 늘어진 머리에 스파이럴로 와인딩한 헤어스타일을 가진 영화배우들이 유행에 많은 영향을 끼쳤다.

③ 1920년대

제1차 세계대전(1914~1918)이 종식되면서 여성들의 지위가 향상되고 경제력을 갖게 되었다. 자유연애를 즐기고 활동성을 중시하면서 보이쉬한 스타일을 선호하였다.

전수 미국은 세계최강국으로 부상하였는데 부의 지나친 편중으로 인해 가난한 서민들의 구매력이 떨어져 재고가 쌓이면서 1929년 대공황이라는 불경기를 맞게 되었다.

1910년대에 유행한 보브 스타일이 1920년대에 들어서면서 보브 스타일보다 더 짧은 남성머리 형태의 쇼트 커트인 싱글(single) 이라는 스타일을 하였다.

싱글 이란 남성들이 전통적 머리 형태처럼 뒷머리를 짧게 쳐주는 것으로서 이 싱글 커트는 남녀평등에 대한 의지를 드러낸 것이었다.

퍼머넌트 웨이브는 짧은 머리에 얼굴을 감싸는 듯한 마샬 웨이브를 하였는데 짧아진 머리로 인해 5cm 정도의 작은 핀을 제외한 다른 핀은 거의 사용이 되지 않았다.

1925년엔 죠셉 메이어가 모발 끝에서 모근 쪽으로 와인딩 하는 크로키놀 와인딩(croquignol winding)기법을 고안하여 짧은 머리의 펌이 가능하게 되어 여성들의 헤어스타일 연출이 훨씬 더 간편해졌다.

④ 1930년대

1930년대는 1929년 세계적인 대공황으로 인해 실업과 인플레이션이 증가되었고 1939년 제2차 세계대전이 불발하여 모든 경제, 문화가 거의 정지상태가 되었다.

이로 인해 사회적 분위기가 불안해지면서 모성애가 풍기는 여성스럽고 세련된 여성이 이상형으로 대두되면서 의상, 메이크업, 헤어스타일이 부드럽고 성숙되며 여성스러워지게 되었다.

헤어스타일에 있어서는 부드러운 퍼머넌트 웨이브가 대세를 이루었는데 1936년에 개발된 콜드 웨이브 방법으로 퍼머넌트 웨이브가 일반인에게 대중화 되었고 1920년대의 짧은 보브 스타일과 달리 어깨 길이에 머리 중간이나 끝만 부드럽게 웨이브를 주는 스타일이 유행하였다.

진할로우

그레타 가르보

1930년대의 경제공황으로 인해 사람들은 영화의 화려함에서 현실의 어려움을 잊으려 했다. 영화에서 나오는 배우들의 헤어스타일이나 메이크업, 의상 등은 당시 유행에 큰 영향을 미치게 되었다.

진 할로우(Jean Harlow)의 금발머리, 그레타 가르보의 페이지 보이 보브(page boy bob) 스타일 등이 세계적으로 유행하였으며 베레모, 터번을 쓰거나 화려한 스카프를 삼각형으로 접어서 쓰고 턱밑에서 잡아매는 등 악세서리를 이용한 스타일이 스크린을 통하여 유행하게 되었다.

⑤ 1940년대

제2차 세계대전(1939~1945) 기간부터 1945년까지 세계의 문화는 거의 정지 상태였고 인류는 여러 가지 어려움으로 큰 고통에 시달리게 되었다. 제2차 세계대전이 끝나고 세계문화의 중심은 미국으로 옮겨가는 계기가 되었으며 사람들의 사고체계도 권위주의적 사고에서 대중 중심의 자유로운 사고체계로 변화하기 시작하였다. 1940년대에는 1930년대에 비해 헤어스타일이 비교적 간소해졌으며 머리 보호용의 모자를 착용하기 시작하였다. 전쟁이 끝난 후 크리스챤 디올의 뉴룩(new look)의 유행으로 머리에서 발끝까지 작아 보이도록 했으며 머리 형태도 두상에 딱 달라붙는 시뇽 형태였다.

헤어스타일은 퐁파두르 스타일이 유행하였는데 1900년대의 퐁파두르 스타일에 비해 머리를 부드럽게 어깨위에 내렸으며 과하게 부풀리지 않았다. 1940년대 후반에는 긴 머리보다 어깨 길이, 혹은 그보다 더 짧아져가는 경향을 보이게 되었다.

⑥ 1950년대

1950년대는 제2차 세계대전이 끝나고 미국과 소련을 중심으로 한 냉전체제에 진입하게 되었다. 세계의 중심은 미국이 다방면에서 리드를 하게 되었고 경제적 풍요 속에서 사회를 구성하는 개개인은 거대 조직사회의 한 부속으로 전락하게 되었다.

1950년대의 헤어스타일은 짧은 머리와 볼륨감 있는 굵은 웨이브가 주류를 이루었다. 모발은 4~5cm 길이로 똑같이 잘라 컬을 준 푸들 컷(Poodle Cut)이마와 뺨에 납작하게 붙인 곱슬 애교머리 스타일, 10cm 정도의 모발을 둥글고 굵은 우아한 웨이브를 낸 버블스타일 등이 있다. 50년대를 대표하는 마릴린 먼로가 버블 스타일을 주로 하였고, 오드리 햅번의 불규칙한 앞머리와 짧은 커트, 픽시 커트, 브리짓 바르도의 흐트러진 스타일이 유행하였다.

〈브리짓 바르도〉

〈마릴린 먼로〉

〈오드리헵번〉

⑦ 1960년대

제2차 세계대전 이후 태어난 세대가 1960년대에 청년층을 형성하면서 고등교육과 형성하였는데 영국의 비틀즈(Beatles)와 롤링 스톤지(Rolling Stone)등을 우상으로 삼았으며 기성세대에 반기를 들어 히피문화를 꽃피웠으며 흑인 민권운동이 활발하게 전개되어 아프로 스타일(Afro Style)이 유행하였다.

1960년대의 헤어스타일은 풍성한 볼륨을 줘서 과도하게 부풀리는 부판트(Bouffant)스타일이 유행하였다.

머리 길이에 상관없이 긴 머리나 짧은 머리에도 백코우밍 등을 사용하여 모발을 부풀렸으며, 히피문화가 형성되면서 히피 스타일(Hippie Style)이 유행하였는데 히피 스타일이란 긴 머리를 다듬지 않은 채로 그대로 풀어헤쳐서 자연스러운 모양을 내는 스타일이다.

또한 영국의 비달사순(Vidal Sassoon)이 기하학적 커트로 유명해졌으며 영국의 10대 모델인 트위기(Twiggy)의 짧은 머리가 유행하기로 했다.

〈60년대의 비틀즈〉

〈모델 트위기〉

〈재키 케니디〉

〈히피 스타일〉

⑧ 1970년대

1973년의 석유파동과 재정적자로 세계는 크게 동요하면서 자연으로 되돌아가자는 운동과 여성운동이 확산되었다.

1970년대의 영국은 젊은이들의 비중이 컸지만 경제적인 불황으로 상당수가 실업자 상태에 있었다. 자신들의 암울한 미래 사회에 대한, 반항, 분노, 좌절을 젊은이들은 펑크와 같은 혐오스러운 복장과 헤어스타일을 하고 다니면서 연출하였다.

헤어스타일은 자연으로 되돌아가자는 운동으로 인해 바람처럼 자연스러운 퍼머넌트 웨이브가 유행했으며 특히 파라 포셋(Farrah Fawecett)의 자연스러운 헤어스타일이 유행했다.

후반에는 펑크 스타일이 많이 보였는데 모발을 뾰족뾰족하게 세우고 다양한 컬러로 염색하는 등의 스타일을 통해 자신들의 주장을 나타내려 하였다.

〈파라 포셋〉

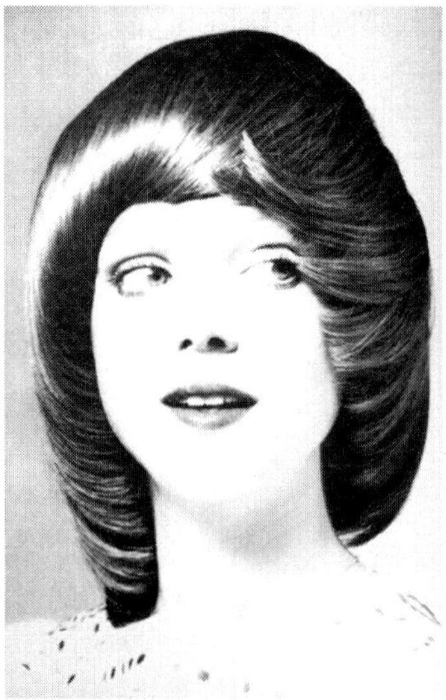 

⑨ 1980년대

1980년대는 사회문화전반에 걸쳐 변화된 모습들이 표면적으로 구체화되는 시기이다.

계층간의 위계질서가 무너지고 다양성과 가변성이 수동되는 현상이 나타나 기존의 절대가치를 지향하던 중앙집권적 체제에서 가치의 상대성을 인정하는 체제로 변화 되었다.

미용시장에도 많은 변화가 있었는데 전문 뷰티살롱이 대중화되어서 일반인들이 손쉽게 이용하였고 매해마다 그 해의 트랜드를 발표하여 세계적으로 작품을 공유하기 시작했다.

1970년대의 펑크 스타일이 계속 유행하였으며 다이애너비의 커트 스타일이 전세계적으로 퍼졌다. 또한 다양한 색깔의 컬러링이 일반화되고 퍼머넌트 스타일은 부드러우면서 자연스러운 웨이브가 유행하였다.

⑩ 1990년대

현대와 탈현대의 과도기적 상황에서 전통성의 회복, 복고 부활, 동양·아프리카·남미 등 이국적 감각이 등장하였고, 환경파괴와 생태계 보존이 심각한 문제로 대두 되었다.

소련연방이 붕괴되면서 이념 체계가 무너지고 경제 원리에 의해 움직이는 세계가 되었다.

90년대 말에는 새천년에 대한 기대로 다양한 문화가 공존하였고 다양한 문화를 사회 전반적으로 받아들이는 분위기가 되었다.

헤어스타일에 있어서도 개인의 독창성을 중시하여 다양한 스타일이 공존하였다.

자연보호 트랜드와 함께 밝은 색의 길고 자연스런 웨이브가 유행하였고, 제 3국에 대한 관심이 증대되면서 힙-합 레게 스타일, 동양풍의 생머리나 직선적인 뱅을 한 스타일이 유행하였다.

개인의 개성을 중시하게 되면서 '나'를 강조하기 위해 헤어스타일 또한 두상에 달라붙는 스트레이트 스타일이 유행하였고, 굵은 퍼머넌트 웨이브가 주류를 이루었다.

⑪ 2000년대 이후

2000년대에는 모든 면에 있어 환상성, 가상현실 등이 대폭 도입된다. 인터넷의 역할이 놀랄 정도로 증대되었다. 문학이 인접 예술과 더욱 활발히 교류하고 있는 것도 지금 우리 문단의 주요 특징의 하나일 것이다.

한 세기가 바뀌면서 많은 컬렉션과 트랜드 발표가 줄을 잇고 있고 미용 전반에 많은 변화를 초래했다. 과학의 발달로 좀 더 안전하고 친환경적인 퍼머넌트 웨이브제들이 개발되고 다양한 미용기구들이 발전해지면서 많은 변화를 가져왔다.

과거 어느 시대보다 개인의 독창성이 중시되어서 다양한 스타일이 재창조되어 나오고 있고 헤어 컬러링도 고도로 발달하고 있다.

퍼머넌트 웨이브의 형태도 굵은 웨이브와 호일 펌이나 아프로 펌과 같이 강한 웨이브가 공존하여 발전하고 있다.

4) 한국 퍼머넌트 웨이브의 시대별 변천사

① 1900~1910년대

1870년대에서 1910년까지의 개화기는 커다란 충격과 사회변화 과정의 시대였다. 갑오개혁과 그 이후 을미년에는 단발령이 공포되고 구미식 의복과 단발은 사회윤리관에 대대적인 변화를 가져오게 되었다.

한국 남성의 헤어스타일은 역시 앞가르마의 아비뇽 스타일과 가르마 없이 뒤로 넘겨 이마를 강조한 브레상 스타일이 나타나 보이는데 대부분 피마자유를 이용하여 두발을 머리에 붙이는 경향이 강했던 것으로 보인다.

1900년대의 한국 여성의 헤어스타일은 전통 양식의 보존과 새로운 양식의 전래로 인한 혼란기에 놓이게 된다. 양반 머리에는 또야머리, 어여머리가 있고, 처녀, 총각들은 세 갈래로 땋아 길게 늘어뜨린 댕기머리가 있다.

부녀자들의 머리는 쪽진 머리가 있다. 20세기 초 기생들의 쪽머리는 가운데 가르마를 하여 동백기름을 발라 고정한 뒤 뒷머리에는 비녀를 꼽아 장식하였고 이마를 넓어보이게 하기 위해 양옆의 잔머리를 뽑아 사각형 모양의 이마를 만들었다.

〈아비뇽, 브레상 스타일〉

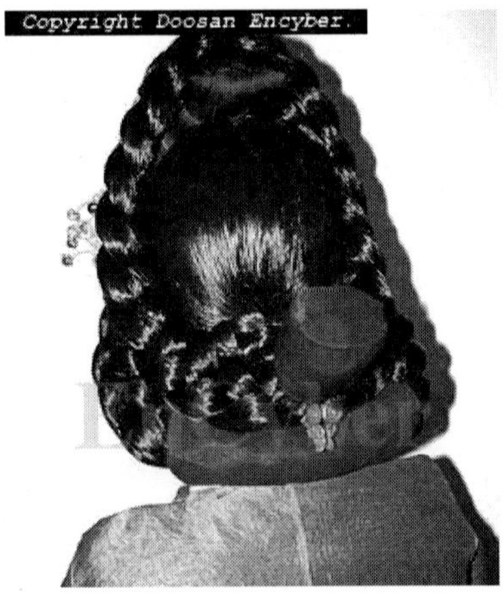

〈정경부인의 가채머리〉

〈기생머리 스타일〉

② 1920~1930년대

- 1920년대

한국 최초로 미용실이 등장하게 된 시기이다.

일본여성들이 한국으로 많이 건너오면서 진고개에 일본인들이 직접 경영하는 미용실이 들어선 것이 우리나라 미용실의 시초이다.

이어 세계 1차 대전이 끝나고 여성의 사회진출이 높아지면서 사회적인 위치가 인정됨에 따라 여성 의식에도 새로운 변화의 바람이 불게 되었다.

이 시기에 등장한 스타일은 기능적으로 간결하면서 신여성과 멋쟁이의 상징이 된 단발머리로 의상에서도 기능성을 추구한 스타일이 점차 늘어나면서 미용에도 변화의 바람이 불게 되었다.

- 1930년대

당시 한일합방이후 일본 유학파 신여성들의 부류가 새로운 패션리더였으며 당시 시인, 화가, 음악가 등 소위 예술가로 불리는 선구자적인 여성들의 생활이나 결혼과 화장품등은 일반인들에게는 매우 충격적이었다.

우리나라 최초의 미용실은 일본 유학 시절 미용공부를 하고 귀국한 오엽주가 1933년 화신백화점 안에 개설한 화신 미용실이었으며 당시 퍼머넌트 웨이브 가격은 쌀 두 섬 정도의 값으로 아주 비쌌지만, 장안의 부유층 여성들과 멋쟁이 여성들은 앞 다투어 줄을 섰다고 한다.

1929년 기생 중 처음으로 남도 출신의 정금숙, 서도 출신의 김금도 등이 일본유학을 마치고 단발머리로 돌아와 헤어 패션계의 화제가 되었다.

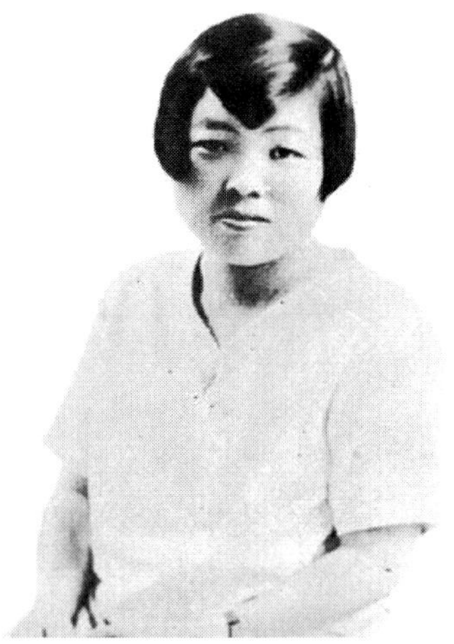

〈김활란 여사의 단발머리〉

③ 1940~1950년대

- 일제강점기의 끝 무렵 -

〈미용사 자격증의 개설〉

자격증제도가 없었으므로 미용학원 졸업증만으로도 미용실 개업이 가능하였고 당시 여성들 직업 중 수입 면에서 타 업종에 비해 높은 수준이었다.

그러나 그러한 제도의 허점은 미용인의 질적 수준 저하 우려가 있어 불합리하다고 판단하여 서울시 미용조합 연합회는 우리나라도 일본처럼 미용 공부를 해서 미용사 자격시험을 보고 합격해야만 미용실을 개설 할 수 있는 제도를 마련하였다.

1947년 미용사 자격시험 준비 위원회 구성하였고 1948년 10월 1일 서울시청에서 최초로 미용사 자격증 시험을 실시하게 되었다.

〈미용단체등장〉

〈서울시 미용조합연합회〉라는 미용단체를 결성하였는데 미용실을 경영하던 업주들이 미용업의 권익과 친목을 위해 구성한 단체이다.

그 이후 이 단체는 6.25전쟁으로 인해 3년 동안 활동이 중단되었고 미용조합연합회의 활동과 미용사 자격시험은 1954년 서울 수복 후 사무실을 마련하는 등 조직을 재편하였다.

헤어스타일은 해방 전에는 핑거웨이브 (세트로션을 발라 손가락으로 웨이브를 만들고 퍼머를 한 뒤 다시 펴서 굵은 웨이브를 만듦)와 전쟁으로 전기 공급이 원활하지 않아 불 퍼머(숯불 퍼머)가 행해졌다.

8.15해방이후 옥시풀을 발라 머리카락을 노랗게 만들기도 하였고 세미 커트 시대로서 머리를 작게 손질하는데 주안점을 두었다.

1940년대 후반에는 헤어스타일이 더욱 부드러워지고 손질하기 쉬웠으며 머리는 더욱 짧아지면서 화장의 강조점이 눈으로 바뀌었다. 1948년 헤어스타일은 머리의 아랫부분에만 웨이브가 있는 세미업스타일로써 아이론으로 둥글게 말아 올리는 이른바 '지라시'스타일 유행하였다.

1950년대 당시의 한국의 헤어스타일은 서구의 유행 스타일이 많이 들어와 서구에서 유행하는 스타일이 한국에서도 유행하였다.

④ 1960~1970년대

한국에서 1960년대는 경제개발 5개년계획 중 1,2차 경제개발 (1962~1971) 시기였다.

이 시기의 경제성장률은 7.8%로 목표를 상회하였으며, 1인당 국민총생산(GNP)은 83달러에서 125달러로 증가되었다.

그래도 아직은 서민들은 TV같은 물건들은 많이 보급이 되지 않았으며 문화생활도 잘 누릴 수 없었다.

1966년엔 짧은 숏 커트 머리에 미니스커트를 입은 윤복희가 귀국하면서 본격적으로 숏 커트와 미니스커트 붐이 일어났다.

1970년대에 이후에는 경제성장에 힘입어 TV등 전파매체의 발달 등으로 많은 사람들이 개성을 추구하기 시작하였다.

다양한 퍼머넌트 기법의 보급과 커트 기술의 향상, 각종 미용기구의 도입으로 소비자의 다양한 욕구를 충족시켜 주었다.

또한 우리나라 미용전문가들이 해외의 미용 세미나에 참석하기 시작한 시기이기도 하다. 그 동안 커트의 개념이 긴 머리를 자른다는 것에서 모발의 각도에 의해 기하학적으로 자른다는 개념으로 완전히 바뀐 시대이다.

⑤ 1980~1990년대

1980년대 당시의 시대상은 다소 모순된 모습을 보이는데, 경제적으로는 70년대의 성장기반을 발판으로 고도성장을 이뤄내는 시기인 반면에 정치적으로는 군사정치의 폐해로 민주주의가 무참히 짓밟히는 양상을 보였다.

문화는 이러한 정치적 현실을 반영하여 선동적인 락과 서구적인 스타일의 대중가요가 유행하는 시기였다.

1980년대 우리나라는 "단군 이래 최대의 호황" 이라는 3저 호황 시기(저유가, 저금리, 저달러 이 세가지가 한꺼번에 이루어졌던 시기)를 맞이하였는데, 일단 저유가는 원유가격이 낮아서 기업이 제품을 만드는데 들어가는 비용을 최소화 할 수 있어서 가격 경쟁력이 강화되어서 수출에 아주 유리한 입장을 차지할 수 있었다.

저금리는 세계 각국의 정부가 1970년대 말 이후 석유파동 이후 침체에 빠진 경기 부양을 위해 실시한 정책으로, 금리가 낮으면 돈을 빌리는 데 들어가는 이자비용이 낮아지는 만큼 기업들이 돈을 끌어다 쓰기가 수월해지게 된다.

따라서 기업이 투자와 생산에 더 적극적으로 나설 수 있게 된다.

또 국제금리가 낮아지면, 외국에 빌린 채무에 대한 이자부담도 줄어들어 경상수지 호전에도 영향을 미친다.

저 달러는 80년대 미국의 대일 무역적자가 심해지자, 미일간의 합의(플라자합의)를 통해 달러화의 가치를 떨어뜨리고 엔화의 가치를 올림으로써 그 해결방안을 내놓았는데 이것이 우리나라 입장에서는 경쟁수출국인 일본의 엔화 상승으로 상대적으로 가격 경쟁력이 생겨 수출에 호황을 맞이하게 된다.

사회 정치적으로는 **5.18 광주 민주화 운동(1980년)**을 들 수 있다. 광주 시민들의 계엄령 철폐 및 전두환의 퇴진 등을 요구했던 민주화 운동으로서 학생들의 주도와 함께 시민들의 참여로 말 그대로 '민주화'를 위한 운동이었다.

이 사건을 계기로 한국의 사회운동이 1970년대 지식인 중심→ 민중운동으로의 변화를 가져왔고 국민들의 의식변화로 민족 해방, 사회주의 등이 본격적으로 거론되는 기점이 되었다.

- 6.29 민주화 선언(1987년)

당시 대통령 선출은 지금처럼 국민이 선출하는 직선 방식이 아니라 국민의 대표성과는 거리가 먼 간접 선출 방식이었다.

즉 투표결과를 조작해서 대통령을 만들 수 있었다는 것이다.

당시 전두환은 쿠데타로 정권을 잡고 대통령이 된 후 다음 대통령으로 노태우를 지지하고 간접 선출 방식을 통해 대통령 자리를 이어주려 하였다.

이 6.29 선언으로 당시 대통령 선거가 국민들의 손에 의해 치뤄지게 되었고 결국 민주화를 갈망하던 국민들의 표는 이들에게 각각 분산되게 되고 이 덕분에 노태우 후보가 가장 많은 표를 얻어 대통령에 당선되게 되었다.

이후로 우리나라 대통령 선거는 계속해서 직선제로 치뤄지고 있다.

- 88올림픽

서울시의 올림픽 준비는 국제올림픽위원회 총회에서 개최도시로 서울이 확정되면서 본격화 되었다.

국내 일부에서의 올림픽 개최 반대 목소리와 외국의 곱지 않은 시선 속에서도 무사히 준비를 마쳤으며, '화합과 전진'을 슬로건으로 하여 1988년 9월 17일 제24회 서울올림픽대회가 160개국 13,304명의 젊은이들이 참가한 가운데 개막되어 우정 어린 명승부와 역경을 극복한 승리의 드라마를 연출하였다.

이로 인해 한국을 세계로 알리게 되는 중요한 계기가 되었고 헤어스타일도 국제화되어 다양한 스타일이 창조되었다.

1980년대 헤어스타일은 대표적으로 블런트 커트를 들 수 있으며 블로우 드라이가 본격적으로 시술된 시기이다. 1980년대 초 부터는 이전에 유행했던 블런트 컷 스타일에 층을 만들고 모발 안쪽에 숱을 쳐내는 스타일이 등장하였습니다.

1980년대의 헤어 디자인은 다른 어떤 시기보다 심오하고 실험성이 돋보였습니다. 또한 이 시기는 가장 다양 한 컨셉이 나왔던 시기라고도 말할 수 있다.

1980년대는 컬과 볼륨을 강조하는 스타일이 유행하여 남성들도 컬과 볼륨을 살린 스타일에 도전하게 되어 미용실에서 퍼머넌트 웨이브를 하는 경우가 많아졌다.

특히 앞머리를 부풀게 해 늘어뜨리는 것이 유행이었다.

록 뮤직의 영향으로 아주 long hair style을 시도하는 사람도 생겼고, 헤어 스프레이, 무스, 젤 등 헤어 스타일링제품을 본격적으로 사용하게 되었다.

1990년대는 복고풍과 함께 지난 모든 시대 스타일의 재등장 및 재창조가 시작됐다. 획일적인 유행에 따르기 보다는 개성을 중시하는 스타일링이 각광받았으며, 국내에서는 처음으로 총천연색 염색이 보편화됐다.

남성들을 위한 헤어 살롱이 본격적으로 문을 열고 남성들이 헤어스타일에도 많은 관심을 쏟기 시작했다.

⑥ 2000년대 이후

21세기는 대중매체의 발달과 인터넷의 보급 등으로 동서양의 구분이 거의 없으며 또한 고객의 다양화와 개성을 중요시하면서 다양한 스타일이 서양의 경우와 마찬가지로 공존하고 있는 양상을 보여주고 있다 인터넷의 보급으로 전 세계의 문화권이 하나로 묶여지면서 기존의 시공간 개념을 바꾸어 놓았으며 유행의 흐름도 빠르게 진행되고 있다.

절대 섞이지 못할 것 같은 상반된 트렌드가 동시다발적으로 주류를 자처하며 등장하면서 소비자 취향의 다양화와 개성의 중시 문화는 패션의 멀티화를 불러왔다고 볼 수 있으며, 자신만의 이미지와 개성을 중요시하면서 헤어 컬러링으로 스타일에 다양한 변화를 주게 되면서 헤어 클리닉에 대한 관심도 고조되었다.

특징적인 것은 헤어 패션의 하나로 자리 잡은 헤어 컬러링이 전체를 밝은 색으로 하거나 여러 가지 염색을 하기도 하며 헤어, 메이크업, 의상 등 전체적인 색상 조화의 아름다움을 즐기는 토탈 코디네이션의 개념으로 발달하였다.

2000년대는 커트와 퍼머넌트 웨이브의 전성시대로써 커트의 비율과 질감, 색상을 자유자재로 결정하는 개성 강한 스타일이 유행하기 시작했고 국내에는 일본에서 들어온 샤기 커트가 연예인부터 일반인에게까지 널리 퍼졌다.

커트와 퍼머넌트 웨이브의 종류는 더욱 다양해졌고 한 스타일 내에서도 여러가지 기술을 구사하여 다양한 스타일이 등장하게 되었다.

각종 흑인 헤어스타일도 일반인에게 널리 퍼져서 드레드, 아프로 펌 등을 어렵지 않게 발견할 수 있게 되었다.

보다 적극적으로 아름다움을 추구하는 '메트로 섹슈얼리즘'의 영향으로 남성적 스타일에만 국한되지 않고 어떤 미적 요소라도 적극적으로 차용하는 경향이 계속 되고 있다.

또한 미용기구의 발달로 열 펌이 유행하여 굵은 웨이브가 3~4개월씩 지속될 수 있는 스타일이 일반인들에게도 자리 잡게 되었다.

5) 와인딩 기법

(1) 크로키롤식(Croquignole winding method)

일반적으로 행하는 방법으로 모발 끝부터 와인딩하여 모근까지 올라가면서 와인딩하는 기법으로 긴 모발, 짧은 모발에 자유롭게 행할 수 있다.

1925년 독일의 죠셉 메이어가 크로키놀식(croquignole)에 의한 히트 퍼머넌트 웨이빙을 고안하였다.

(2) 스파이럴식(Spiral winding method)

모근부터 모발끝 부분으로 와인딩하는 기법과 모발 끝에서 모근으로 와인딩하는 기법의 나선형의 꼬임이 있으며, 대체로 긴 머리에 행하는 기법이다.

1905년 영국의 찰스 네슬러에 의해 창안하여 스파이럴식(나선형) 웨이브를 고안하였다.

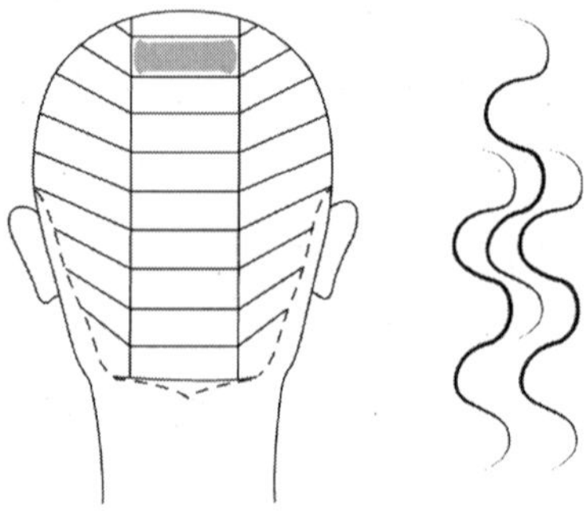

그림 5-1. 크로키놀식 와인딩 기법

그림 5-2. 스파이럴식 와인딩 기법

2. Permanent wave의 원리

1) Permanent wave의 화학적 반응

퍼머넌트 웨이브제로 제1제인 환원제와 제2제인 산화제로 나누어 설명할 수 있는데, 그 원리는 다음과 같다.

(1) 제1제의 환원작용

퍼머넌트 웨이브제의 제1제는 주로 티오글리콜산과 시스테인을 주성분으로 하는 알카리제로 모발을 팽윤하고 연화시키며, 환원제 성분 중 수소(H)가 모발에 작용하여 시스틴결합을 절단시키는 작용을 한다.

즉 |-S-S-| 사이에 수소가 들어가 시스틴결합이 각각의 시스테인인 |-SH HS-| 식으로 간단하게 끊어지는 환원작용을 하게 된다.

로드에 와인딩된 모발은 연화되어 로드의 크기와 형태에 의하여 팽창되는데, 와인딩된 모발은 로드의 안쪽보다 바깥쪽이 더 많이 팽창되게 된다(물리적인 원리).

프로세싱타임 동안에 환원제에 의해 모발의 측쇄결합인 시스틴결합이 절단되고, 부드러워진 절단된 2개의 시스테인은 로드의 크기와 형태로 쉽게 변화되는 것이다(화학적인 원리).

(2) 제2제의 산화작용

퍼머넌트웨이브제의 제 2제는 주로 브롬산나트륨과 과산화수소를 주성분으로 하는 산화제로 환원제에 의해 절단됐던 시스틴결합을 재결합시키기는 작용을 한다.

산화제 성분 중 산소(O)가 |-SH HS-|의 수소와 결합하기 때문에 다시 시스틴결합 |-S-S-|이 된다.

시스틴결합이 절단되어 로드에 와인딩된 모발은 산화제에 의해 재결합되면서 로드의 크기와 형태로 고정되어 퍼머넌트 웨이브가 형성하게 된다.

끊어졌던 시스틴결합이 다시 연결되기 때문에 모발은 처음의 탄력이 회복되는 것이다.

이와 같이 산소를 부여하는 반응, 혹은 수소를 빼앗는 반응을 산화라고 한다.

3. Permanent wave제의 분류

1) permanent wave 제1제의 종류

(1) thioglycollic acid 또는 그 염류를 주성분으로 하는 cold 2욕식

cold permanent wave제

현재 사용되고 있는 대부분의 cold permanent제로 주성분으로서는 알칼리성 perm용제의 경우에는 일반적으로 thioglycollic acid 암모니아가 가장 많이 이용되고 있다.

냄새가 적은 무취type의 약제에서는 thioglycollic acid 모노에탄올아민이 사용되는 경우가 많고, 산성 permanent제의 경우에는 제1제의 pH는 4.0~6.5 정도의 약산성이며, pH의 조정에서는 thioglycollic acid에서 암모니아나 모노에탄올아민 등의 적당한 알칼리제를 첨가해 가는 방법과 thioglycollic 암모늄이나 thioglycollic 모노에탄놀아민에 구연산 등의 유기산을 첨가시키는 방법 등이 있다.

알칼리제로서는 암모니아, 수산화나트륨, 모노에탄올아민, 트리에탄올아민 등이 사용된다. 제1제의 강함을 주고자 할때는 thioglycollic acid로 환원하는 경우 농도(%), 알칼리, pH로 조정시킬 수 있다.

① 암모니아계의 알칼리성 permanent wave제

알칼리제로서 암모니아를 사용하는 제1제로 모발을 팽윤시키는 작용이 있고, thioglycollic acid양이나 비율을 조절하여 폭넓은 wave를 얻을 수 있다.

이 퍼머넌트 웨이브제의 장점은 시술 중 암모니아가 휘발하여 퍼머넌트 웨이브제의 pH가 낮아져 모발에 과잉작용을 방지하며, 고객의 두피나 시술자의 피부에 알칼리제의 잔류가 적어져 피부 자극이 약하다. 단점으로서는 암모니아 특유의 자극적인 냄새가 난다.

② 아민계의 알칼리성 permanent wave제

아민계의 알칼리제로서는 모노에탄올아민이 가장 많이 사용되며, 저 pH wave제라 불리운다. 장점으로는 비휘발성 알칼리로 자극적인 냄새가 없으며, 단점으로는 암모니아와 비교해 모발에 대한 친화성과 잔류성이 높아 과잉작용의 우려가 있어 시술 후 충분히 씻어내는 등 주의가 필요하다. 모노에탄올아민의 장점을 이용하여 암모니아 같은 다른 알칼리와 결합시킨 제품을 만들 수 있다.

③ 암모늄염계의 약알칼리성 permanent wave제

암모늄염의 종류로서는 탄산수소암모늄(중탄산암모늄) 또는 인산수소암모늄으로 불린다.

장점으로는 약알칼리제로 과잉작용의 우려가 없고, 강한 자극적인 냄새가 없으며, 피부자극이 비교적 적다.

단점으로는 모발의 팽윤도가 적어 강한 wave나 경모, curl이 잘 형성되지 않는 모발에는 물리적인 힘을 이용한 가는 rod의 사용, 작은 섹션, tension에 세심한 주의를 기울여야 한다.

④ 산성permanent wave제

산성 퍼머넌트 웨이브제는 알칼리제가 pH 4.5~5.5로서 전기적으로 중성의 영역에 있기 때문에 모발은 거의 팽윤하지 않으며, 일반적으로 pH 5.0~6.5 전후의 제품이 많다.

장점으로는 모발이 가장 안정한 상태에 있으며, 단점으로는 wave 형성력이 매우 약하므로 가는 rod 사용과, 얇은 slice, tension에 주의를 기울려야만 확실한 wave를 얻을 수 있다.

그 밖에 팽윤제, 침투제, 계면활성제, 라놀린, 콜레스테아린 등의 양모제, 스쿠알렌, 유지제, 색소, 향료 등을 첨가할 수 있다.

(2) cysteine을 주성분으로 하는 cold 2욕식 permanent wave제

알칼리제는 모노에타놀아민이나 트리에탄올아민 같은 유기아민이 사용되며, 모발 중에는 보통 cystine으로서 존재한다. 환원력은 thioglycollic acid계 약제보다 약해 wave 효과는 20~30%정도 감소된다.

cysteine 퍼머넌트 웨이브제의 장점은 자극적 냄새가 적으며, 모발의 팽윤도가 적어 손상도가 적으며, 시술후 감촉이 부드럽다.

단점으로는 wave 형성력이 약하고, 화학약품의 구조가 불안정하며 가격이 비싸다. 농도는 3.0~7.5%이며, pH는 8.0~9.5로 범위가 매우 좁은 것이 특징이다.

pH는 변화시키기 힘드므로 pH를 높이기 위해서는 알칼리제를 추가하여야 하며, 알칼리제는 12ml 이하로 기존의 퍼머넌트 웨이브제 가운데서 가장 높은 수치로 가온 2욕식은 인정될 수 없다.

wave효과가 약한 것을 보완하기 위해서는 cysteine 농도, pH, 알칼리를 높게 설정할 필요가 있다. cysteine permanent wave제인 제2제에서는 취소산염을 주성분으로서만 사용될 뿐 H_2O_2 제2제는 사용할 수 없다.

(3) thioglycollic acid 또는 그 염류를 주성분으로 하는 가온 2욕식 permanent wave제

제1제를 모발에 도포, winding하고 나서 전체에 cap을 씌운 후 steamer나 적외선 등의 가온방식이나 플라스틱제나 경질 고무제인 clip을 가열한 후 rod에 모발을 winding하여 가온하는 방식과 iron에 의한 방식에서도 사용되는 permanent wave제이다.

특징으로 thioglycollic acid농도, pH, 알칼리제가 cold 2욕식과 비교해서 낮게 설정되어 있다. 이는 열로 의한 wave의 지나친 형성이나 안전사고를 방지하기위한 처방이다.

모발에서 작용할 때의 온도는 60°이하로 규정되어 있다.

(4) thioglycollic acid 또는 그 염류를 주성분으로 하는 cold 1욕식 permanent wave제

이 퍼머넌트 웨이브제는 환원된 cysteine이 공기 중의 산소로 서서히 산화하는 것으로 제2제를 사용하지 않는 것이 특징이다. thioglycollic acid 농도가 높으면 산화가 불충분해지므로 3.0~3.3%라는 낮은 농도로서 설정되어 있다. pH는 9.4~9.6로, 알칼리제도 3.5~4.6㎖로 한정되어 있다.

일반적으로 wave효과가 약하므로 가는 rod를 사용하여야 하며 시간이 오래 걸리는 것이 단점이다.

(5) thioglycollic acid 또는 그 염류를 주성분으로 하는 가온 2욕식 축모교정제

permanent wave제

흑인에게 사용된 축모 교정제는 hair straight 또는 hair relax라고도 한다. 이 퍼머넌트 웨이브제는 thioglycollic acid계에 소맥분을 배합하여 점도가 높은 것이 특징이다.

<퍼머넌트 웨이브제의 기준>

<table>
<tr><th></th><th colspan="4">1제</th><th colspan="4">2제</th><th></th></tr>
<tr><th>분류
퍼머용제</th><th>pH
(25℃)</th><th>알칼리
(01. 규정염산소비량)</th><th>thioglycolic acid 농도(%)</th><th>주제
취산나트륨 취소산칼륨 과붕산나트륨의 제2제 산화력</th><th>pH
(25℃)</th><th>주제
과산화수소구의 제2제 산화력</th><th>과산화수소농도</th><th>pH
(25℃)</th><th>제 1제, 제 2제 사용시의 온도 조건</th></tr>
<tr><td>thioglycolic acid염 또는 2의 염류를 주성본으로 하는 cold 2욕식 permanent wave</td><td>4.5
~9.6</td><td>7ml 이하</td><td>2.0~
7.0%</td><td>1인1회분의 양은 산화력의 3.5 이상</td><td>4~9</td><td>1인1회 분의 양은 산화력 0.8~3</td><td>2.5%
이하</td><td>2.5
~4.5</td><td>실온
(1~30℃)</td></tr>
<tr><td>cysteine을 주성분으로 하는 cold 2욕식 permanent wave 용제</td><td>8.0
~9.5</td><td>12ml이하
(불휘발성 무기알칼리를 함유하지 않은 경우)</td><td>Cysteine 농도
3~7.5</td><td>1인1회분의 양은 산화력의 3.5 이상</td><td>4~9</td><td></td><td></td><td></td><td>실온
(1~30℃)</td></tr>
<tr><td>thioglycolic acid 또는 2의 염류를 주성분으로 하는 가온 2욕식 permanent wave 용제</td><td>4.5
~9.3</td><td>5ml 이하</td><td>1~5%</td><td>1인1회분의 양은 산화력의 3.5 이상</td><td>4~9</td><td>1인1회분의 양은 산화력 0.8~3</td><td>2.5%
이하</td><td>2.5
~4.5</td><td>60℃
이하</td></tr>
<tr><td>thioglycolic acid 또는 그의 염류를 주성분으로 하는 cold 1욕식 permanent wave용제</td><td>9.4
~9.6</td><td>3.5~4.6ml</td><td>3~3.3%</td><td></td><td></td><td></td><td></td><td></td><td>실온
(1~30℃)</td></tr>
<tr><td rowspan="4">thioglycolic acid 염을 주성분으로 하는 제1제용 시조제 발열 2욕식 wave용제</td><td>제1제의(1)</td><td rowspan="4">4.5~9.5</td><td>10ml 이하</td><td>8~19%</td><td rowspan="4"></td><td rowspan="4">1인1회분의 양은 산화력 0.8~3</td><td rowspan="4">2.5%
이하</td><td rowspan="4">2.5
~4.5</td><td rowspan="4">제1제는 40℃ 전후 제2제는 실온
(1~30℃)</td></tr>
<tr><td>제1제의(2)</td><td colspan="2">H_2O_2</td></tr>
<tr><td rowspan="2">제1제의(1)과 제1제의(2)혼합액</td><td>알칼리 7ml이하</td><td>thioglycolic acid 농도 3.2~4%</td></tr>
<tr><td>thioglycolic acid염 농도 2~11%</td><td>온도상승 14~28%</td></tr>
</table>

thioglycolic acid염 또는 2염류를 주성분으로 하는 cold 2욕식 축모 교정제	4.5 ~9	7ml 이하	thioglycolic acid염 농도 2~7% 점도 40,000cps 이하	1인1회분의 양은 산화력의 3.5 이상	4~9				실온 (1~30℃)
thioglycolic acid염 또는 2염류를 주성분으로 하는 가온 2욕식 축모 교정제	4.5 ~9.3	5ml이하	thioglycolic acid염 농도 1~5% 점도 40,000cps 이하	1인1회분의 양은 산화력의 3.5 이상	4~9				60℃ 이하

2) permanent wave 제2제의 종류

제2제의 주성분으로는 브롬산나트륨, 브롬산칼륨 및 H_2O_2 를 사용한다. 유럽과 미국에서 80~90%가 H_2O_2를 사용하고 나머지의 10~20%가 브롬산염류를 사용하며 아시아권에서는 대부분 브롬산염류가 사용된다. 이는 H_2O_2 로 인한 탈색을 방지하기 위함이다.

(1) 브롬산염류에 의한 제2제

브롬산나트륨을 주성분으로 하는 액상인 것이 대부분이고, 브롬산칼륨과 같은 분말상이 있다. 브롬산나트륨이 브롬산칼륨보다 5배나 용해도가 높아 제 2제의 처리 시간이 짧다는 장점이 있다.

현재 시판중인 액상의 제2제에는 5~20% 정도의 브롬산나트륨이 포함되어 있다. 사용할 때 원액인 채로 할 수 없으며, 3~5배 정도의 물로 희석해 사용한다. 사용되는 농도는 5~6%로 되어 있는 것이 많다. 제2제의 pH는 기준에 의하면 1인 1회분의 양을 물 또는 미온수 200㎖에 녹여서 25℃에서 측정했을 때에 pH 4.0~9.0의 범위에 들어가야만 한다.

브롬산염의 경우에는 산성측에서 안정한 상태를 유지하는 것이 어려우므로 시판되는 액상 타입으로서 제2제의 pH는 5.0~7.5 정도이다.

(2) 과산화수소에 의한 제2제

과산화수소 제2제는 산성측에서 안정하고, 알칼리측에서는 매우 불안정하므로 pH는 2.5~4.5로 낮게 설정되어 있다. 브롬산염에 비해 화학적으로 불안정하고 햇빛이나 미량의 중금속에 쉽게 분해되기 때문에 주의하여야 한다.

제1제에 의한 모발팽윤은 pH에 민감하여 전처리의 차이에 따른 제 2제의 pH의 차이로 모발팽윤, 산화속도, 모발에서의 작용 등에 영향을 준다.

따라서 일정한 pH를 유지하기 위해 침투제, 유화제, 습윤제, 색소, 향료 등을 첨가한다. 최근에는 pH의 완충작용을 돕는 박하향의 제2제로 pH를 일정하게 유지하도록 되어 있다.

4. Permanent wave의 종류

1) 히트 퍼머넌트웨이브

① 머신웨이브(machine wave)

콜드 웨이브가 보급되기 전에 전기열이나 증기열을 이용한 퍼머넌트 웨이브이다.

② 프리히트웨이브(free heat wave, wire less wave)

전열을 사용하지 않고 특수한 금속 히팅 클립을 사용한 퍼머넌트 웨이브이다.

③ 머신리스웨이브(machine less wave, chemical permanent wave)

특수 약품의 화학 반응에 의한 발열 작용을 이용한 퍼머넌트 웨이브이다.

2) 콜드 퍼머넌트 웨이브

가열 대신 알칼리성 환원제의 환원작용에 의해 시스틴결합을 절단시킨 후 로드에 감아 산화제를 사용하여 웨이브를 형성시키는 방법이다. 과거의 높은 열에 의하지 않고 실온에서도 충분한 퍼머넌트웨이브를 얻을 수 있다 하여 콜드 웨이브라고 한다.

(1) 1욕법(one step wave)

한 가지 종류의 용액을 사용하여 퍼머넌트웨이브를 얻는 방법으로 주로 티오글리콜산 암모늄을 주원료인 환원제를 사용한다.

이것은 환원제 속에 망간(Mn), 구리(Cu), 철(Fe)과 같은 금속염류가 포함되어 있어 환원작용을 행하게 한 후 자연적으로 산화작용을 하는 용법이다.

즉 티오글리콜산 암모늄이 시스틴결합을 절단하는 환원작용과 환원된 모발에 산화제를 도포하지 않고 공기 중에서 다시 시스틴으로의 재결합이 되는 방법으로 산화작용이 이루어진다.

즉 환원제만을 사용하여 자연 산화하는 방법으로 프로세싱 타임이 8~10시간으로 오래 걸리고 웨이브의 형성력도 낮기 때문에 원하는 웨이브를 형성시키는 로드보다 좀 더 가늘고 얇은 rod를 사용하여야 하며 웨이브의 효율을 높이기 위하여 열기구 등을 이용해야 한다.

pH는 9.4~9.6, 알칼리는 3.5~4.6㎖, 농도는 3.0~3.3%로서 낮게 설정되어 있는데 농도가 높으면 산화가 충분히 이루어지지 않기 때문이다.

(2) 2욕법(two step wave)

가장 보편적으로 많이 사용되는 방법으로 제1제인 환원제와 제2제인 산화제를 사용하여 퍼머넌트 웨이브를 얻어내는 방법이다.

환원제는 모발에 작용하여 모발을 팽윤, 연화하여 시스틴결합을 절단(환원)하며, 산화제는 환원제에 의해 절단된 시스틴결합을 다시 연결하는 역할을 한다.

이는 환원되기 전의 결합이 아닌 모발의 구조와 배열이 틀려진 상태에서의 재결합을 의미하는 것으로 퍼머넌트웨이브 과정 중에서 가장 중요한 역할을 한다.

(3) 3욕법(three step wave)

모발의 특성이나 상태에 따라 특수 활성제나 모발보호제 등을 이용하는 방법이다.

주로 모발이 굵고 뻣뻣하여 웨이브의 형성이 어려운 모발이나, 모발이 얇거나 손상 정도가 심한 모발에 탄력있는 웨이브를 주기 위해 사용되는 방법이다.

제1제는 와인딩하기 전에 도포하는 것으로 웨이브 형성이 어려운 굵고 뻣뻣한 모발을 부드럽게 연화시키는 역할로는 특수 활성제가 사용되며, 화학제품 등으로 인하여 모발 손상 정도가 심한 모발에 탄력있는 웨이브를 목적으로 앰플 등의 모발보호제가 사용된다.

제2제는 2욕법의 제1제와 같은 환원제로 모발의 팽윤과 연화작용을 하며, 시스틴결합을 절단하는 작용을 한다.

제3제는 2욕법의 제2제와 같은 산화제로 시스틴을 재결합하는 작용을 한다.

5. Permanent wave제의 구성 성분

1) 제1제(환원제)의 구성 성분

(1) 환원제

모발의 화학결합인 시스틴결합을 끊어 모발을 부드럽게 연화, 팽윤시켜 준다.

① 티오글리콜산(thioglycolic acid) 또는 그 염류

티오글리콜산은 무색의 액체로 암모늄 특유의 냄새를 가지며 모발의 시스틴결합을 환원시켜주는 작용을 한다.

티오글리콜산은 원래는 산성물질로 산에는 환원력이 약하나 알칼리에서는 환원력이 강한 성질을 가지고 있다.

모발 케라틴의 화학구조가 알려지면서 고구르라는 학자에 의해 처음으로 티오글리콜산과 케라틴의 화학반응을 발표하였고, McDonough 학자 등에 의해 티오글리콜산을 주원료로 한 콜드 웨이브 용액을 제조하였다.

1947년 미국의 FDA(식품의약품국)에 의해 보건위생상 무해하며 효과적인 웨이브를 얻는데 인증을 받게 되었다.

티오글리콜산이 주성분인 퍼머넌트 웨이브제의 농도는 95% 이상이며 암모니아나 모노에탄올아민 염은 5% 정도 사용한다.

공기 중에 쉽게 산화되므로 냉암소에 잘 보관하고 필요한 양 만큼만 용기에 덜어쓰고 남은 약은 빨리 사용하는 것이 좋다.

금속이나 공기 중에 노출된 약제는 효과가 없어지므로 금속제의 기구와 용기는 사용하지 않도록 주의한다.

② 시스테인(Cystein)

모발이나 새의 털을 원료로 가수분해하여 시스틴을 환원한 후 수소를 첨가한 것이 시스테인 약제이다.

시스테인은 모발 속에 가장 많은 아미노산으로 모발의 중요한 성분인데, 이를 환원시켜 퍼머넌트 약제 제1제의 주성분으로 사용된다.

시스테인은 티오글리콜산보다 냄새가 비교적 덜하고 환원력이 약하여 모질에 따라 적절하게 물리적·화학적 특성을 이용하는 것이 효과적이다.

가수분해해서 얻어지는 양이 적어 가격이 비싸며, 쉽게 산화되는 등 장시간 공기 중에 닿으면 물에 녹기 어렵기 때문에 하얀 결정이 생기기 쉽다.

약제의 이러한 특성으로 퍼머넌트 와인딩의 시간이 짧으면 짧을수록 퍼머넌트 웨이브의 완성도가 높고 프로세싱 시간이 빨라진다.

(2) 알칼리제

웨이브의 강약을 조정하는 성분이다.

① 유기알칼리

유기 알칼리에는 에탄올아민이나 프로페놀아민이 사용된다. 에탄놀아민은 점성이 있는 액체이며, 프로페놀아민은 백색의 결절성 분말로 냄새가 거의 없다.

유기아민은 불휘발성으로 모발이나 손가락 사이에 잔류되기 쉬우므로 충분히 헹구어 내는 것이 좋다.

② 무기알칼리

무기 알칼리에는 휘발성의 암모니아, 탄산암모늄, 중탄산암모늄과 비휘발성의 수산화나트륨, 수산화칼륨, 탄산나트륨이 있다.

휘발성의 암모니아는 자극적인 냄새가 강하고 양의 조절에 의한 웨이브의 강약을 자유롭게 조절이 가능하며 폭넓게 사용된다.

비휘발성의 알카리제는 티오글리콜산염을 주성분으로 하는 퍼머넌트 웨이브제나 축모교정제에는 티오글리콜산염의 대응량 이하로 제한되어 있으며, 시스테인 퍼머넌트 웨이브제에는 사용할 수 없게 되어 있다.

2) 제2제의 구성 성분

(1) 산화제

환원제에 의해 절단된 시스틴결합을 다시 연결하여 주는 역할을 한다.

① 브롬산염

브롬산염은 백색의 결정성 무취의 분말로 브롬산나트륨, 브롬산칼륨이 있다.

브롬산나트륨염이 브롬산칼륨의 용해도보다 크기 때문에 주로 사용되며, pH는 6~7로 보존 중에 점차 낮아진다.

분말상의 브롬산염과 가연성의 것이 혼합되면 발화되어 화재의 위험이 있으며, 특히 제1제가 섞여 건조되면 발화되기 쉬우므로 보관상 주의가 절대 필요하다.

② 과붕산나트륨

백색 무취의 분말로 수용액은 알칼리성으로 산소를 방출하여 분해하기 때문에 장기 보존할 경우 분말상태로 보존하여야 하며 현재 많이 사용되고 있지 않다.

③ 과산화수소

과산화수소는 분해되어 물과 산소를 생성한다.

산화제로 쓰게 되면 산소가 환원된 모발의 산화의 역할을 하게 되고 나머지는 물만 남게 된다.

과산화수소는 산화제 이외에도 표백작용, 살균작용으로 표백제나 소독제로 쓰이고 있다.

과산화수소수 3%는 소독제로 사용되며, 염색과 탈색에 사용되는 산화제는 6~9%로 외국에서는 12%까지 사용되고 있다.

퍼머넌트 웨미브제 중 제2제로 사용되고 있는 과산화수소는 2.5% 이하로 산화력이 빠르고 모발의 웨이브 감촉이 부드럽게 된다.

(2) 첨가제

① 침투제(계면활성제)

계면활성제가 첨가되어 표면장력을 작게 하는 작용을 한다. 계면활성제가 물에 용해되어 친수기와 친유기를 나타내는데 이온에 따라 음이온 계면활성제, 비이온 계면활성제, 양이온 계면활성제, 양성 계면활성제로 분류한다.

Ⓐ 음이온 계면활성제는 수용액 중에서 이온해리하여 음이온 부분이 계면활성을 나타내는 계면활성제로 아니온 계면활성제(anionic surfactants)라고 한다.
많은 제품에 존재하는 것은 카르복시산, 황산에스테르, 설폰산, 인산에스테르가 있으며 대표적인 것이 세정제로 쓰이는 고급 지방산 알카리염인 비누이다

Ⓑ 비이온 계면활성제는 수용액에서 이온으로 해리하는 기를 가지고 있지 않는 계면활성제로서 -OH기를 갖고 있으며 비교적 친수성은 작지만 분자 내에 에스테르, 산아미드, 에테르결합을 갖고 있다.

Ⓒ 양이온 계면활성제는 수용액 중에서 이온해리하여 양이온으로 되는 부분이 계면활성을 나 타내는 활성제다.
보통 역성비누 또는 양성비누라고 하는 양이온 계면활성제의 소수기는 음이온 계면활성제와 같이 종류는 많으나 친수기로서는 조염하여 얻은 1~3차 아민을 함유하는 단순한 아민염과 4차 암모늄염이 대부분이며, 여기에 극히 소수인 포스포늄염, 설포늄염 등이 포함되어 있다. 침투제나 유화제, 정전기 방지제, 살균제, 유연제 등으로 사용된다.

Ⓓ 양성 계면활성제는 양이온성과 음이온성의 관능기를 하나 또는 그 이상 동시에 가지고 있는 계면활성제로 친수성기의 음이온 활성기에 의한 분류와 화합구조에 의한 분류가 있다. 산성에서는 양이온성, 알칼리성에서는 음이온성의 계면활성제로 작용하며, 살균작용과 피부에 대한 자극이 약하며 샴푸제나 섬유처리제에 사용되고 있다.

② 습윤제

피부나 모발에 적당한 수분함유를 위해 첨가하는 것으로 글리세린, 프로필렌글리콜, 피롤리돈카르본산 나트륨액 등이 있으며, 힘줄이나 가죽의 콜라겐을 가수분해한 젤라틴, 프로테인 등

도 있다. 모발의 손상 부위에 잘 흡착하여 손상모의 회복이나 모발보호를 위해 사용되고 있다.

③ 유화제와 가용화제

물과 기름처럼 서로 혼합하지 않은 두 액을 안전한 에멀젼(유탁액)으로 혼합한 것으로, 피부나 모발을 보호하기 위해 사용된다. 감촉을 부드럽게 하기 위하여 유지나 왁스 성분 등이 추가된다.

유화제로 사용되는 것은 계면활성제로 기름의 입자 표면에 친유기의 유성을 친수기에 접하는 상태의 배열로 기름의 입자가 집합하여 기름과 물이 분리되는 것을 방지한다. 즉 서로 유화된 것을 에멀젼(emulsion)이라 하며 유액이나 크림상이 되고, 미세한 입자가 섞이게 되면 투명한 용액상이 되는데 이를 가용화라 한다.

④ 유성 성분

모발에 유분이나 영양분을 공급하거나 모발을 보호하기 위해 첨가하는 성분으로 동식물유, 왁스, 광물유, 면실유, 카카오유 등이 있다. 동식물유로는 올레인산, 스테아린산, 에탄올, 스테아린알코올 등이 있으며 대부분 고급 지방산이나 고급 알코올, 에스테르이다. 광물유로는 유동파라핀, 와세린, 파라핀, 세레신 등의 천연 탄화수소와 합성된 탄화수소 등이 있으며 물에 잘 녹지 않고 에테르 등의 유기용매에 잘 녹는다.

⑤ 착색제

모발화장품에 사용할 수 있는 법정색소로 햇빛, 열, 산, 알칼리, 산화제, 환원제 등의 약품에 약한 것이 많다. 특히 퍼머넌트 용제의 제1제나 제2제 등은 강한 환원제나 산화제를 포함하기 때문에 안정된 색소는 한정되며, 변색과 퇴색되는 색소가 많이 있다. 따라서 직사광선이 많거나 온도가 높은 곳에서는 변색 및 퇴색의 우려는 물론 소멸되기도 한다.

⑥ 향료

식물의 꽃이나 잎을 이용하거나 동물에서 얻어지는 정유를 통해 천연의 향료를 얻을 수 있으며, 배합하여 사용하기도 한다. 산화제, 환원제, 열 등에 약하므로 두발 제품에 사용되는 것은 한정되어 있다.

⑦ 기타

티오글리콜산, 시스테인, 과산화수소 등은 Fe, Cu 등의 미량의 금속이 약간만 들어있어도 안정성에 문제가 생긴다.

따라서 이러한 금속을 결합시켜 에워싸는 금속봉쇄제를 안정제로 첨가하여 사용한다.

금속봉쇄제는 금속을 감싸 티오글리콜산, 시스테인, 과산화수소와 금속이 반응하지 않도록 하는데, 에데도산염, 구연산, 린산 등이 있다. 피부의 염증을 막기 위해 함염증제를 첨가하기도 한다.

6. Permanent wave의 프로세스와 방법

1) Permanent wave의 시술순서

(1) 모발진단

문진, 시진, 촉진, 검진을 통하여 모발을 진단한다.

(2) 스타일 상담 및 결정

① 고객의 직업이나 개성에 따라 원하는 스타일을 존중하여 준다.
② 유행하는 트랜드나 취향에 따라 고객에게 어울리는 스타일을 권유하며 고객과의 충분한 상담을 통하여 헤어디자인을 결정한다.
③ 헤어스타일 책이나 카탈로그 참고한다.

(3) 프레샴푸(Pre Shampoo)

① 자극적인 퍼머넌트 웨이브제를 사용하기 전에 샴푸제를 이용한 두피의 자극이 없는 모발의 유분이나 더러움을 제거하는 정도의 샴푸를 의미한다.
② 린스제를 사용하지 않고 순수 샴푸만 사용하여 퍼머넌트 웨이브제가 모발에 잘 흡수되도록 한다.

(4) 타월 드라이

샴푸후 모발의 수분을 제거하여 준다.

(5) 프레커팅(Pre Cutting)

퍼머넌트 웨이브의 볼륨이나 헤어스타일을 위한 모발길이를 조절하여 퍼머넌트 웨이브가 잘 어우러지도록 와인딩전에 행하는 커트이다.

(6) 펌제의 선정

모발 진단이나 모발상태에 따른 퍼머넌트 웨이브제를 결정하게 된다.

(7) 로드의 선정

헤어디자인이나 스타일과 모질, 모발의 손상정도 웨이브에 따른 로드 크기를 결정한다.

(8) 전처리

모발 손상정도가 각기 다른 모발의 경우 퍼머넌트 웨이브 시술전 모발의 상태를 일정수준으로 균등하게 조절하는 작업으로 퍼머넌트 웨이브제로 인한 손상을 최소화하기 위한 사전 작업이다.

(9) 블로킹(Blocking)

디자인에 따른 효과적인 블로킹 나누기

(10) 와인딩(Winding)

모발 상태에 따라 환원제 도포하고 모발은 엉키지 않도록 충분히 빗질하여 와인딩 하기

(11) 헤어밴드

퍼머넌트 웨이브제가 얼굴에 흘러내리는 것을 방지하기 위하여 타올이나 헤어밴드를 착용한다.

(12) 환원제 도포

(13) 비닐 캡 씌움

제1제를 도포한 후 비닐 캡을 씌워 일정한 온도를 유지하도록 하여 퍼머넌트 웨이브의 형성을 도와주는 작용을 한다.

(14) 방치 시간(Processing time)

모살상태에 따라 프로세싱 타임 결정하기

(15) 테스트 컬(Test Curl)

모발 웨이브의 탄력 정도를 알아보는 것이다.

(16) 중간 린스

모발에 남아있는 환원제 잔여물을 미온수로 충분히 헹구어 물기를 완전히 제거한다.

(17) 산화제 도포

모발길이나 상태에 따라 골고루 도포

(18) 로드오프(Rod off)

(19) 린스(Rinse)

미온수로 충분히 헹구어내고 모발의 pH밸런스 유지

(20) 타월드라이(Towel dry)

(21) 애프터 커트(After cut)

헤어스타일 유지에 따른 재커트를 통하여 퍼머넌트 웨이브 디자인을 완성한다.

(22) 모발 건조

타월 드라이후 화학적 처리로 인한 모발손상을 줄이기 위해 냉풍으로 모발은 건조한다.

2) 프로세싱에 따른 모발의 변화

(1) 제1제에 의한 화학적 변화

제1제에 의한 화학적 변화는 약제에 의해 모발의 상태가 변화하는 것으로 모발의 팽윤, 연화현상으로 나타난다.

즉 단단하게 결합된 모발이 제1제의 알칼리에 의해 모발의 화학적 결합이 절단되면서 부풀려지는 팽윤과 더 작게 절단된 결합은 부드러워져 연화되었기 때문이다.

따라서 퍼머넌트와 같은 모발의 변형을 유도할 수 있다.

(2) 시스틴결합의 절단

화학제품 처리전의 모발 시스틴 함유량을 측정하고 제1액 처리 후의 시스틴 함유량을 분석하면 그 감소량으로 알 수 있다.

티오글리콜산은 pH가 높으면 환원력이 강해지고, 농도가 높아도 환원력이 강해지지만 모발의 종류나 상태에 따라 환원 정도가 달라진다.

즉 동일 조건의 온도와 시간에 노출시킨 동일한 퍼머넌트 웨이브제라 하더라도 퍼머넌트의 환원력이 빠르고 느림에 따라 퍼머넌트웨이브의 시술 시간이 달라지게 된다.

또한 퍼머넌트 제1제 조건에 따라 웨이브 결과도 당연히 달라지게 된다. 퍼머넌트 웨이브제의 pH 9 이상부터 팽윤도가 커지고 pH 9.7 이상이 되면 급격히 증가하므로 일반적으로 pH 9.2~9.6의 퍼머넌트 웨이브제를 사용하는 것이 적당하며, pH 9.7 이상의 퍼머넌트 웨이브제는 용해의 위험이 있다.

퍼머넌트 웨이브의 가장 이상적인 환원력은 절단된 시스틴이 결합이 30%이고 절단되지 않은 시스틴 결합이 70%인 경우로 탄력있는 퍼머넌트 웨이브를 얻을 수 있다.

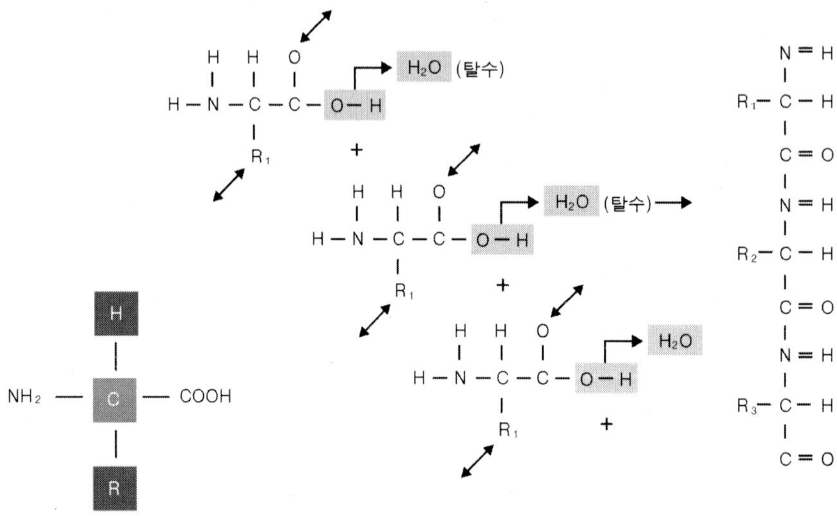

그림 5-3. 모발의 화학결합

절단된 시스틴 결합	절단되지 않은 시스틴 결합	모발결과
30%	70%	이상적인 환원상태로 원하는 모양의 퍼머넌트 웨이브 형태를 얻을 수 있다
10%	90%	모발의 환원작용이 불충분한 경우로 원하는 모양의 퍼머넌트 웨이브를 얻을 수 없다. 원하는 웨이브를 얻고 싶다면 환원력을 높여야 한다.
50%	50%	환원작용이 과잉된 경우로 모발의 케라틴 구조에 손상을 초래한 경우로 모발의 탄력이 떨어지게 된다.

(3) 시스틴결합의 절단 영역

모발의 시스틴결합이 끊어지는 곳은 주로 간충물질로 비결정영역의 케라틴이다.

결정영역은 분자 간격이 좁고 촘촘하며 가지런히 배열되어 있기 때문에 티오글리콜산분자가 들어가기 힘들지만, 비결정영역은 배열이 일정하지 않기 때문에 티오글리콜산 분자가 접근하기 쉽다.

따라서 퍼머넌트웨이브의 형성 과정 중 티오글리콜산에 의한 환원이 일어나는 곳은 비교적 절단하기 쉬운 간충물질로 비결정영역의 케라틴으로 모발의 구조를 부드럽고 쉽게 바꿀 수 있는 것이다.

(4) 디티오글리콜산

환원제인 티오글리콜산은 H에 의해 모발의 시스틴 결합(-S-S-)을 두 개의 시스테인(-SH HS-)으로 치환하는데 -SH의 H가 공기 중에 산화된 것을 디티오글리콜산이라 한다.

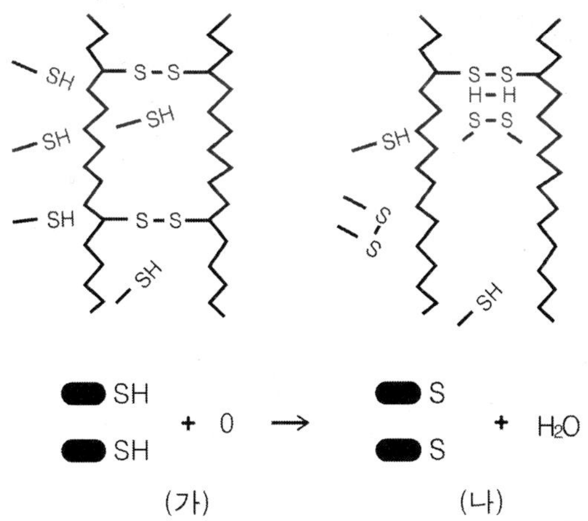

(그림중의 >-S-S-<는 케라틴을 SH는 티오글리콜산을 의미한다)

그림 5-4. 환원력의 디티오글리콜산

시스틴결합에 H를 부여한 티오글리콜산은 2분자로 결합하여 디티오글리콜산으로 변하는데, 이 디티오글리콜산이 증가하면 티오글리콜산의 환원력은 저하되며 시스틴결합을 환원하는 능력은 상실하게 된다.

즉 공기 중에 산화되는 시간이 많을수록 티오글리콜산의 농도는 낮아지게 되고, 디티오글리콜산의 수치는 증가하게 되는데, 이는 바로 모발의 손상을 의미한다. 티오글리콜산과 디티오글리콜산의 비율이 1:1 정도가 되면 케라틴의 환원반응은 일어나지 않게 된다.

환원제를 개봉한 후 공기 중에 노출시키게 되면 환원력이 낮아지게 되는데 이는 티오글리콜산이 공기에 노출되어 디티오글리콜산이 증가하는 이유인 것이다.

3) 퍼머넌트 시술시 주의사항

(1) 전처리

원하는 퍼머넌트 웨이브를 얻기 위하여 모발진단에 따른 모발의 사전처리를 전처리라 한다.

버진헤어, 저항성모, 염색이나 탈색 등의 손상모인 경우 퍼머넌트 웨이브 시술을 통하여 원하는 웨이브를 얻는 것이 쉽지가 않다.

프로세싱 전단계로 모발상태에 따라 트리트먼트제를 도포하거나 화학적인 제품을 사용하여 사전처리단계는 모발 손상은 최소화하면서 효과적인 웨이브를 형성하게 된다.

① 버진헤어·저항성 모발의 사전처리 방법

버진헤어·저항성 모발인 경우 모표피가 빽빽하게 밀착되어 있어 퍼머넌트 웨이브제의 침투가 쉽지 않으며 웨이브가 형성하기 어렵게 된다.

이런 경우 모발에 특수활성제나 환원제를 도포하여 일정시간 경과한 뒤 헹구어낸 후 모발 내로의 환원제 흡수가 용이하도록 하는 것이다.

② 신생모와 기존 화학저리 모발의 진단 차이에 따른 사전처리 방법

기존의 화학제품의 처리모에 신생모가 자라난 경우 모발의 상태를 균일하게 하는 것이 중요하다.

이런 경우 신생모에만 환원제를 도포하며, 극손상모는 PPT제품만을 도포하여 모발의 상태를 균일하게 만들어 모질의 밸런스를 일정하게 정리하여 준다.

(2) 비닐 캡을 씌우는 이유

비닐 캡을 씌우는 것은 제1제에 의한 공기 중의 산소와의 접촉을 최대한 차단하여 산화작용을 방지하고 환원제의 원활한 환원작용을 유지하도록 하는 것이다.

또한, 알칼리의 휘산작용을 방지하여 pH를 일정하게 유지시켜주며, 일정하고 균일한 온도를 유지하여 효과적인 퍼머넌트 웨이브를 얻기 위함이다.

비닐 캡 착용시에는 퍼머넌트 웨이브제가 피부에 직접 닿아 피부염에 노출될 우려가 있으므로 헤어밴드 위에 비닐 캡의 고무단부분이 위치하도록 씌워준다.

퍼머넌트 웨이브 시술시 원하는 웨이브를 얻기 위한 과정에서 뷰티살롱에서 가장 주의해야 할 것은 온도의 차이이다.

퍼머넌트 웨이브제와 모발의 반응 온도가 높고 낮음에 따라 웨이브 형성력과 반응 시간에 큰 영향을 준다.

퍼머넌트 웨이브제의 온도는 연중 일정한 온도(15~25°C 정도)로 시술해야 하며, 겨울철에는 온도가 상당히 떨어지는 수가 있으므로 상온 정도까지 따뜻하게 가온해서 사용해야 한다.

환원제 시술 중 와인딩이 끝나고 퍼머넌트 웨이브제를 도포한 후에 비닐 캡을 씌운다. 이것은 화학반응에 영향을 주며 퍼머넌트웨이브 형성에도 중요한 영향을 준다.

① 알칼리의 산화를 방지하며 pH를 일정하게 유지하도록 한다.
② 공기와의 접촉을 최대한 차단해 제1제의 공기 산화를 방지한다.
③ 체온이 떨어지는 것을 방지하며, 반응 온도가 상승하는 것을 미리 방지하는 작용을 한다.
④ 비닐 캡을 씌우는 시간, 즉 제1제 도포 후에 와인딩 시간과 비닐 캡을 씌우기까지의 시간이 빠르면 빠른 만큼 모발의 환원작용은 원활하게 되어 프로세싱 타임을 단축시켜 준다.

그러므로 와인딩 후 제1제를 도포한 후에는 재빨리 비닐 캡을 씌우는 것이 중요하다.

(3) 방치 시간(Processing time)

탄력있고 균일한 웨이브를 얻기 위해서는 환원제의 방치시간이 중요하다. 와인딩이 끝나고 모발에 환원제를 도포한 순간부터 모발의 성질과 상태, 사용된 환원제의 종류, 로드의 선정, 실내온도, 두피의 온도에 따라 방치 시간을 달리해야 한다.

프로세싱 타임은 촉진기(가온기)를 사용한 시간과 자연 방치 시간을 모두 합한 것을 의미한다. 모발마다 웨이브의 완성 시간에 따른 차이가 크므로 모발에 상관없이 웨이브의 완성 시간을 일정하게 만들어주기 위해 가열기 등의 촉진기를 사용한다.

자연 상태에서의 시술 및 방치시간이 중요하며 촉진기 사용은 장시간 지속적으로 사용하는 것은 두피나 모발에 심한 자극을 초래할 수 있으므로 자제하는 것이 좋다.

와인딩 시의 실내외의 온도와 체온의 상태, 퍼머넌트 웨이브제의 적용, 열처리의 여부에 따라 다르지만 일반적으로 약 20~40분 이내에 테스트 컬을 하는 것이 바람직하다.

오버 프로세싱(over processing)은 모발을 건조하게 하며 심한 손상을 야기시킬 수 있다. 언더 프로세싱(under processing)은 작용시간이 너무 짧아 퍼머넌트 웨이브 컬이 약하고 탄력이 없으며 실내 온도와 비닐 캡 내의 온도에 주의하여 방치시간을 조절한다.

① 모발의 굵기나 손상정도, 모발상태, 환원제의 종류, 환경조건(설정온도)에 따라 방치시간은 달라질 수 있다.
   손상모일 수록 방치시간은 짧으며, 저항성 모발이거나 버진헤어인 경우 방치시간은 길어질 수 있다.

② 컬이 잘 형성되지 않는 경우에는 프로세싱 타임을 줄이기 위하여 히팅 캡, 스티머, 적외선등 적절한 열기구 사용하여 보다 빠르고 효과적인 퍼머넌트 웨이브를 얻는 것이 좋다.
③ 오버 프로세싱(over processing): 적절한 웨이브가 나오는 방치시간 이상으로 길게 프로세싱을 한 경우로 웨이브가 강하고 모발이 거칠어지며 모발의 손상을 초래한다.
④ 언더 프로세싱(under processing): 적절한 웨이브가 나오는 방치시간 이하로 짧게 설정하여 프로세싱을 한 경우로 모발의 웨이브가 탄력이 없으며 쉽게 풀어지는 경향이 있다.

(4) 테스트 컬(Test curl)

테스트 컬의 목적은 환원제가 모발에 어느 정도 작용했는지의 여부를 판단하여 정확한 방치시간을 결정하고 웨이브의 형성 정도를 파악하는 것이다.

일반적으로는 환원제 도포 후 모발의 상태에 따라 약10~20분 정도에서 각 부위에 따라 하나의 로드를 2회전 정도 풀어 두피 쪽으로 가볍게 밀어보아 'S'자형의 리지(ridge)가 확실하게 생기는지를 검사한다.

원하는 컬의 형태를 확인한 다음 다시 고정시켜 다음 단계의 시술로 진행한다. 그러나 만약 느슨한 'S'자형의 리지가 보이면 컬의 형성 정도에 따라 환원제를 재도포한 다음 적절한 시간 동안 재방치 한다.

너무 오랜 시간을 방치한 경우 컬의 탄력이 줄어들고 모발에 화학적인 손상에 입히게 되므로 방치시간을 잘 조절해야 한다.

퍼머넌트 웨이브제(permanent wave solution)는 액상에 따른 분류에 의해 알칼리성, 중성, 산성이 있다.

산성이나 중성 타입의 퍼머넌트 웨이브제는 환원하는 힘이 약하고 팽윤도 적기 때문에 웨이브의 형태를 파악하기에 어려움이 있으므로 어느 정도의 숙련과 경험에 의한 판단이 요구된다.

원하는 웨이브가 나오지 않았을 때에는 비닐 캡을 씌우고 모발의 상태나 조건, 로드의 크기, 퍼머넌트 웨이브 디자인에 따라 열처리나 환원제의 재도포, 방치시간의 연장을 적용하며 적당한 웨이브의 크기를 조절하여 컬을 완성한다.

(5) 중간 린스(Plain rinse)

퍼머넌트 웨이브의 과정 중 제1제의 프로세싱 타임과 제2제를 바르기 전에 모발에 남아 있는 환원제의 잔여물을 제거하여 산화제의 산화작용을 원활하게 이루어지도록 하기 위해 미온수로 모발에 헹구어내는 것이다.

또한 브롬산염의 산화작용은 pH가 낮은 쪽에서 강하게 작용하기 때문에 pH가 높은 제1제를 물로 씻어 내는 것이 바람직하며 웨이브 형성 능력을 높일 수 있다.

만약 중간 린스를 하지 않으면 모발에 남아 있는 환원제(제1제)와 산화제(제2제)가 반응하여 환원제에 의해 산화제의 작용이 묽어지기 때문에 산화제의 역할을 충분히 하지 못할 경우가 있을 수 있다.

또한 환원제는 일반적으로 알칼리성인 것이 많기 때문에 중간 린스를 하지 않으면 환원제의 알칼리가 잔존하여 두피와 모발을 손상시키는 원인이 되기도 한다.

따라서 중간 린스를 통하여 디티오글리콜산을 제거하여 시스틴결합의 재결합과 동시에 모발 손상을 줄이는 결과가 되는 것이다.

중간 린스를 하는 방법은 미온수로 모발 전체를 충분히 헹궈낸 다음 부드러운 수건이나 탈지면 등으로 두피와 로드의 물기를 완전히 제거한다.

만약 물기를 충분히 제거하지 않으면 산화제를 모발에 도포했을 때 모발에 남아 있는 수분에 의해 산화제가 희석되거나 산화제의 흡수를 방해하여 웨이브의 형성을 방해하기 때문에 숙련된 동작으로 신속하게 실시하는 것이 좋다.

(6) 산화제 도포

산화제는 환원제로 인한 모발의 끊겨진 결합을 다시 연결해 주어 로드에 감긴 모양으로 웨이브를 고정시키는 것으로, 이때 환원제의 작용은 멈추고 산화제의 산화작용에 의해 이루어진다. 중간 린스 후 모발과 두피에 남은 물기를 완전히 제거하고 로드를 꼼꼼하게 돌려가며 고루 산화제를 도포해야 산화작용이 잘 이루어진다.

모발의 길이, 모발의 상태, 컬의 상태에 따라 산화 시간과 횟수를 조절하여야 하며, 보통 산화 시간은 15~20분 정도이다.

① 와인딩된 모발에 산화제를 골고루 빠짐없이 도포하여 웨이브를 고정시켜 주는 작용을 한다.

② 모발의 길이가 길거나 숱이 많은 경우에는 산화제가 깊이 침투되도록 2~3번 도포하여 준다. 산화제를 2~3번 나누어 도포하여 주면 산화효과는 증가하게 된다.

③ 모발 상태에 따라 방치시간은 15~20분으로 산화효과가 적당히 작용하도록 하며, 산화시간이 길수록 모발 손상의 원인이 되므로 주의한다.

④ 산화제에 의한 시스틴의 재결합으로 웨이브가 형성되는데 과도한 산화반응으로 시스테인이 cystine으로의 결합을 넘어 cysteic acids으로 변하게 된다. 이 상태는 시스틴의 결합이 깨지고 절대로 시스틴으로의 복구는 어려우며 영구손상을 초래하게 되는 것이다. 과산화 반응으로 인한 퍼머넌트 웨이브 모발은 cysteic acids으로 인하여 모발손상으로 탈색현상을 보이며, 웨이브 형성력도 느슨하게 된다.

(7) 린스

산화제 도포 후 로드를 제거하며, 미지근한 물로 퍼머넌트 웨이브제의 화학적인 성분이 두피나 모발에 남지 않도록 충분히 헹구어낸다.

모발 중간이나 끝부분부터 도포하며 모근부분은 살짝만 도포하여 마사지한 후 린스제가 잔류하지 않도록 깨끗하게 헹구어 제거하여준다.

퍼머넌트 웨이브제와 텐션으로 인하여 민감해진 두피에 가볍게 마사지나 지압을 한다. 두피가 민감한 경우 두피에 무리한 마사지나 지압은 금물이며, 산성린스를 하여 모발의 pH 밸런스를 맞추어 준다.

또한 얼굴이나 귓등, 목 부분에 묻은 퍼머넌트 웨이브제도 충분히 제거하며, 모발 끝이 손상된 경우에는 모발 끝부분이나 컬이 많은 경우에는 충분히 린스제를 골고루 도포한 후 미지근한 물로 헹구어낸다.

퍼머넌트 웨이브제로 거칠어진 모발표면은 린스작용으로 유분을 보충하고 정전기를 방지해 준다. 또한 퍼머넌트 웨이브제 특유의 냄새를 제거하며, 모발의 윤기를 부여하여 감촉을 부드럽게하고 모발을 정리하여 주는 작용을 한다.

퍼머넌트 웨이브가 형성된 두피 및 모발은 퍼머넌트 웨이브제로 인하여 외부의 압력에 대해 민감해지며, 탄력성이 떨어지기 쉬우므로 모발손상 방지를 위하여 컨디셔너나 트리트먼트제를 사용하여 모발의 표면을 감싸주고, 탄력있는 모발로 유지시켜 준다.

퍼머넌트웨이브 후의 모발은 2~3일 동안에는 샴푸제를 사용하지 않은 순수 린스제를 이용하는 것이 좋다.

샴푸제를 이용한 샴푸는 시스틴 재결합이 불충분한 부분의 웨이브를 약하게 하여 모발의 탄력을 떨어뜨리므로 린스제를 이용하여 헹구어내는 것이 탄력있는 웨이브를 유지하는 것이다.

린스제는 손바닥에 덜어서 묻혀내어 사용하여 한 곳에 뭉치지 않게 골고루 바르고 모발이나 두피에 남지 않도록 깨끗하게 제거하는 것이 중요하다.

(8) 말리기

린스 후 수건으로 모발과 두피의 물기를 충분히 제거하며, 모발을 비비는 등 마찰보다는 수건으로 모발을 감싸 가볍게 두드려 물기를 제거한다.

드라이어를 이용하여 건조시킬 경우 퍼머넌트웨이브가 흩어지지 않도록 하며, 두피에서 20 ㎝정도 떨어진 곳에서 약한 바람이나 부드러운 바람으로 모근 부분을 먼저 말려준다.

되도록 마른 상태에서의 빗질은 삼가고 물기가 약간 있을 때 굵은 빗살의 빗을 이용하거나 손가락으로 브러싱하고 가볍게 마무리한다.

또한 Blow Dry를 이용한 스타일의 변화를 줄 경우, 모발의 손상이 가중되므로 삼가는 것이 좋다.

7. Permanent wave 시술시 주의사항

① 고객과의 충분한 상담으로 모발이나 두피의 상태를 파악하고, 고객이 원하는 스타일을 잘 분석하여 모발의 길이, 모발의 질감, 디자인의 형태에 따른 웨이브의 크기나 볼륨을 정한다.

② 모발 진단을 통해 모질에 알맞은 퍼머넌트 웨이브제와 시술방법을 결정하고, 퍼머넌트 웨이브 시술 전 샴푸의 실시는 가볍게 두피를 자극하지 않는 플레인 샴푸를 한다.

③ 퍼머넌트 웨이브 디자인에 따른 올바른 로드 선정과 신속한 와인딩으로 환원제를 골고루 도포하는 것이 중요하다. 적절한 프로세싱 타임을 적용하여 방치시간이 너무 길어지지 않도록 하며, 오버 타임이 되지 않도록 주의한다.

④ 고객의 옷이나 얼굴, 목덜미 등에 퍼머넌트 웨이브제와 같은 화학성분이 묻지 않도록 가운과 수건, 어깨보를 꼼꼼하게 착용하게 하고 세심한 주의를 한다.

⑤ 로드 자국이 두피에 남지 않도록 쇼트 헤어(short hair)의 경우 지그재그 섹션을 떠서 시술하여 로드 자국이 잘 형성되지 않도록 주의하며, 스틱(stick)을 이용하여 고무 밴드 자국이 남지 않도록 한다.

⑥ 산화제 도포 시 와인딩된 모발을 빠짐없이 충분히 도포하고 얼굴이나 목으로 흐르지 않도록 세심한 주의한다. 타올이나 헤어밴드가 젖은 경우 재빨리 새로운 수건이나 헤어밴드로 교체하여 불쾌감을 주지 않도록 한다.
모발상태나 조건에 따라 2~3번의 산화제를 도포하여 15~20분의 산화타임을 제대로 적용시키며 오버 타임이 되지 않도록 주의한다.

⑦ 로드를 풀 때는 고무밴드가 머리카락이나 로드에 걸리지 않도록 세심한 주의를 기울이면서 밑에서부터 위로 풀어나간다. 미지근한 물로 두피에 남아있는 퍼머넌트 웨이브제를 충분히 헹군 다음 샴푸제를 쓰지 않으며 린스만 사용하여 충분히 헹구어낸다.

⑧ 퍼머넌트 웨이브제를 취급할 때는 반드시 보호용 장갑을 착용한다.

⑨ 퍼머넌트웨이브 시술 후 고객카드를 작성하여 고객의 모발의 특징이나 매뉴얼에 대한 상세한 내용을 작성하여 관리한다.

⑩ 가정에서의 모발손질 및 헤어스타일 관리법을 설명해 준다.

Tip

*** Permanent Wave의 정의**

- 자연 상태의 모발에 물리적 · 화학적 과정을 거쳐 모발을 영구적으로 변화된 모양으로 만든 스타일

*** Permanent Wave의 원리**

```
                    +2H(환원: 제 1제의 작용)
| -S-S- |      ====================〉    | -SH   HS- |
  시스틴        〈====================       시스테인
                    +O(산화: 제 2제의 작용)
```

*** Permanent Wave제의 구성성분**

- 제 1제(환원제): 환원제(티오글리콜산 or 시스테인), 알칼리제
- 제 2제(산화제): 산화제(브롬산염, 과산화수소, 과붕산나트륨), 첨가제

〈퍼머넌트 웨이브의 정의 및 역사〉

연도	내용
고대	펌 웨이브의 역사는 B.C 3000년 경 고대 이집트인들이 모발에 진흙을 발라 이를 막대기에 감고 햇볕에 말려서 웨이브를 만든 것에서부터 시작되었으며 알칼리와 열을 이용한 퍼머넌트 웨이브의 기원이라 할 수 있다. 그 이후 고대 그리스·로마시대에도 불로 데운 쇠막대기를 이용하여 웨이브를 만들었다.
1870년	프랑스 마셀 그라또우(Marcel Grateau)가 아이롱을 이용한 마샬 웨이빙을 발명하였다. 그러나 이는 일시적인 웨이브로서 머리를 감거나 모발에 수분이 닿으면 웨이브가 풀려서 원래의 직모로 되돌아가는 결점이 있었다.
1905년	영국 사교계의 유명한 미용사 찰스 네슬러(Charles Nessler)는 웨이브를 영구적으로 지속시킬 수 있는 방법을 연구하던 중 모발에 붕사와 같은 알칼리 수용액을 바른 다음 금속성 원형롤러에 와인딩을 하고 전기로 가열하는 방법을 고안했다. 이는 알칼리와 열을 이용한 히트 웨이브(head wave)로써 이때의 와인딩 방법은 모근에서 모발 끝 쪽으로 와인딩 해 나가는 스파이럴 와인딩 방식으로 긴 모 발에만 시술이 가능하였다. 찰스 네슬러의 히트 웨이브는 100도가 넘는 고열을 사용하는 방법으로 모발이 끊어지는 등의 위험성과 12시간이 넘는 시술시간, 높은 비용 등으로 인해 널리 사용되지는 못했다.
1925년	죠셉 메이어(Joseph Mayer)가 크로키놀식 웨이브를 고안해 냈는데 모발 끝에서 부터 모근 쪽으로 와인딩 해 나가는 기법으로 짧은 머리나 긴 머리 모두 가능한 방법이다.
1930년	위험한 전기를 사용하지 않는 방법으로 약품의 화학반응에서 얻어진 반응열을 이용함으로 가열기구의 위험함으로부터 벗어났다.
1936년	영국 리도 대학 교수 J.B.스피크먼(J.B. Speakman)이 아황산수소나트륨을 이용하여 실온에 가까운 온도(40도)에서도 충분한 웨이브가 얻어지는 것을 발견하게 되었다. 모발 케라틴의 화학구조를 연구하여 기존의 100도 전후의 가열이 필요했던 시술온도를 실온(40도)에서도 가능하다는 의미로 콜드라는 명칭을 사용하게 되었다. 이 콜드 퍼머넌트 웨이브 방법은 고열로 인한 위험 부담을 줄이고 시술 시간을 2~3시간으로 감소시켜 퍼머넌트 웨이브의 대중화를 가져오게 되었다.
1941년	미국에서 맥도우(McDonough)가 티오글리콜산염을 주제로 한 콜드 퍼머넌트 웨이브의 연구에 성공하였고 그 후 많은 연구를 거쳐 1947년 미국의 FDA(식품의약품국)에 의해 티오글리콜산염을 주제로 한 퍼머넌트 웨이브제가 보건위생상 무해하며 효과적인 웨이브를 얻을 수 있다는 인증을 받아 현재에까지 이르고 있다.

〈현대 서양 퍼머넌트 웨이브의 시대별 변천사〉

연대	현대 서양 퍼머넌트 웨이브의 변천사
1900년대	급속한 과학기술의 발달로 풍요와 성장을 거듭하여 아르누보양식이 유행하였다. 헤어스타일은 가르마 없는 앞머리를 위로 빗어 올리고 뒷머리를 느슨하고 부드럽게 치켜올린 퐁파두르 스타일(pompadour style)이 유행하였다. 이 스타일은 본래 프랑스 루이 15세의 정부였던 Marquise de Pompadour가 유행시킨 스타일로 그녀의 이름을 따서 퐁파두르라고 부르게 된 것이다. 퐁파두르 스타일이 유행하면서 리본, 깃털, 꽃 등으로 장식한 모자를 즐겼으며 적갈색으로 염색을 하기도 했다. 헤어디자이너 마샬이 창안한 마샬 웨이브로 파도 모양의 곱슬곱슬한 스타일을 유행시켰으며, 챨스 네슬러가 전기 열과 알칼리 수용액으로 한 단계 더 발전된 오래가는 퍼머넌느 웨이브를 소개함으로써 매일 머리를 손질해야 하는 수고로움을 덜게 되었다.
1910년대	1910년대는 공업화 등으로 여성들의 사회진출이 늘어난 시기이다. 또한, 여성들은 참정권과 자유연애를 주장했으며 공공연히 담배를 피우기 시작하였다. 헤어스타일 또한 여성스러움과 권위의 상징에서 벗어나 단순하고 손질하기 쉬운 스타일로 변화 되었다. 단순함과 기능성을 추구하게 되면서 쇼트커트(short cut)나 보브 스타일(bob style)이 선풍적인 인기를 끌었으며, 일하는 여성들의 보편적인 스타일로 자리잡게 되었다. 이 시대의 퍼머넌트 웨이브는 세로 웨이브인 스파이럴 와인딩(spiral winding) 기법이 유행되어 어깨까지 늘어진 머리에 스파이럴로 와인딩 한 헤어스타일을 가진 영화배우들이 유행에 많은 영향을 끼쳤다.
1920년대	제1차 세계대전후 여성들의 지위가 향상되고 경제력을 갖추게 되었다. 여성들에게도 자유연애를 즐기고 활동성을 중시하면서 보이쉬한 스타일을 선호하게 되었다. 미국은 세계최강국으로 부상하였는데 부의 지나친 편중으로 인해 가난한 서민들의 구매력이 떨어져 재고가 쌓이면서 1929년 대공황이라는 불경기를 맞게 되었다. 1910년대에 유행한 보브 스타일이 1920년대에 들어서면서 보브 스타일보다 더 짧은 남성 머리 형태의 쇼트 커트인 싱글(single) 이라는 스타일을 하였다. 싱글 이란 남성들이 전통적 머리 형태처럼 뒷머리를 짧게 쳐 주는 것으로서 이 싱글 커트는 남녀평등에 대한 의지를 드러낸 것이었다. 퍼머넌트 웨이브는 짧은 머리에 얼굴을 감싸는 듯한 마샬 웨이브를 하였는데 짧아진 머리로 인해 5cm 정도의 작은 핀을 제외한 다른 핀은 거의 사용이 되지 않았다. 1925년엔 죠셉 메이어가 모발 끝에서 모근 쪽으로 와인딩하는 크로키놀 와인딩(croquignol winding)기법을 고안하여 짧은 머리의 펌이 가능하게 되어 여성들의 헤어스타일 연출이 훨씬 더 간편해졌다.
1930년대	1930년대는 1929년 세계적인 대공황으로 인해 실업과 인플레가 늘어났으며 1939년 제2차 세계대전이 불발하여 모든 문화가 거의 정지상태가 되었다. 이로 인해 사회적 분위기가 불안해지면서 모성애가 풍기는 여성스럽고 세련된 여성이 이상형으로 대두되면서 의상, 메이크업, 헤어스타일이 부드럽고 성숙되며 여성스러워졌다. 헤어스타일에 있어서는 부드러운 퍼머넌트 웨이브가 대세를 이루었는데 1936년에 개발된 콜드 웨이브식 퍼머넌트 웨이브가 일반인에게 대중화 되었고 1920년대의 짧은 보브스타일과 달리 어깨 길이에 머리 중간이나 끝만 부드럽게 웨이브를 주는 스타일이 유행하였다. 1930년대의 경쟁공황으로 인해 사람들은 영화의 화려함에서 현실의 어려움을 잊으려 했다. 영화에서 나오는 배우들의 헤어스타일이나 메이크업, 의상 등은 당시 유행에 큰 영향을 미치게 된다.

	진 할로우(Jean Harlow)의 금발머리, 그레타 가르보의 페이지 보이 보브(page boy bob)스타일 등이 세계적으로 유행하였으며 베레모나 터번을 쓰거나 화려한 스카프 등이 유행하였다.
1940년대	제2차 세계대전(1939~1945) 기간동안 세계의 문화는 거의 정지 상태였고 인류는 큰 고통에 시달려야 했다. 제2차 세계대전 후 세계문화의 중심은 미국으로 옮겨갔고 사람들의 사고체계도 권위주의적 사고에서 대중 중심의 자유로운 사고체계로 변화하기 시작했다. 1940년대에는 1930년대에 비해 헤어스타일이 비교적 간소했고 머리 보호용의 모자를 착용했다. 전쟁이 끝난 후 크리스챤 디올의 뉴룩(new look)의 유행으로 머리에서 발끝까지 작아 보이도록 했으며 머리형태도 두상에 딱 달라붙는 시뇽 형태였다. 헤어스타일은 퐁파두르 스타일이 유행하였는데 1900년대의 퐁파두르 스타일에 비해 머리 를 부드럽게 어깨위에 내렸으며 과하게 부풀리지 않았다. 1940년대 후반에는 long hair style보다 어깨 길이, 혹은 그보다 더 짧아져가는 경향을 보였다.
1950년대	1950년대는 제2차 세계대전이 끝나고 미국과 소련을 중심으로 한 냉전체제에 돌입하게 된다. 세계는 미국이 다방면에서 리드를 하게 되었고 경제적 풍요 속에서 사회를 구성하는 개개인은 거대 조직사회의 한 부속으로 전락하고 있었다. 1950년대의 헤어스타일은 짧은 머리와 볼륨감있는 굵은 웨이브가 주류를 이루었다. 모발은 4~5cm 길이로 똑같이 잘라 컬을 준 푸들 컷(Poodle Cut) 이마와 뺨에 납작하게 붙인 곱슬 애교머리 스타일, 10cm 정도의 모발을 둥글고 굵은 우아한 웨이브를 낸 버블스타일 등이 있다. 1950년대를 대표하는 마릴린 먼로가 버블 스타일을 주로 하였고, 오드리 햅번의 불규칙한 앞머리와 짧은 커트, 픽시 커트, 브리짓 바르도의 흐트러진 스타일이 유행하였다.
1960년대	제 2차 세계대전 이후 태어난 세대가 1960년대에 청년으로 자라나 고등교육과 취업의 기회를 얻어 커다란 힘의 집단을 형성하였다. 이들은 독특한 청년문화를 형성하였는데 영국의 비틀즈(Beatles)와 롤링 스톤지(Rolling Stone)등을 우상으로 삼았으며 기성세대에 반기를 들어 히피문화를 꽃피웠으며 흑인 민권운동이 활발하게 전개되어 아프로 스타일(Afro Style)이 유행하였다. 1960년대의 헤어스타일은 풍성한 볼륨을 줘서 과도하게 부풀리는 부판트(Bouffant)스타일이 유행하였다. 머리 길이에 상관없이 긴 머리나 짧은 머리에도 백코우밍 등을 사용하여 모발을 부풀렸으며, 히피문화가 형성되면서 히피헤어스타일(Hippie Hair Style)이 유행하였는데 히피 헤어스타일이란 긴 머리를 다듬지 않은 채로 그대로 풀어헤쳐서 자연스러운 모양을 내는 스타일이다. 또한 영국의 비달사순(Vidal Sassoon)이 기하학적 커트로 유명해졌으며 영국의 10대 모델인 트위기(Twiggy)의 짧은 머리가 유행하기로 했다.
1970년대	1973년의 석유파동과 재정적자로 세계는 크게 동요하면서 자연으로 되돌아가자는 운동과 여성운동이 확산되었다. 1970년대의 영국은 젊은이들의 비중이 컸지만 경제적인 불황으로 상당수가 실업자 상태에 있었다. 자신들의 암울한 미래 사회에 대한, 반항, 분노, 좌절을 젊은이들은 펑크와 같은 혐오스러운 복장과 헤어스타일을 하고 다니면서 연출하였다. 헤어스타일은 자연으로 되돌아가자는 운동으로 인해 바람처럼 자연스러운 퍼머 웨이브가 유행했으며 특히 파라 포셋(Farrah Fawecett)의 자연스러운 헤어스타일이 유행했다. 후반에는 펑크 스타일이 많이 보였는데 머리를 뾰족뾰족 하게 세우고 다양한 컬러로 염색 하는 등의 스타일을 통해 자신들의 주장을 나타내려 하였다.

1980년대	1980년대는 사회문화전반에 걸쳐 변화된 모습들이 표면적으로 구체화되는 시기이다. 계층간의 위계질서가 무너지고 다양성과 가변성이 수동되는 현상이 나타나 기존의 절대가치를 지향하던 중앙집권적 체제에서 가치의 상대성을 인정하는 체제로 변화 되었다. 미용시장에도 많은 변화가 있었는데 전문 뷰티 살롱이 대중화되어서 일반인들이 손쉽게 이용하였고 매해마다 그 해의 트랜드를 발표하여 세계적으로 작품을 공유하기 시작했다. 1970년대의 펑크 스타일이 계속 유행하였으며 다이애너비의 커트스타일이 전세계적으로 퍼졌다. 또한 다양한 색깔의 컬러링이 일반화되고 퍼머넌트 스타일은 부드러우면서 자연스러운 웨이브가 유행하였다.
1990년대	현대와 탈현대의 과도기적 상황에서 전통성의 회복, 복고로의 부활, 동양·아프리카·남미 등 이국적 감각이 등장하였고, 환경파괴와 생태계 보존이 심각한 문제로 대두 되었다. 소련연방이 붕괴되면서 이념 체계가 무너지고 경제 원리에 의해 움직이는 세계가 되었다. 1990년대 말에는 새천년에 대한 기대로 다양한 문화가 공존하였고 다양한 문화를 사회 전반적으로 받아들이는 분위기가 되었다. 헤어스타일에 있어서도 개인의 독창성을 중시하여 다양한 스타일이 공존하였다. 자연보호 트랜드와 함께 밝은 색의 길고 자연스런 웨이브가 유행하였고, 제 3국에 대한 관심이 증대되면서 힙-합 레게 스타일, 동양풍의 생머리나 직선적인 뱅을 한 스타일이 유행하였다. 개인의 개성을 중시하게 되면서 '나'를 강조하기 위해 헤어스타일 또한 두상에 달라붙는 스트레이트 스타일이 유행하였고 퍼머넌트를 하더라도 굵은 웨이브가 주류를 이루었다.
2000년대 이후	2000년대에는 모든 면에 있어 환상성, 가상현실 등이 대폭 도입된다. 인터넷의 도입으로 정보의 다양화로 문학이 인접 예술과 더욱 활발히 교류하게 되었다. 한 세기가 바뀌면서 많은 컬렉션과 트랜드 발표가 줄을 잇고 있고 미용 전반에 많은 변화가 일고 있다. 과학의 발달로 좀 더 안전하고 친환경적인 미용 제품들이 개발되고 다양한 기구들이 속속 나오면서 많은 변화를 가져오고 있다. 과거 어느 시대보다 개인의 독창성이 중시되어서 다양한 스타일이 재창조되어 나오고 있고 헤어 컬러링도 고도로 발달하게 되었다. 퍼머넌트 웨이브의 형태도 굵은 웨이브와 호일 펌이나 아프로 펌과 같이 강한 웨이브가 공존하여 발전하고 있다.

8. 기초 퍼머넌트 웨이브 기법

1) 블로킹(Bloking) 및 베이스섹션(Base Section)

(1) 블로킹(Bloking)

퍼머넌트 웨이브의 효율을 위해 모발의 길이나 디자인을 고려하여 로드의 종류나 모발의 밀도, 모발 상태 등을 고려하여 두상을 크게 나누어 등분하는 것을 의미한다.

(2) 베이스섹션(Base Section)

베이스섹션은 블로킹된 부분을 원하는 헤어스타일 디자인에 고려하여 선정된 로드에 와인딩하기 위해 세밀하게 나누는 것을 의미한다. 이는 헤어스타일, 로드의 크기와 종류, 모발의 굵기, 밀도, 길이, 손상 정도, 볼륨, 방향성에 따라 베이스의 넓이와 폭을 조절할 수 있는데, 수평형, 수직형, 사선형, 삼각형 등 여러 모양으로 나눌 수 있다.

① 수평 베이스섹션

가장 기본이 되는 베이스섹션으로 모근의 볼륨이 크며 일반적으로 많이 사용한다.

② 수직 베이스섹션

긴 모발의 부드러운 웨이브를 원할 경우에 사용되는 베이스섹션으로 모발의 자연스러운 웨이브 흐름이 입체적이다.

③ 사선 베이스섹션

수평과 수직의 장점을 이용한 베이스섹션으로 볼륨을 조절할 수 있으며 웨이브의 방향성을 주어 원하는 퍼머넌트 웨이브의 흐름을 잘 나타낸다.

④ 삼각 베이스섹션

브레이딩, 핀컬, 레게 퍼머넌트와 같이 가닥가닥 분리된 느낌의 스타일에 주로 사용되는 베이스섹션이다.

⑤ 지그재그 베이스섹션

블로킹 없이 엇갈리는 베이스섹션이다. 전체적으로 골고루 볼륨감을 주며 모발의 밀도가 작은 경우 사용하면 효율적이다.

⑥ 서클 베이스섹션

모발의 웨이브 흐름을 뒤로 자연스럽게 넘어가게 하는 베이스섹션으로 모발의 리지(ledge)가 수평적으로 연결되어 있다.

⑦ 위빙 베이스섹션

베이스섹션 자국이 보이지 않도록 하기 위한 베이스 기법으로 모발이 서로 자연스럽게 교차하여 부드러운 느낌을 준다.

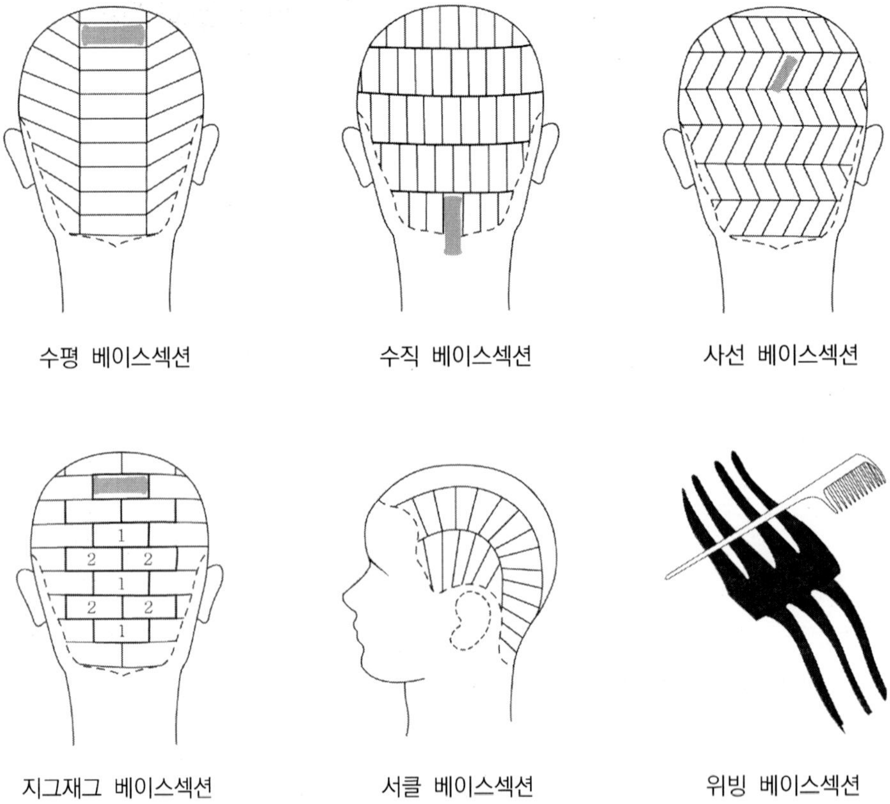

그림 5-5. 베이스 종류

2) 와인딩 기법

(1) 크로키놀식 와인딩(Croquignole Winding)

크로키놀식 와인딩은 모발 끝선에서부터 시작되는 와인딩 기법으로 가장 보편적으로 많이 사용되는 기법이다. 1925년 죠셉 메이어(Joseph Mayer)에 의해 고안된 기법으로 짧은 모발 뿐 만 아니라 긴 모발에도 다양하게 적용할 수 있으며 가로, 세로, 사선으로 응용할 수 있다.

① 가로 와인딩

로드가 수평으로 눕혀진 상태로 와인딩하는 기법으로 리지(ledge)가 수평으로 되어 있어 특히 와인딩 각도에 따라 볼륨조절이 가능하며 모근 쪽에 큰 볼륨감의 웨이브를 얻을 수 있다.

② 세로 와인딩

로드가 수직으로 세워져 있는 상태로 와인딩하는 기법으로 가로 와인딩보다 볼륨감은 적지만 부드럽고 자연스러운 웨이브를 얻을 수 있다.

③ 사선 와인딩

로드의 위치가 사선으로 뉘어져 있는 상태로 와인딩하는 기법으로 리지가 사선으로 정리되어 웨이브의 방향감을 유도할 수 있다. 특히 앞머리의 가르마를 중심으로 모발방향을 결정하고자 할때 사용되는 와인딩 기법이다.

(2) 스파이럴식 와인딩(Spiral Winding)

스파이럴식 와인딩 기법은 모근에서 모발 끝선으로 와인딩하는 기법과 모발 끝선에서 모근 쪽으로 와인딩하는 기법이 있다. 이 방법은 짧은 모발보다는 긴 모발을 연출하는데 효과적인 방법으로 크로키놀식 와인딩보다 볼륨이 작다.

① 모근 와인딩

모근에서 모발 끝선으로 와인딩하는 기법으로 로드에 모발을 나선형으로 감아가는 기법으로 트위스트상의 강한 웨이브를 얻을 수 있다.

② 모선 와인딩

모발 끝선에서 모근 쪽으로 와인딩하는 기법으로 모발에 로드를 돌려 감아 올라가는 기법으로 부드러운 나선형의 웨이브를 얻을 수 있다.

(3) 압착식(Compression)

베이스섹션을 떠서 가지런히 빗질한 모발을 중심으로 압착식 기구를 눌러 여러 모양의 웨이브를 형성시키는 방법이다. 이 때 모발이 기구의 가장자리에 접착되어 꺾이지 않도록 하여 균형적인 웨이브가 연결되도록 주의한다.

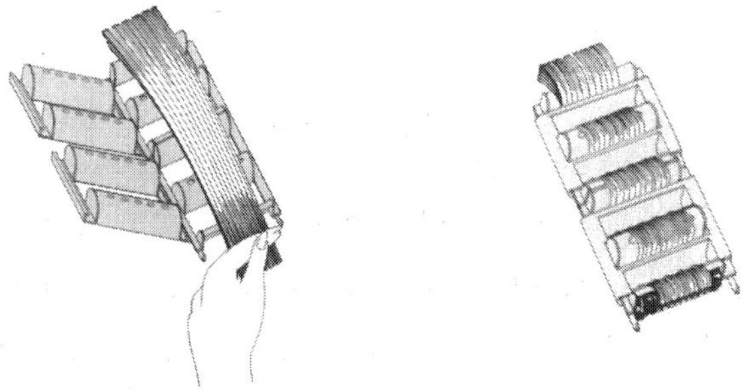

그림 5-6 베이스를 잡는 법(압착식)

3) 와인딩 방법

(1) 베이스 잡는 법

①,② 슬라이스는 로드의 폭만큼 수평 또는 사선이 되도록 하며 빗꼬리를 이용하여 모근 쪽으로 집어넣는다.

③ 왼손 검지와 빗꼬리를 이용하여 스트랜드를 가른다.

④,⑤ 스트랜드를 잡아 왼손 엄지와 검지로 잡고 모발의 흐트러짐을 모근 아래에서 위쪽으로 빗질한다.

⑥ 정확한 장방형의 베이스를 잡는다.

⑦ 베이스의 폭은 디자인, 모발의 길이에 따라 다소 틀리지만 대개 로드의 폭만큼 잡는다. 이 때 모발은 로드 길이의 8할 정도가 적당하다.

⑧ 베이스의 폭이 너무 좁으면 스트랜드의 밑부분이 다음 로드에 눌려 밀려올라가고, 반대 방향으로 자국이 생긴다.

⑨ 베이스의 폭이 넓으면 로드의 간격의 차가 생겨 벌어지게 된다.

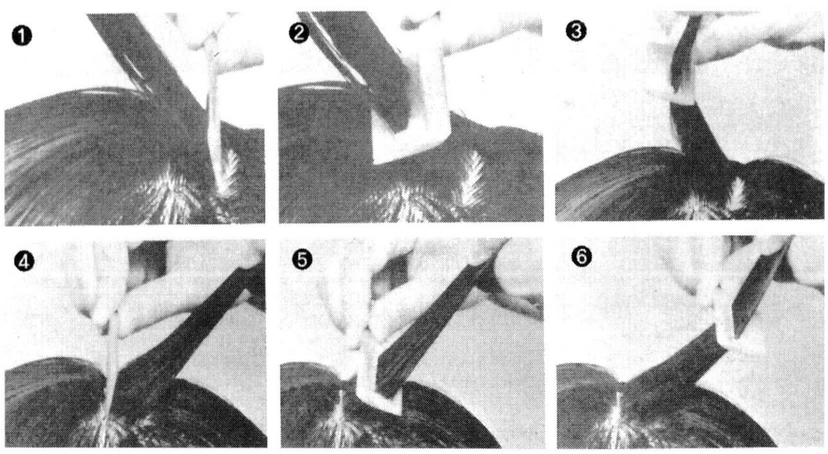

(2) 스트랜드 빗질하는 방법

① 정확하게 슬라이스한 베이스를 한손으로 잡고 아래 슬라이스한 선에 빗살 끝이 오도록 한다.

② 모근 부분에 빗살 끝을 넣고 안쪽에서 바깥쪽으로 회전하면서 빗질한다.

③ 빗살 밑부분에 텐션을 주면서 모발 끝까지 빗질한다.

④,⑤ 스트랜드의 바깥쪽에 빗살 끝을 대고 모근 부위를 바깥쪽에서 안쪽으로 빗질한다.

⑥ 정확한 각도와 텐션을 주면서 빗질한다.

(3) 와인딩 방법

① 페이퍼를 왼손의 검지와 중지를 이용하여 페이퍼 1/3 지점에 끼워 고정시키고, 페이퍼의 밑부분은 왼손 엄지와 약지로 고정시킨다.

②,③ 로드를 페이퍼 밑에 두어 페이퍼를 고정시킨 손가락과 평행이 되도록 하여 엄지와 약지로 고정시킨다.
이때 손가락과 로드의 간격이 편평하고 넓을수록 모발 끝의 말림이 완전하게 행할 수 있다.

④,⑤ 오른손 검지를 이용하여 페이퍼를 밀착시키면서 적당한 텐션을 유지하면서 와인딩한다.

⑥ 오른손 엄지와 검지를 이용하여 페이퍼를 고정시킨 왼손 검지까지 와인딩하고 왼손 엄지와 검지는 로드의 끝을 잡고, 오른손의 엄지, 검지를 이용하여 와인딩한다.

⑦ 와인딩이 끝났으면 밴드를 두 겹으로 하여 오른쪽부터 고정시킨 후 왼쪽으로 고정시킨다. 고무밴딩은 11자가 되도록 고정시킨다.

(4) 엔드 페이퍼

엔드 페이퍼는 모발이 로드에 와인딩할 수 있도록 도와주어 쉽게 와인딩하기 위한 것으로 모발이 골고루 매끄럽게 되도록 도와준다. 모발 끝을 모으거나 혹은 모발이 삐져나오게 하거나, 모발끝이 꺾이지 않도록 하여야하며, 그렇지 않을 경우 모발이 손상되거나 잘려져 나갈 우려가 있으며 단모가 되는 원인이 된다.

엔드 페이퍼를 모발에 대는 방법은 모발 끝에 엔드 페이퍼를 대고 엔드 페이퍼가 모발끝 밖으로 1/3만 나오게 하여 그대로 와인딩하는 방법과 모발 끝과 페이퍼 밑단이 겹치도록 한 후 로드를 밀착시키면서 일정한 텐션을 주면서 페이퍼만 1/3을 와인딩하면서 나머지 2/3는 모발과 엔드 페이퍼를 동시에 와인딩하는 방법으로 로드와 모발이 밀착되면서 텐션을 주면서 와인딩할 경우에 꺾인 모발 끝이 펴지게 된다.

모발 끝의 층이 많을수록 엔드 페이퍼 위에 손가락과 로드 사이의 간격을 넓게하여 엔드 페이퍼 양끝에 대는 것이 와인딩하기 쉽다.

① 단면(single) 엔드 페이퍼 와인딩

스트랜드의 윗면에 엔드 페이퍼를 올려놓는 방법으로 일반적으로 가장 많이 사용하는 기법이다.

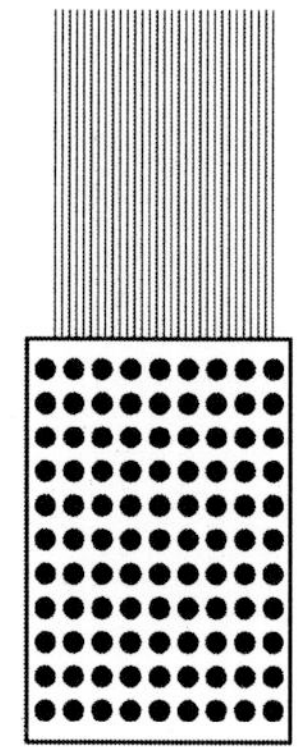

② 양면(double) 엔드 페이퍼 와인딩

2장의 엔드 페이퍼를 스트랜드의 윗면과 아래에 놓고 와인딩하는 기법으로 모발 손상이 심하거나 모발 길이의 단차가 클 경우 모발 끝이 꺾이지 않고 매끈거리게 와인딩하는 기법이다.

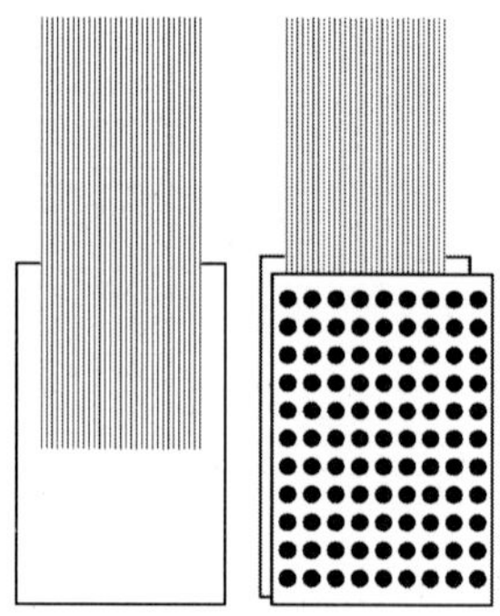

③ 겹(book)엔드 페이퍼 와인딩

1장의 엔드 페이퍼를 반으로 접어 사용하는 기법으로 하나의 엔드 페이퍼를 이용하여 양면 엔드 페이퍼 와인딩과 같은 효과를 얻을 수 있다. 비교적 숱이 작거나 얇은 슬라이스에 사용할 수 있으며, 엔드 페이퍼가 접히는 부분의 모발이 꺾이지 않도록 주의한다.

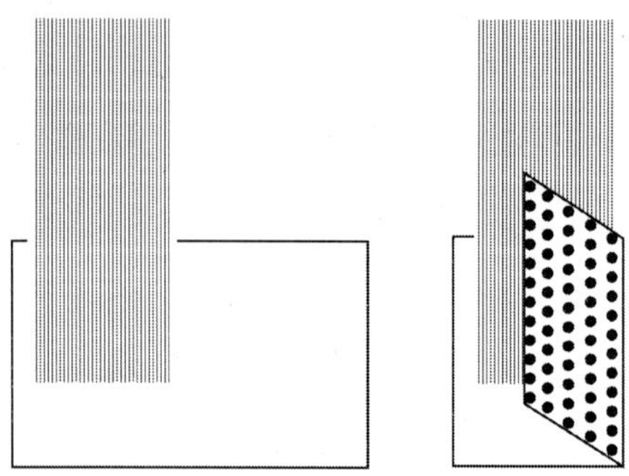

(5) 모발 끝의 상태

원통형의 로드를 사용할 경우 스트랜드의 폭을 넓혀가면서 와인딩한다.

① 스트랜드를 한쪽으로 너무 모아서 말면 양쪽의 넓어짐이 없어 양쪽 끝이 느슨해지거나 비틀어져 제1액이 균일하게 작용하지 않고 얼룩이 생긴다.

② 일정한 폭의 스트랜드를 양쪽으로 넓혀서 와인딩하면 균일한 텐션으로 균일한 웨이브를 얻을 수 있다.

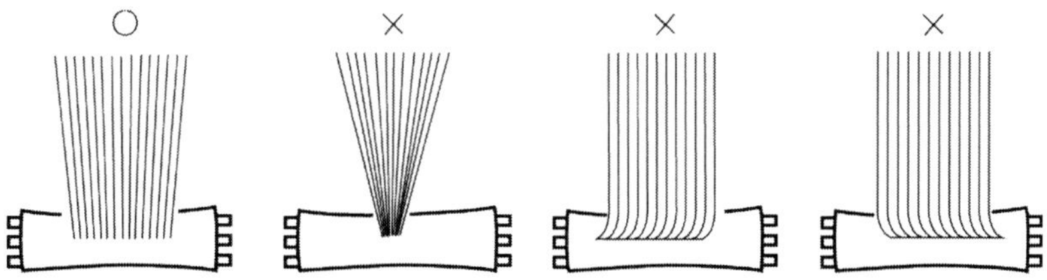

Tip

*** 블로킹과 베이스 섹션**
- **블로킹(Blocking):** 두상을 크게 나누는 것
- **베이스 섹션(Base Section):** 블로킹 된 부분을 좀 더 세밀하게 나누는 것

*** 와인딩 기법**
- **크로키놀식 와인딩:** 모발 끝부터 두피쪽으로 와인딩 하는 기법
- **스파이럴식 와인딩:** 두피쪽에서 모발 끝쪽으로 와인딩 하는 기법
- **압착식:** 압착식 기구를 사용하여 웨이브를 형성시키는 방법

제6장 염색

제6장 염색

1. 색의 특성

1) 색의 분류

색은 크게 나누어 무채색과 유채색으로 분류한다. 무채색은 흰색, 회색, 검정색과 같이 색상 또는 채도가 없는 색을 말하며 무채색의 구별은 밝고 어두움의 정도 즉 명도차이로만 구분된다. 유채색은 무채색을 제외한 모든 색을 말하며 빨강이나 파랑과 같은 색감을 가지고 있다.

2) 색의 3요소

우리가 색채를 보고 느끼는 것은 세 가지 요인에 있다. 첫째는 빛의 파장 자체를 나타내는 것으로 색상(Hue), 둘째는 밝고 어두운 정도를 나타내는 명도(Value), 셋째는 색파장의 순수한 정도를 나타내는 채도(Chroma)요인이다. 어떠한 색상을 지각할 때 항상 이 세 가지 요인을 함께 느끼게 되는 것이다.

(1) 색상(Hue)

색상은 물체의 표면에서 선택적으로 반사되는 색파장의 종류에 의해 결정되며 빨강, 주황, 노랑, 초록, 파랑, 보라 등으로 구분된다. 색상은 순수한 색일수록 강하게 드러나므로 지각하기가 쉽다. 그러나 여러 가지 색이 혼합된 경우에는 색상이 강하지 않아 지각하기가 쉽지않다. 빛의 스펙트럼에서 뚜렷하게 구분되는 색상은 빨강, 주황, 노랑, 초록, 파랑, 보라 등의 기본색상이지만 각 색상의 사이에는 점진적으로 변화되는 무수한 색상이 존재한다. 섬세한 색채 작업을 위해서는 100가지 이상의 색상으로 구분해 볼 수도 있지만, 여러 가지 색채계에서 일반적으로 통용되는 색상의 수는 대략 40가지 정도이다. 스펙트럼으로부터 전개된 많은 색상들의 위치와 변화를 쉽게 이해할 수 있도록 하기 위해 서로 인접하도록 둥근 고리의 형태로 배치한 것을 색상환이라고 부른다. 그리고 색상환에서 거리가 가까운 색은 색상차가 작다고 해서 유사색 또는 인근색이라고 하고, 거리가 비교적 먼 색은 색상차가 크다고 하며, 반대색이라고 한다. 거리가 가장 먼 정반대 쪽의 색은 서로 보색관계에 있다.

(2) 명도(Value, Lightness)

간단히 말해서 색의 밝고 어두운 정도를 나타낸다. 물체의 표면이 모든 빛을 흡수하면 검정색으로 보이게 되는데, 이처럼 빛이 반사하는 양에 따라 색의 밝고 어두운 정도를 느끼는 것이 명도이다. 명도는 우리가 색을 보고 느끼는 밝고 어두움의 정도를 말하지만, 주어진 광원을 중심으로 반사의 정도를 말할 때에는 명도를 밝기라고도 표현한다. 같은 명도의 색이라도 주워진 광원이 밝고 어두운 정도에 따라 명도가 다르게 느껴지기도 한다. 최고 채도의 순색은 각기 다른 명도를 갖는다. 노란색은 가장 밝게 느껴지고, 다음은 주홍의 순서이며, 빨강과 초록은 중간정도의 밝기이고, 보라와 파랑은 어둡게 느껴진다. 이처럼 색상끼리의 명암 상태, 색채의 밝기이고, 보라와 파랑은 어둡게 느껴진다. 이처럼 색상끼리의 명암 상태, 색채의 밝기를 나타내는 성질, 이러한 밝음의 감각을 척도화 한 것을 명도라고 한다. 그러므로 흰색에 가까울수록 명도는 높다고 할 수 있으며 검정색에 가까울수록 명도는 낮아진다.

(3) 채도(Chroma, Saturation)

색의 순수한 정도, 즉 색의 탁하고 선명한 강약의 정도를 나타내는 척도이며, 색파장이 얼마나 강하고 약한가를 느끼는 것이 채도이다. 그것은 여러 가지 색파장이 혼합되어 물체의 표면에서 흡수되거나 반사하는 양에 따라 다르게 느껴지는 것으로 특정한 색파장이 얼마나 순수하게 반사되는가의 정도를 나타낸다. 따라서 채도는 색의 순도라고도 하며, 색의 선명도 즉 색채의 강하고 약한 정도로서 진한색과 연한색, 흐린색과 밝은색 등은 모두 채도의 높고 낮음을 가리키는 말이다. 색은 순색에 가까울수록 채도가 높으며, 다른 색상을 더하면 채도가 낮아진다.

3) 색의 혼합(Color mixing)

(1) 삼원색

빨강, 노랑, 파랑을 말하며 다른 색으로 분해 할 수 없고 다른 색상을 혼합하여 만들 수 없으므로 기본색이라고 부른다.

(2) 혼합

1차색 : 다른 색의 혼합으로 만들 수 없는 기본색이다.
2차색 : 1차색을 1:1로 혼합 했을 때 만들어지는 색이다.
3차색 : 1차색과 2차색을 1:1로 혼합 했을 때 만들어지는 색이다.

4) 보색

색상환에서 볼 때 서로 정반대 편에 놓인 색상을 서로 보색관계라고 말한다. 보색끼리 조화를 이루면 서로간의 색은 선명해 보이며 명랑하고 개성 있는 표현이 될 수 있다. 보색끼리의 색을 서로 섞으면 자연색(염색에서는 갈색)이 된다. 따라서 염색에서도 마찬가지로 중화를 시킬 때는 서로 보색의 색상을 이용하여 갈색으로 만들 수 있다. 즉 금색의 모발을 중화 시킬 때는 보색인 보라색의 염색제를 사용하여 갈색으로 만들 수 있다.

2. 염색의 정의

1) 염색(Coloring)

염색이란 모발의 색을 변화시키는 것으로 모발에 인공 색소를 착색시키는 것으로, 새치 머리를 위한 염색제 외에도 요즘에는 개성을 살리기 위한 다양한 컬러의 염색이 가능하다. 염색제는 보통 1제와 2제로 구성되어 있어 모발의 큐티클을 열고 안으로 침투해서 멜라닌 색소를 다른 색으로 바꾸어 놓은 다음 큐니클을 열고 안으로 침투해서 멜라닌 색소를 다른 색으로 바꾸어 놓은 다음 큐티클을 다시 닫는 원리이다. 따라서 모발의 색을 완전히 빼는 블리치와는 구분되는 개념이다. 염색은 크게 탈색과 염색이라는 2가지 과정을 거치게 된다. 암모니아를 함유한 1제가 머리카락을 팽창시켜 닫혀있던 모표피를 열고 동시에 과산화수소수를 함유한 2제가 산화작용을 하여 모발속의 자연 멜라닌 색소를 분해 시켜 탈색을 시킨다. 탈색과 함께 모발 안으로 염모제가 침투하여 탈색된 색소 위에 착색하여 머리카락의 색상을 바꾸는 것이 염색이다.

2) 탈색(Bleach)

블리치는 모피질 내의 멜라닌 색소를 분해하여 모발 본래의 색보다 밝게 만들고 별도의 색을 더하지 않는 방법이다. 시간에 따라 밝기를 조절할 수 있지만, 너무 오랜 시간을 두게 되면 모발 손상이 심해져 모발이 녹아내릴 수 있는 위험성이 있다. 따라서 밝게 하고자 하는 경우는 오래 두기보단 여러 번 도포하고 닦아내는 작업이 필요하며, 농도가 짙은 산화제의 사용이 효과적이나 극손상모의 위험으로 전문가에게 맡기는 것이 가장 안전한 방법이다.

3) 코팅(Coating)

염색은 모발 내부에 침투하여 멜라닌 색소를 빼내고 색을 입히지만, 코팅은 머리카락 표면에 하나의 막을 입혀서 색을 표현하는 것이다. 따라서 코팅한 모발은 샴푸할 때마다 조금씩 코팅이 벗겨져서 점차 원래의 머리색으로 되돌아간다. 코팅이 남아있는 모발 위에 염색을 하게 되면 염색이 잘 되지 않는다. 컬러는 와인이나 갈색이 주류를 이루며, 모발색이 바탕이 되므로 큰 변화는 없다. 헤어 코팅은 원래의 머리색을 탈색시키거나 하는 것이 아니라 색을 가볍게 덧바르는 정도이므로 급격한 변화보다는 자연스러운 머리색을 만든다. 흔히 코팅(Coating)을 손상된 머리를 보호하기 위해 윤기 있는 막을 씌워주는 트리트먼트의 하나로 알고 있지만, 원래는 염색과 비슷한 메커니즘을 가진 염색의 한 종류로 생각할 수 있다. 염색은 머리 내부에 침투해서 멜라닌 색소를 빼낸 후 색깔을 넣는 것이고, 코팅은 머리카락 표면에 하나의 피막을 입힌 다음 그 위에 색을 입히는 것이다.

4) 하이라이트(Highlight)

모발 가닥 가닥을 밝게 하는 기법을 하이라이트라고 하며 여기에도 여러 종류가 있다. 굵은 위빙으로 밝게 하는 경우를 메시라고 하고, 얇은 위빙으로 모발 전체를 하는 것을 발레아쥬라고 하며, 굵은 메시를 눈에 띄는 부분에만 한 가닥 잡아 색상을 넣는 것을 패치워크라고 한다.

3. 염색의 역사

오늘날의 염색은 색상이 다양해지고 그 다양해진 칼라와 칼라 이미지를 활용하여 자신의 이미지를 표현하는 도구로 사용되어지고 있다. 그러나 처음부터 염색이 이미지를 표현하는 도구로 사용되어졌던 것이 아니며 염색이 처음 시작되었던 고대에서는 단지 여성의 미적 욕구를 충족시켜 주기위한 수단일 뿐이었다. 고대의 염색이라는 것은 장식의 개념이나 여성의 본능인 미를 추구하고자 하는 단순한 미적 목적으로 사용되어졌으며, 헤나처럼 자연 자원을 활용한 염모제가 대부분이었다. 기록에 의하면 인류 역사상 가장 오래된 염색의 기원은 약 4,600여 년 전 이집트 고대 3왕조 때 TETA왕의 어머니 SES여왕이 자연 추출물인 헤나(Henna)로 염색한 것이다. 그 이후로 중세에는 안티모니나 인디고 등을 사용하여 염색을 하였으며 1863년 독일이 호프만에 의해 산화 형성 염료제가 합성되고, 1883년 프랑스의 모네에 의해 과산화수소에 의한 모발 염색 기법이 개발되면서 염색이 대중화되고 발전하게 되었다.

4. 염색의 종류

염색의 종류는 염모제의 지속 기간에 따라 일시적 염색, 반영구적 염색, 영구적 염색으로 나눌 수 있으며, 또한 염모제의 특성에 따라 식물성 염모제, 광물성 염모제, 유기합성 염모제로 나눌 수 있다. 염색의 종류를 자세하게 살펴보면 다음과 같다.

1) 염모제의 특성에 따른 분류

(1) 식물성 염모제

식물의 꽃이나 열매 등의 색소가 산성 용액 속에서 케라틴을 염색 시킬 수 있는 성질을 이용하여 만들어 졌다. 대표적인 것이 헤나이다. pH는 5.5의 약산성이며 색상이 적갈색 한 가지로 한정되어 있고 색조만을 더해주는 역할을 한다. 식물성 염모제가 모피질 안에 축적되면 모발의 색이 탁해지고 퍼머넌트웨이브제와 산화 염색제의 침투가 어려워지므로 요즘은 거의 사용을 하지 않는다. 알레르기 체질인 사람도 사용이 가능하지만, 손이나 의류를 지저분하게 하고 탄닌이란 성분으로 모발이 뻣뻣해지는 느낌을 주는 단점이 있다.

(2) 광물성 염모제

납, 은, 철, 구리, 카드뮴 등을 기초로 한 염색제로 대부분의 원료가 유독한 성분을 가지고 있기 때문에 모발 내에 금속 성분이 축적된다. 또한 퍼머넌트 웨이브나 염색 등 화학제를 사용한 미용 시술을 할 경우 금속 성분과 화학제가 반응하여 모발 손상을 가속화하며 모발의 모간부에 금속성 막도 형성한다.

(3) 유기합성 염모제

식물이나 광물에서 얻어지는 염료와 달리 유기 합성 화학의 방법으로 제조한 염료를 유기 합성 염모제라 한다. 현재 사용하는 염모제의 대부분을 차지하고 있는 염모제로서 페놀이라는 알레르기를 일으킬 수 있는 화학 제품이 포함되어 있기 때문에 사용 전에 스킨 테스트를 해야 한다.

2) 염모제의 지속기간에 따른 분류

(1) 일시 염모제

일시적으로 모발 위에 색을 입힌 것으로 샴푸하면 색상이 제거되는 염모제이다. 일시적 염모제는 색소 자체로서 염착할 능력이 없고 수지(Resin)의 접착력에 의해 부착되는 방식을 이용하고 있다. 즉 색소가 모발의 표면인 큐티클의 겉면에 부착하기 때문에 색이 오랫동안 지속되지 못하여 1~2회의 샴푸로 색상이 제거되는 염모제이다. 칼라 마스카라, 칼라 무스, 칼라 스프레이 등이 이에 속한다.

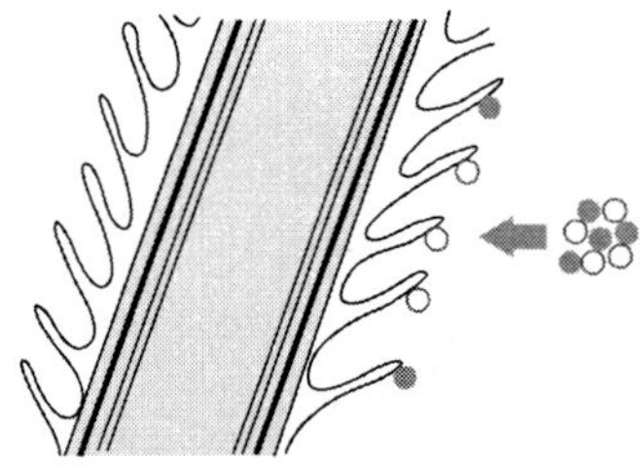

그림 6-1. 일시적 염모제 침투범위

(2) 반영구 염모제

영구 염모제 보다는 지속력이 다소 떨어지고 일시 염모제보다는 지속력이 긴 염모제이다. 이러한 반영구적 염모제 중 pH가 3~3.5 정도로 산성을 띄고 있는 염모제를 산성 염모제라고 하는데, 보통 4~6주 후 색상이 제거된다. 영구 염모제보다 낮은 알칼리제를 쓰는 제품으로 색상의 지속 기간은 보통 1~2달 정도로 샴푸 시 마다 색상이 빠져나가므로 자연스러운 색상을 표현하기에는 적당하지만 아주 밝은 색상의 표현은 힘들다.

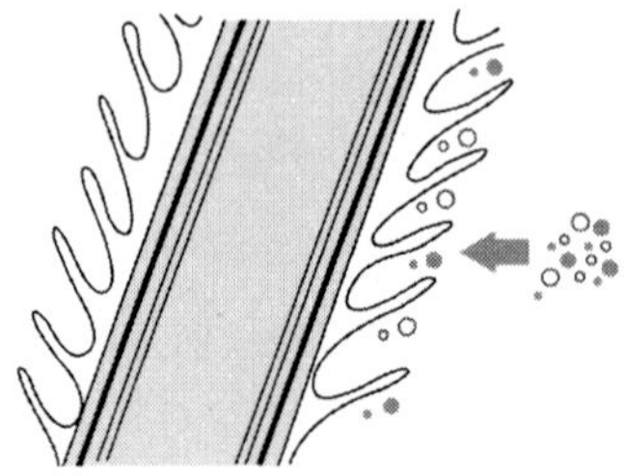

그림 6-2. 반영구 염모제의 침투범위

① 산성 산화 염모제 : 디아민계 염료를 포함한 2제식의 산성칼라로, 염료가 모발내로 침투하여 탈색과 발색 작용을 하게 된다. 다만, 구조는 알칼리성 염모제와 같지만 제1제 속에 알칼 리가 포함되어 있지 않고 pH도 약산성 또는 중성으로 설정되어 있어서 모표피의 팽창이 작다. 약제에 포함된 수분으로 인한 팽창으로 중성 칼라라고도 한다. 따라서 산화 염료가 잘 스며들지 않고, 제2제인 과산화수소도 산성에서는 멜라닌 색소를 분해하는 효과가 떨어져 밝거나 선명한 색을 내기가 어렵다. 주로 흰머리 염삭과 지나치게 밝은 색조를 낮출 때 쓰인다.

② 산성칼라(Hair Manicure) : 이온결합에 의한 제1제식의 산성칼라이다.
우선 시술하기 전에 모발을 산성 린스를 사용하여 등전점 이하로 산성화 시킨다. 즉 모발의 +이온에 염료의 -이온이 결합하여 모표피와 모피질의 얇은 곳에 침투되어 염색이 된다. 등전점 이상의 pH에서는 염착성이 나빠지므로 주의하여야 하며 지나친 산성칼라의 반복으로 모발이 수축되고 뻣뻣해질 수 있다. 단 과산화수소의

작용이 없으므로 멜라닌의 색소를 산화시킬 수 없게 되며, 단백질로 구성된 모표피 표면에 부착하면 빨리 이온 흡착이 되므로 잘 지워지지 않는다. 또한 2제식의 산성 산화 염모제는 약제 자체가 선명한 색이 아니며 산성 칼라는 화학적으로 만든 선명한 색을 지닌 염료로 색상이 다양한 것이다.

종래의 산성 칼라라 불리 운 약제는 착색의 원리는 같지만, 윤기를 내는 효과가 있는 수지 성분을 다량 함유하고 있었고, 요즘 헤어 매니큐어라고 불리우는 산성 칼라의 약제는 종래의 것보다 색소를 많이 함유하고 있다.

(3) 영구 염모제

영구 염모제는 현재 가장 폭넓게 사용되고 있는 염모제이다. 멜라닌 색소가 내부에 침투하여 산화제의 작용과 더불어 영구적 염모제는 탈색과 착색이 되는 원리이다. 보통 컬러링 제품에는 제1제인 염모제와 제2제인 과산화수소를 함유하는 산화제로 구성되어 있다. 1회 염색으로 완전히 염색이 되며, 샴푸할 경우에도 색상이 퇴색되지 않고 2~3개월간 지속된다. 그러나 색상의 변화를 자유로이 바꿀 수 없기 때문에 철저한 상담 후 이루어져야 한다. 모발을 제거하기 전까지 색상이 유지되며 식물성 염모제, 광물성 염모제, 유기합성 염모제 등이 있다.

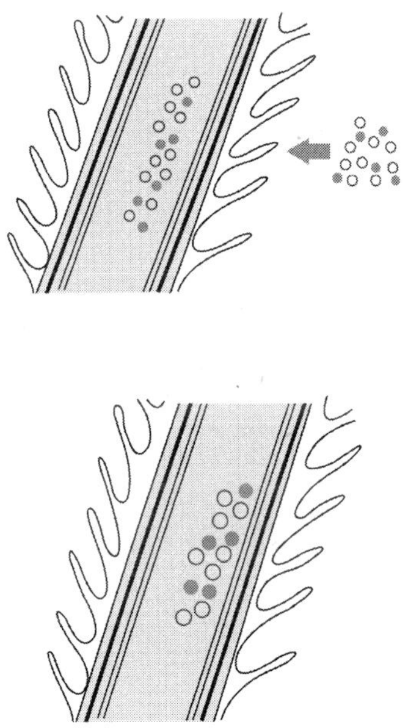

그림 6-3. 영구 염모제의 침투범위

구분	일시 염모제	반영구 염모제	영구 염모제
특징	일시적으로 모발 위에 색을 입힌 것으로 1~2회의 샴푸로 색상이 제거되는 염모제이다.	영구 염모제 보다는 지속력이 떨어지고 일시 염모제 보다는 지속력이 긴 염모제로 보통 4~6주후 색상이 제거된다.	1회 염색으로 완전히 염색이 되며, 샴푸할 경우에도 색상이 퇴색되지 않고 2~3 개월간 지속된다.
제품종류	칼라마스카라, 칼라무스, 칼라스프레이, 칼라샴푸, 칼라린스, 칼라 파우더	크림타입, 액체타입	크림타입, 액체타입
용도	순간적 백모 커버, 패션룩 연출, 지루한 모발색을 약간 밝게 할 때, 퇴색한 모발을 일시적 커버	모발의 색이나 윤기를 부여할 때, 모발 색을 어둡게 할 때, 염색 후 2~4주 정도 지나면서 염색제가 자연히 제거되도록 할때	모발 색을 바꿀 때, 백모를 완전히 커버할 때, 모발 색을 밝게 또는 어둡게 하고 싶을 때, 염색 후 지속기간이 영구적이길 원할 때
장점	모발 손상이 없다. 모발에 색상 변화를 주기 쉽다. 다양하고 특이한 색상을 나타낼 수 있다. 사용방법이 간편하다.	염색 후 일정시간 경과 시 색소가 빠짐으로써 새로 자라나온 모발과의 색상차이가 생기지 않는다. 본래의 모발 색을 변화시키지 않으면서 윤기를 주고 다공성 모발의 손상된 부분을 일정기간 메울 수 있다. 두피나 모발 손상이 적다.	탈색 및 착색이 효과가 있으므로 블리치 레벨과 여러 가지 색을 만들어 낼 수 있다. 즉 색조와 명도의 변화를 동시에 가져올 수 있다. 100% 백모 커버가 가능하다. 색상의 지속력이 길다.
단점	색의 지속력이 짧다. 건조 후 모발이 딱딱해져서 빗질이 어렵다. 마찰에 의해 색소가 떨어지거나 땀에 의해 지워질 수 있다. 다공성 모발인 경우 샴푸 후에도 색소가 부분적으로 남아 있을 수 있다.	장기간 반복하여 염색할 경우 모발이 뻣뻣해진다. 색조를 더해줄 뿐 명도를 밝게 해 주지는 못한다. 피부에 염색제가 붙으면 제거하기가 힘들다.	모발손상이 크다. 지속성으로 인행 모발이 자라나온 부분과 이전 염색부분의 색상경계가 뚜렷하다. 피부 알레르기를 유발할 수 있다.

5. 염색의 원리

1) 모발색의 원리

모발의 색은 모발의 가운데 층인 모피질에 있는 두 종류의 멜라닌 색조 알갱이인 유멜라닌(Eumelanin) 혹은 티로신(tyrosine)은 가장 흔하고 제일 진한 색소로서 갈색과 검정 모발색을 만든다. 페오멜라닌(Pheomelanin)은 보다 옅은 색의 색조로서 금발(yellow blond)과 붉은 모발 색을 띄게 한다. 붉은 모발은 붉은 색소와 검정 색소에 의해 나타나며, 금발은 붉은 색소와 노란 색소의 혼합색이다. 갈색 모발은 붉은색, 갈색, 검정색의 혼합에 의한 것으로 밤색 모발은 갈색보다 검정 색소가 더 많이 들어있다. 그리고 흰머리에는 색소가 없어 색을 나타낼 수 없다. 인종에 따라 검정 색소의 생성에 따라 짙은 갈색이 포함된 검정 모발을 지니게 되며, 오르지 붉은 색소나 노란 색소만을 생성할 수 있기 때문에 금발이나 붉은 모발을 지니게 된다. 이러한 색소를 생성해 내는 능력은 현존하는 색소에 의해 결정이 되며 또한 그 사람의 유전 정보 인자에 의해 나타난다.

멜라닌은 물에 용해되지 않는 단백질로서 두발에 색상을 부여한다. 모유두에서 생성된 아미노산인 티로신은 멜라닌의 전조제로서 방종형(장경 0.8~1.8μm, 단경 0.3~0.4μm)이다. 백모는 멜라닌 색소 형성 과정 중 페오멜라닌(pheomelanin)의 전단게인 도파퀴논(DOPA quinone)에서 그 작용을 멈추므로 모발이 케라틴화 되어 위로 올라가면서 티로시나아제(tyrosinase)를 만들지 못하기 때문에 산화작용이 이루어지지 못한 상태이다. 백모는 일종의 노화 현상으로 특히 흑갈색계의 모발을 갖는 인종에 명료하게 나타나며, 멜라노사이트에서 멜라닌 생성이 멈추기 때문에 일어나는 현상이다.

도파퀴논은 두 가지 경로로 진행되는데 도파크롬(DOPA chrome)을 거쳐 흑갈색의 유멜라닌(eumelanin)을 생성하는 경로와 도파퀴논이 케라틴 단백질에 존재하는 시스테인(cysteine)과 결합한 후 적갈색의 페오멜라닌(pheomelanin)을 생성하는 경로로 중합 반응의 결과이다. 방향족 아민과 페놀모노머(phenolmonoer)가 산화 중합하고, 또한 모발 중의 아미노산 잔기와 결합한다. 유멜라닌(eumelanin)은 크기가 커서 비교적 쉽게 파괴될 수 있는데 반하여 페오멜라닌(pheomelanin)은 크기가 작고 화학적으로 안정된 구조를 하고 있다. 시스테인 함량이 많은 모발에는 페오멜라닌(pheomelanin)이 많이 존재하며, 흑갈색의 모발을 산화제로 탈색시켰을 때 붉게 보이는 것은 바로 유멜라닌(eumelanin)이 먼저 파괴되고 페오멜라닌(pheomelanin)dl 남아 있기 때문이다.

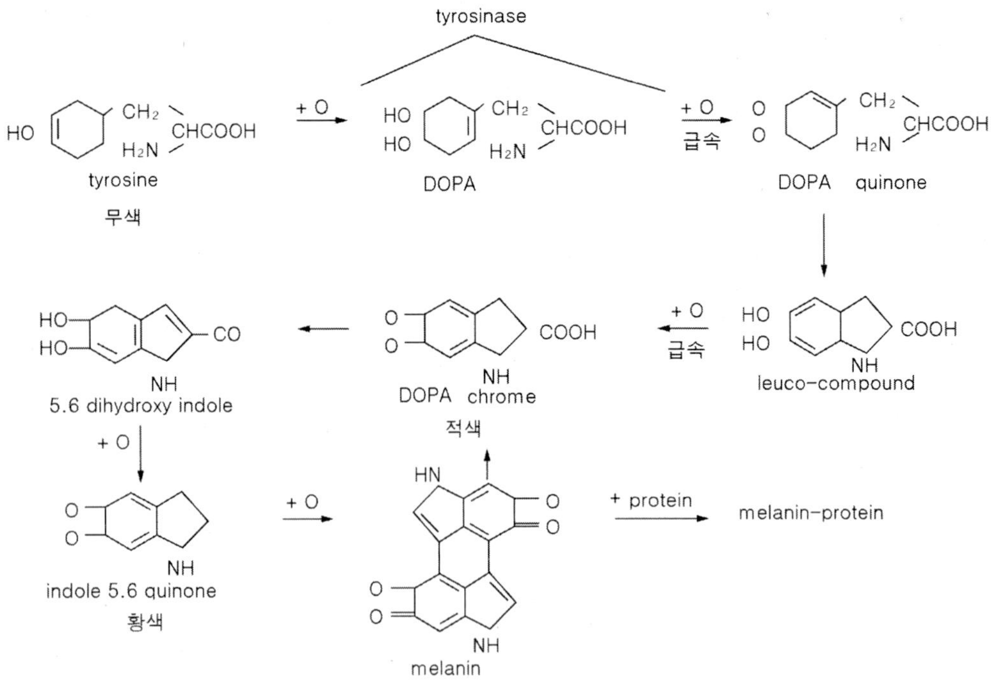

그림 6-4. 멜라노사이트 형성 과정

그림 6-5. 색소형성세포

	eumelanin	pheomelanin
색상	흑갈색	황적색
크기	크다	작다
선방어력	크다	작다
모양	타원형	구형
함유 유무	비함유	함유
색 유무	쉽게 탈색됨	쉽게 탈색안됨

<유멜라닌과 페오멜라닌의 차이>

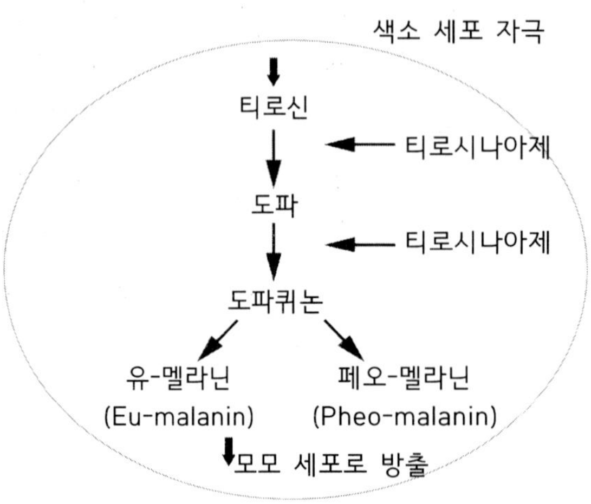

그림 6-6. 멜라닌 형성 과정

2) 염색의 원리

염색으로서 일반적으로 사용되고 있는 합성 염모제에는 산성 염료, 염기성 염료, 산화 염료 3종류가 있다. 산성 염료, 염기성 염료는 일시적으로 모발에 흡착되지만 영구 염모제로 불려지는 것이 바로 산화염료이다. 1863년 독일의 호프만(Hoffmann)에 의하여 파라-페닐렌디아민(Para-phenylenediamine, PPDA)이 개발되면서 산화 염료에 의한 안전한 염색이 가능하게 되었다. 산화 염모제의 주요 성분은 제1제와 제2제로 구성되어 있다. 제1제는 염료 중간체인 디아민계 화합물과 알칼리제가 함께 들어있고, 제2제는 산화제로 구성되어 있다.

(1) 작용 기전

① 제1제는 암모니아에 원하는 색상의 염료를 혼합한 것이고, 제2제는 과산화수소가 주성분이다. 암모니아는 모표피를 들뜨게하여 염료와 과산화수소가 잘 스며들게 하는 작용을 한다. 염색할 때 따갑고 독한 냄새가 나는 것은 암모니아 때문이다.

② 제2제인 과산화수소는 하얀색의 크림 타입으로 멜라닌 색소를 옥시 멜라닌으로 산화시키고, 모피질 내의 멜라닌 색소를 파괴하여 탈색하는 작용을 한다.

③ 염료는 멜라닌이 파괴된 자리에 들어가 모발의 색상을 바꾼다. 염모제를 바른 뒤 일정시간 기다렸다 샴푸하는 것은 염료의 반응과 멜라닌 탈색에 충분한 시간을 주기 위해서다. 시간을 잘 맞추지 않으면 제 색깔이 나오지 않는 것도 같은 이유이다. 염색은 모발 속 깊숙이까지 파고들어가 색상을 교체하기 때문에 모발을 감더라도 색상이 유지된다.

(2) 주의 사항

아민계의 염료는 과산화수소와의 혼합으로 산화 중합 반응을 하게 되어 즉, 작은 입자에서 큰 입자로 바뀌게 되면 모피질 내로의 침투가 어려워지므로 시술 바로 직전에 혼합하는 것이 좋다. 또한 알레르기를 일으킬 수는 있는 페놀이라는 성분이 있어 시술 전에는 스킨 테스트를 하여야 한다.

(3) 염색제의 구성 성분

① 용매 : 모발 보호와 제품의 사용을 편리하도록 액상화 과정으로 크림, 젤, 오일로 염모제의 농도를 조절하고 모발에 안착되도록 지방질의 성분과 영양 제품들이 들어 있다.

② 염료 중간체 : 오르토(Ortho, O-)와 파라(Para, P-)계의 전조체로서 염료 중간체는 산화제와 혼합되어 색상을 나타내는데, 서로 혼합 비율을 달리하면 다양한 색상을 만들 수 있다.

파라-페닐렌디아민(Para-phenylenediamine) : 검은색

파라-톨루엔디아민(Para-tolunenediamin) : 갈색

모노니트로-파라-페닐렌디아민(Mononitro-Para-phenylenediamine) : 붉은 갈색
파라-아미노페놀(Para-aminophenol) : 적갈색
오르토-아미노페놀(Ortho-aminophenol) : 황갈색
니트로아미노페놀(Nitro-aminophenol) : 노란색
파라-페닐렌디아민 + 파라-아미노페놀 : 암갈색-적자색

③ 전조제 중 단속제 또는 변환제 : Meta에서 형성된 유도체들로서 혼자서는 색상나타낼 수 없거나 아주 미미하다. 따라서 염료 중간체(베이스 전조제)와 반응하여 색의 농도와 변화를 주며 자연스럽고 다양한 모발 색의 수정이 가능하다. 입자가 작아 모피질과 모수질까지 쉽게 침투한다.

메타-디트로옥시벤젠(Meta-dithdroxybenzene) : 회색
메타-페닐렌디아민(Meta-phenylenediamine) : 적갈색
메타-아미노페놀(Meta-aminophenol) : 붉은색
메타디페놀(Metadiphenole, 레조시놀) : 연두색
트리페놀(Triphenole, 피로가롤) : 밤색

④ 다이렉트 염색제(direct coloring) : 색상에 반사 빛이 더해져 모발에 머물러 있는 색상이다.

⑤ 알칼리제 : 암모니아수(NH_4OH)로서 모표피를 팽윤·연화시켜서 모발 내부로 염료가 침투하도록 도와주고 산화제의 작용을 촉진시킨다.

ㄱ. 색소 형성에 필요한 pH조절
ㄴ. 모표피 팽창과 케라틴 결합(keratin bond)을 연화
ㄷ. 산화제와 혼합하여 산소의 방출을 가속화하여 산화제의 작용을 촉진

⑥ 산화방지제 : 산화에 의한 변질과 제품의 보존을 위해 환원제인 티오글리콜산(thioglycolic acid)을 사용한다.

⑦ 금속봉쇄제(EDTA) : 물 또는 원료 중의 화학 반응을 저해하는 미량 금속을 감싸주고 산패를 방지하는 효과도 있다.

⑧ 산화제 : 알칼리제와의 반응으로 생긴 산소로 모발 내의 멜라닌 색소를 탈색시키고 염모제 분자들은 고분자 화합물로 결합한다. 고분자 화합물은 모피질로부터 빠져나가지 못하고 인공색소로 색을 나타내는 것이다. H_2O_2는 산화작용을 일으키는 촉매로 알칼리제인 암모니아를 중화시키기 위하여 과산화수소를 사용한다.

블루블랙과 같이 어두운 계통의 색소는 모발을 밝게 해주는 색상의 색소보다 모발에 침투한 후 색소의 크기가 더욱 커지게 되므로 샴푸 시 모발에서 색소가 빠져나오지 않는다. 따라서 멋내기 염색을 하더라도 모발이 밝게 되지 않으므로, 2~3개월 후 샴푸에 의해 자연 퇴색되었을 때 밝은 색으로 염색을 해주어야 모발을 다시 밝게 만들 수 있다. 탈색제를 이용한 방법은 모발에 손상과 얼룩을 줄 수 있으므로 주의하여야 한다.

모발은 시간이 갈수록 하얗게 변하지만 피부색의 변화가 없는 것은 'TRP2'(티로시나제 관련 단백질)라는 유전자가 피부의 멜라닌 세포에서는 매우 활동적이지만 모낭 속 멜라닌 세포에서는 그 기능이 쇠퇴한다는 것이다. 즉, 모발의 멜라닌 세포만이 점차적으로 선별적인 감소 현상으로 백발 현상이 나타나는 것이다.

스킨테스트(Skin Test, Patch Test, Predisposition Test) : 우리가 사용하는 영구 염모제에는 알레르기를 유발하는 화학제품인 페놀성분이 함유되어 있다. 일반인의 25%가 페놀 성분에 대한 알레르기 증상을 가지고 있기 때문에 영구 염모제로 염색을 시술하기 전에는 반드시 스킨 테스트를 실시해야 한다.

테스트 방법은 다음과 같다.

· 먼저 사용하려는 염모제를 정해진 비율(1제와 2제를 1:1비율)로 잘 혼합해서 테스트 액을 만든다.
· 귀 뒤쪽이나 팔 안쪽을 비눗물로 깨끗이 씻어서 건조시킨 후 동전 크기만 하게 테스트 액을 도포한다.
· 24~48시간동안 자연 방치 한 후 시험부위에 가려움증, 발진, 수포 등의 알레르기 증상이 있는지 확인한다.

〈산화 염색제의 성분 및 특성〉

주성분	예	특성
염료중간체	파라-페닐렌디아민, 파라-아미노페놀, 파라-톨루엔디아민	· 방향족 아미노화합물, 산화되기 전에는 무색이며, 2제에 의해 산화된 후 유색의 색소로 변하여 모발에 색을 부여한다. · 분자의 크기가 작으므로 모피질과 모수질까지 쉽게 침투한다.
염료수정제	레조루신, 하이드로키논, 메타-아미노페놀, 메타-페닐렌디아민 등	· 염료중간체와 반응하여 색의 농도를 진하게 하고, 색상을 다양하게 변화시킨다. · 분자의 크기가 작으므로 모피질과 모수질까지 쉽게 침투한다.
산화방지제	아유산소다 등	· 산화 염료의 보존성을 높인다. · 산화 염료와 산화제의 혼합 후 너무 빠르게 산화되지 않도록 조절한다.
알칼리제	암모니아, 모노에탄올아민	· 모표피를 팽창시켜 약제의 침투를 좋게 하며, 산화제인 과산화수소수의 반응을 활성화시켜 산소발생을 촉진하는 역할을 한다. · 염색제의 pH를 조절한다.
계면활성제	고급지방산염	· 염료중간체와 염료수정제의 침투를 촉진한다.
산화제	과산화수소수, 과산화요수, 과붕산나트륨 등	· 무향·무색의 액체로서 물과 산소로 쉽게 분리되며, 암모니아에 의해 산소발생이 촉진된다. · 모발내의 멜라닌 색소를 분해하여 모발을 탈색하며, 염료중간체와 염료수정제의 반응을 돕는다. · 암모니아와 같은 알칼리에 의해 보다 빨리 분해된다.

찾아보기

INDEX

Hair Science

2015년 8월 20일 초판 발행
2020년 9월 10일 2판 발행
2023년 9월 10일 2판2쇄 발행

지은이 : 조성일, 권미윤
펴낸이 : 이상태
펴낸곳 : 청구문화사
주 소 : 03706 서울특별시 서대문구 성산로 11길 15
전 화 : 02) 332-0541(代) FAX : 02) 337-9577
등 록 : 1990년 11월 2일 제9-247호

정가 20,000원

ISBN 978-89-5616-847-0 93590